AF248070

LES MOTEURS D'AVIATION

par

ÉTIENNE TARIS
Ancien Élève de l'École Polytechnique

A. BERTHIER
Ingénieur

❧ ❧

Préface de M. Aimé WITZ
Doyen de la Faculté libre des Sciences de Lille

LIBRAIRIE AÉRONAUTIQUE

40, rue de Seine
ci-devant : 32, rue Madame

PARIS

LES MOTEURS D'AVIATION

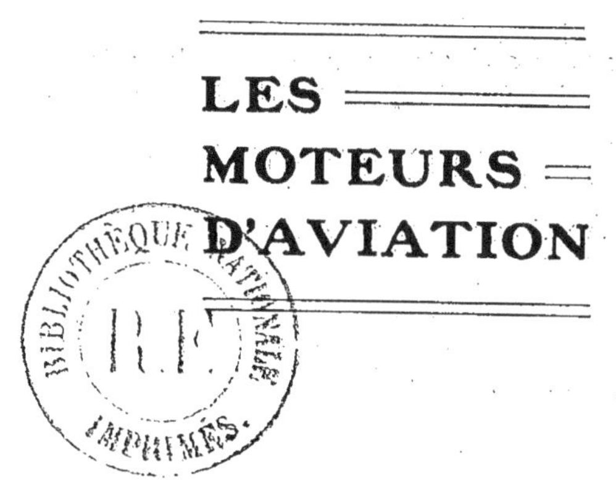

OUVRAGES DE M. BERTHIER :

Manuel de photochromie interférentielle.
Gauthier-Villars et fils, éditeurs, Paris, 1895.

Machines dynamo-électriques à hélices concentriques.
Carré, éditeur, Paris.

L'Électricité au service de la Photographie.
Mendel, éditeur, Paris.

Les Piles sèches et leurs applications.
Desforges, éditeur, Paris (1re édit., 1905; 2e édit., 1907).

Procédés d'allumage des moteurs à explosion.
Desforges, éditeur, Paris, 1906 . . . .   3. "

La Force motrice de demain : piles à gaz et accumulateurs légers.
Desforges, éditeur, Paris, 1905 (2 vol.) . . . .   6. "

Les Nouvelles machines thermiques.
Desforges, éditeur, Paris, 1908 . . . .   10. "

La Téléphonie sans fil.
Desforges, éditeur, Paris, 1908 . . . . ,   6. "

Les Nouveaux modes d'éclairage électrique.
Dunod et Pinat, éditeurs, Paris, 1908 . . . . ,   9. "

L'Éclairage industriel.
Dunod et Pinat, éditeurs, Paris, 1909. . . . .   7. 50
(Fascicule de la Technique moderne).

Le Chauffage économique des appartements par l'eau chaude.
Desforges, éditeur, Paris, 1910 . . . .   4. 50

ÉTIENNE TARIS
Ancien Élève de l'École Polytechnique

ÉMILE BERTHIER
Ingénieur

Les

Moteurs d'Aviation

LIBRAIRIE AÉRONAUTIQUE

40, rue de Seine

Précédemment : **32, Rue Madame,**

PARIS

PRÉFACE

❧

Un aéroplane se compose essentiellement d'un moteur, d'une hélice, d'une paire d'ailes et de gouvernails.

Lequel de ces éléments a le plus contribué au merveilleux essor de l'aviation ? — Les profanes aiment à poser de ces questions auxquelles il faut donner une réponse immédiate et catégorique, sous peine de passer pour un ignorant; je réponds donc toujours, sans laisser percer la moindre hésitation : « C'est le moteur! »

Et de fait, je n'hésite pas à déclarer que le royaume de l'air a été conquis par le petit moteur à pétrole. C'était l'avis qu'émettait, dès 1900, M. Henry Deutsch, avec une étonnante clairvoyance, alors qu'il disait au Congrès du pétrole : « C'est au pétrole, et surtout à son essence, que semble devoir revenir l'honneur de résoudre le problème de la propulsion aérienne. »

Lorsqu'en 1908 la Ligue nationale aérienne discutait les moyens les plus efficaces de promouvoir l'aviation par l'attribution des prix, généreusement mis entre ses mains, c'est sur les moteurs que s'arrêta tout d'abord l'attention de ses membres, et l'un des plus compétents proposa de réserver une forte somme au moteur qui aurait fait faire le plus long parcours à un aéroplane; un de ses collègues émit l'avis de distinguer plutôt la machine qui aurait procuré la plus grande vitesse de translation à l'appareil qui le propulsait. Deux écoles faisaient ainsi entendre leur voix : celle de l'endurance et celle de l'allègement. M. Archdeacon appartient à cette dernière; en effet, il écrivait en 1908 : « ce que tous les savants spécialistes s'accordent à reconnaître, c'est que la base même de la solution du grand problème est l'emploi de moteurs extrêmement légers par rapport à leur puissance (1). » Le colonel Espitalier pense au contraire que « c'est sur la construction d'un moteur impeccable qu'il faut orienter aujourd'hui les recherches » (2).

Voilà en effet quel doit être le premier objectif du mécanicien le mieux avisé.

L'hélice elle-même, la sainte hélice de Nadar, importe moins à l'aviateur que le moteur qui la fait tourner et la visse dans l'air ; le moteur donne à l'oiseau le mouvement et la vie ; s'il s'arrête, ses ailes étendues cessent de le porter, après épuisement de sa vitesse acquise, et les gouvernails n'assurent plus sa direction, ni sa stabilité.

C'est le moteur impeccable qui permet de battre successivement tous les records, de sauter le Pas de Calais, de passer par-dessus le Simplon, d'aller de Paris à Bruxelles et d'en revenir, etc. Les excellents rendements, qui rendent possibles les grandes randonnées, sans ravitaillement, avec une provision minimum d'essence, viennent par surcroît au moteur endurant que nous voudrions voir réaliser d'abord.

La première qualité du moteur, celle dont il a le plus extrême besoin, c'est de posséder un fonctionnement régulier et sans défaillances, donc sans panne. Les constructeurs savent ce qu'il faut réaliser à cet effet : on doit pratiquer une bonne carburation de l'air, effectuer un mélange bien homogène et d'ailleurs convenable, n'exagérer ni la vitesse angulaire de la machine, ni la vitesse linéaire du piston de manière à remplir complètement le cylindre à l'aspiration ; on veillera à ce que l'allumage ait toujours lieu à temps voulu et sans raté ; les organes que les combustions internes font chauffer seront refroidis autant, mais pas plus qu'il ne faut ; ceux qui se meuvent seront

____

(1) *La Revue aérienne*, 15 octobre 1908.
(2) *La Technique moderne*, décembre 1908.

parfaitement équilibrés, ceux qui frottent soigneusement graissés, ceux qui fatiguent rigoureusement calculés, etc. Le fonctionnement régulier du moteur doit persister à toute altitude, et par suite à toute pression extérieure, à toute température, par tout état hygrométrique de l'air : l'oiseau sera appelé en effet à franchir les cols les plus élevés, à traverser les nuages de la montagne et la brume de la mer, à subir les variations de température les plus extrêmes, sans que le moteur cesse de recevoir un gaz suffisamment riche, de produire un mélange tonnant convenable, d'obtenir une combustion sûre et complète, de tourner à sa vitesse de régime en développant la puissance escomptée, après plusieurs heures de marche, aussi bien qu'au départ et sans se surmener. On nous dira que c'est tout simplement le programme du fonctionnement des bons moteurs d'automobiles que nous venons de tracer, et que nous avons formulé les règles de l'art les plus élémentaires et les prescriptions du métier le plus à terre ; nous le reconnaissons sans difficulté. Si tout est grand, admirable, extraordinaire, voire même héroïque dans les audacieux exploits de nos aviateurs, tout est vulgaire et simple dans leur préparation. Le dernier regard de celui qui va s'envoler, le coup d'œil de l'aigle, est pour le moteur ; il s'assure que tout est en ordre, que les soupapes retombent bien, que la magnéto donne une belle et chaude étincelle avant de faire marcher le moteur ; il laisse alors tourner l'hélice un moment et constate que tout va bien avant de se lancer sur la piste.

L'allègement doit être recherché ensuite.

A cet égard, l'automobilisme, qui se préoccupe médiocrement de quelques kilogrammes de surcharge, avait fait peu de chose, et presque tout était à trouver : cela n'a pas tardé.

Le calcul démontre que, pour soutenir dans l'air un aéroplane et son pilote, il faut que le moteur ne pèse pas plus de 5 kilogrammes par cheval effectif : c'était un rêve, il y a vingt ans, alors que le poids du cheval ne pouvait guère être réduit au-dessous de 100 kilogrammes ; le rêve est devenu une réalité, et le moteur de 5 kilogrammes par cheval est courant aujourd'hui. L'enquête faite en 1907 par l'Automobile-Club, et les concours qu'il a organisés depuis lors, l'ont prouvé à l'évidence : avec 4 cylindres et mieux encore avec 8, en alignement ou bien à disposition étoilée, ou mobiles autour d'un centre, on arrive facilement à 3 kilos pour une puissance de 50 chevaux. Quelques-uns s'en déclarent satisfaits. Le moteur des frères Wright était un 4 cylindres de 25 chevaux ; il pesait 90 kilogrammes en ordre de marche, soit $3^k,600$ par cheval, et il a permis les remarquables performances que l'on sait, avec deux passagers ; c'était une machine solide d'un fonctionnement sûr, qui ne présentait aucune nouveauté sensationnelle, si ce n'est peut-être l'injection directe de l'essence et l'absence du carburateur classique. Wilbur Wright a dit, au camp d'Auvours, qu'il se chargerait de voler avec un moteur plus lourd et que faisaient fausse route ceux qui s'hypnotisaient sur la poursuite des moteurs ultra-légers : il s'hypnotisait peut-être lui-même sur ses succès. Quoi qu'il en soit, on pourrait ne pas chercher à descendre au-dessous de 3 kilogrammes par cheval (tout compris), pour ne rien sacrifier de la qualité primordiale de l'endurance.

Mais une voiture réduite exige une vitesse de progression plus grande ; plus celle-ci est grande, plus doit être puissant, donc lourd, son propulseur. D'autre part, on voudrait pouvoir emporter plusieurs passagers et fendre l'air à plus grande vitesse encore ; enfin on a reconnu l'avantage des vols en altitude élevée, et l'on ne peut accéder aux grandes hauteurs que par une dépense supplémentaire de puissance motrice, car le travail de dénivellation s'ajoute au travail de sustentation. Bref : on se trouve amené à augmenter toujours la puissance des moteurs, et à diminuer encore le poids par cheval.

Mais, pour obtenir ce double résultat, il convient aussi d'améliorer le rendement et de réduire la consommation à cet effet, on se préoccupera surtout d'assurer un actualisation aussi intégrale que possible de l'énergie du mélange tonnant derrière le piston moteur par une com bustion totale et une détente à fond. Il ne suffit pas de constituer un bon mélange, parfaitement dosé et homogène, mais ce mélange doit rester indépendant des variations atmosphériques et se faire automatiquement, sans exiger l'intervention incessante de l'aviateur; sa répartition doit aussi être égale entre tous les cylindres. Nous ne saurions énumérer ici, en quelques lignes, tout ce qu'il faut faire et nous n'avons pas l'illusion de croire que nous le savons. Il a paru à quelques-uns que l'ancien et classique carburateur était à supprimer; les frères Wright se sont privés de ses services, mais la mesure est extrême et l'on peut la trouver trop radicale. L'injection de l'hydrocarbure dans le cylindre par des pompes est assurément rationnelle et de nature à éviter bien des difficultés; la solution serait excellente si elle n'en faisait naître d'autres, ce qu'on ne saura que par une expérience prolongée.

Le lecteur trouvera dans ce livre la description des machines inventées pour répondre à ces conditions nouvelles de l'aviation; des résultats extrêmement brillants sont déjà obtenus.

Peut-on faire mieux?

Nous ne voulons pas en douter; mais le progrès n'est pas indéfini et il a ses limites.

D'ailleurs, on n'essaiera autre chose qu'après avoir tiré la quintessence de ce qui est acquis.

Que fera-t-on?

Il faudrait être devin ou prophète pour le dire : tout au plus hasarderons-nous, sous toutes réserves, quelques timides pronostics.

L'emploi de puissants explosifs a été proposé, ainsi que l'augmentation de l'activité du carburateur par addition d'oxygène pur; M. Diesel a signé de son grand nom un de ces projets. L'heureuse étoile du savant ingénieur lui permet les grandes espérances; mais nous aurions plus de confiance, si nous le voyions appliquer son remarquable moteur à la propulsion aérienne. Un nouveau modèle Diesel deux temps, à multiples cylindres, sans compresseur spécial, a été mis en construction et promet des résultats nouveaux : que ne l'associe-t-on pas à l'aviation?

On a parlé de turbo-moteurs à essence, ou à acétylène et ces machines ont des admirateurs passionnés; ils sont enthousiastes, trop peut-être, car j'ai déjà dit ailleurs que l'enfant est encore au berceau, et qu'il ne paraît pas qu'une fée y ait déposé un talisman.

Quelques-uns ont entrevu, dans leur imagination féconde, le moteur à réaction, sans aucune pièce mobile, sans hélice, donc d'une simplicité admirable, et d'une légèreté sans égale, prenant son point d'appui sur l'air, comme la fusée d'artifice, et progressant avec une vitesse énorme : de prime abord, l'idée est séduisante, et elle ne semble pas absolument irréalisable. Le rendement serait certainement mauvais : mais qu'importe la dépense dans l'espèce! Toutefois nous pensons que ce projet serait mieux accueilli pour le moment par un successeur de Jules Verne que par les aviateurs, quelqu'audacieux qu'ils soient.

Un nouveau modèle de moteurs d'aéroplanes ne sera du reste ni l'œuvre de demain, ni même d'après demain. En attendant, le livre, auquel ces lignes servent de préface, aura le temps de voir plusieurs éditions; il le mérite, et je le lui souhaite.

Aimé WITZ

INTRODUCTION

Constituer à la fois un répertoire complet des moteurs à essence de pétrole offerts à l'aviation dans ces dernières années et un résumé des théories les plus récentes et les plus utiles à la construction des moteurs légers, tel est le but qu'on s'est efforcé d'atteindre dans les pages suivantes.

Il ne pouvait être question d'énoncer ici dans tous ses détails la théorie, aujourd'hui très avancée, du moteur à explosion. Aussi, n'a-t-on développé que les notions relatives au rendement et à l'équilibrage, qui prennent une importance considérable dans les moteurs légers, où les dimensions nécessairement restreintes et les taux de travail élevés des métaux obligent le constructeur à tirer des matériaux qu'il emploie tout ce qu'ils peuvent donner.

On a quelquefois tenté de classer les moteurs d'aviation en catégories distinctes, mais ces classifications sont en grande partie artificielles. En effet, d'une part les moteurs d'aviation offrent tous une parenté étroite, lorsqu'on y considère les procédés auxquels on a eu recours pour les alléger ; d'autre part leur disposition générale, quant au groupement des cylindres, offre des variétés nombreuses, mais ce caractère ne présente, tout bien considéré, qu'un intérêt médiocre et superficiel. C'est pourquoi l'on a adopté purement et simplement dans cet ouvrage l'ordre alphabétique, dont les avantages pratiques sont indéniables.

Malgré l'absence voulue de tout classement, il était nécessaire, cependant, de préciser avec quelque détail ce qu'on entend par moteurs *étoilés*, *rotatifs*, *en* V, etc. Cette étude a été faite dans un chapitre spécial et illustrée en quelque sorte au cours des articles plus nourris qui ont été consacrés à quelques moteurs qui peuvent, à divers titres, être considérés comme des chefs de file : Antoinette, Gnôme, R.E.P., Panhard et Levassor, etc.

La réunion des documents techniques exigés par un tel ouvrage a été longue et pénible. Il nous est agréable de remercier à cette place les constructeurs qui nous ont facilité cette tâche, et, en particulier, ceux dont l'active et avisée collaboration nous aura permis de mettre leurs méthodes de construction dans tout le relief qu'elles méritent.

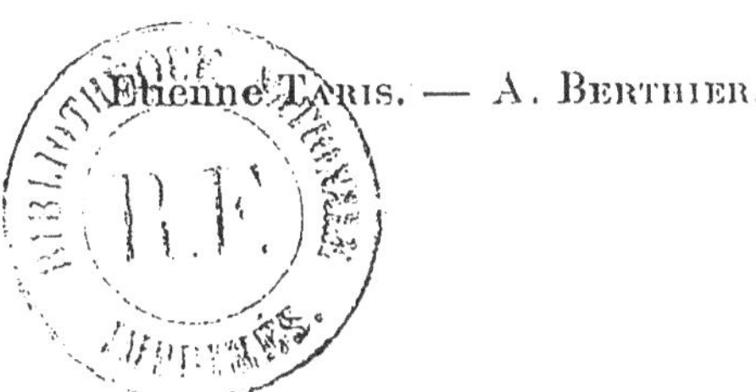

Étienne Taris. — A. Berthier.

LES PRÉCURSEURS

Moteurs légers à vapeur

Le rôle joué jusqu'ici par la vapeur dans la propulsion des aéroplanes n'est pas aussi restreint qu'on pourrait le penser de prime abord. Aucun des appareils actuels ne possède de moteur à vapeur, mais il n'en a pas toujours été ainsi :

Les premiers essais d'aéroplanes étant antérieurs à la

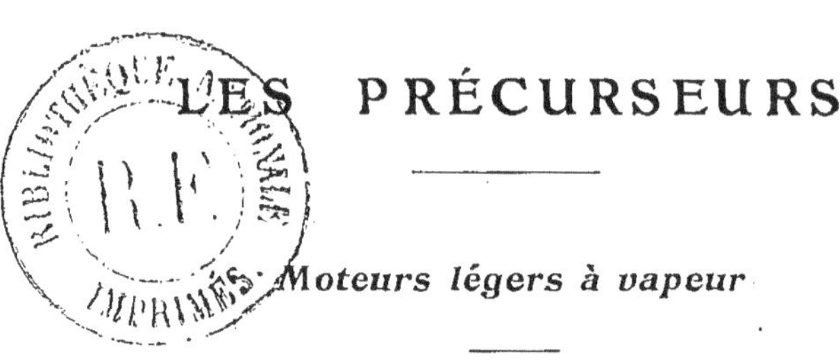

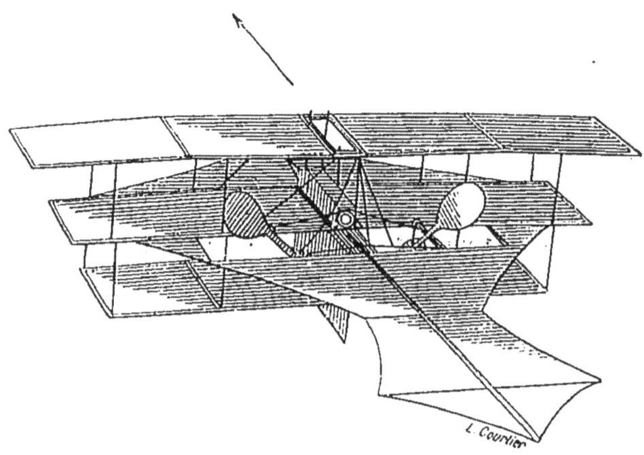

Aéroplane de Wenham.

création du moteur à explosion à grande puissance massique, il est naturel que les chercheurs aient utilisé une autre force motrice que celle qui leur sert aujourd'hui. De fait, c'est à la vapeur qu'ils s'étaient généralement adressés. Dans une série d'articles, publiés par sir Georges Cayley en 1809, dans le journal de Nicholson, et présentés en 1874 par Pénaud à la Société Française de Navigation aérienne, on trouve la description d'aéroplanes à machines à vapeur à tubes d'eau de petit diamètre entourant le foyer, avec condenseur à surface. Cayley, d'ailleurs, avait exécuté lui-même un appareil sans moteur,

avec lequel il obtint des résultats encourageants, puis un aéroplane à moteur, qui fut malheureusement brisé dans les essais.
En 1866, Wenham ne fut pas plus heureux avec un appareil
mû par un moteur à vapeur actionnant une hélice (multiplan
à double hélice). En 1896, le professeur Langley exécuta des
essais qui produisirent une certaine sensation. Son appareil, du
poids de 13 kilos, réussit à franchir (non monté, évidemment)
la distance de 1.200 mètres. Il était formé de deux parois
d'ailes en tandem, avec moteur à vapeur de 1 cheval actionnant
deux hélices.

G. Trouvé. — G. Trouvé, l'inventeur bien connu, avait, dès
1869, construit un oiseau mécanique reproduisant d'une façon
exacte et très scrupuleuse l'anato-
mie de l'oiseau. Le générateur qui
devait donner la vie à cet appareil
était un cylindre à vapeur analogue
à celui des machines ordinaires.
Dans un plus petit modèle, G.
Trouvé avait remplacé la vapeur
par de l'air comprimé contenu dans
la sphère en caoutchouc visible
sur la figure. L'air comprimé (ou
la vapeur) arrive dans le cylindre
par un petit tube, et le piston,
soulevé et abaissé alternativement,
communique ses oscillations aux
deux ailes de l'oiseau, qui frap-
pent ainsi l'air violemment et
tendent à soulever le système.

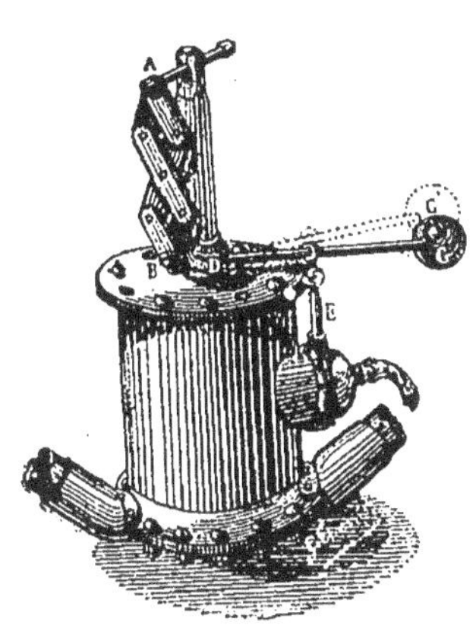

*Le générateur
de l'appareil G. Trouvé.*

La figure ci-contre représente le dispositif de distribution. Il
consiste en un levier BCD dont le bras de la puissance est très
court et celui de la résistance relativement long — celle-ci
représentée par une sphère pleine en bronze C — et au grand
bras est articulée la tige E du tiroir, glissant dans un guide.
La tige du piston communique avec le petit bras par l'intermédiaire de deux parallélogrammes articulés A, B ; de sorte
que, lorsque le piston arrive violemment au haut de sa course,
les parallélogrammes se tendent dans toute leur longueur,
soulèvent pendant un temps très court le bras de la puissance,
et la sphère lourde s'abat brusquement comme un marteau : le
tiroir se déplace et dégage la lumière correspondant avec la
partie supérieure du cylindre. L'air comprimé rentre alors,
chasse en bas le piston et, lorsque ce dernier arrive au bas de
sa course, les parallélogrammes repliés au contact réagissent

sur le petit bras qu'ils abaissent, la boule d'inertie C se soulève en C', le tiroir remonte et l'air comprimé s'engouffre sous le piston qu'il repousse vers le haut.

Puis une nouvelle phase se produit et ainsi de suite.

Malgré toutes ces dispositions, aussi simples qu'ingénieuses, cette première tentative de M. Gustave Trouvé ne pouvait fournir des résultats favorables ; les oscillations du piston qui s'opéraient trop brutalement n'avaient d'autre effet que de soulever l'oiseau, puis de le rejeter à terre dans la période suivante ; le malheureux volatile faisait des efforts inouïs pour se dégager du sol et malgré son faible poids de 800 grammes ne pouvait y parvenir.

G. Trouvé imagina ensuite d'autres appareils qui eurent plus de succès, notamment un petit oiseau avec moteur à explosif, qui représentait certainement le premier essai de ce genre. On sait que certains constructeurs ont proposé ce type de moteur pour les aéroplanes à grande vitesse.

Quoi qu'il en soit, l'oiseau mécanique de Trouvé réussit à voler par ses propres forces. Il consiste essentiellement en un petit oiseau miniature dont les ailes et la queue sont formées d'une étoffe soutenue par des lamelles métalliques. Les battements de l'aile sont produits par l'oscillation d'un tube à la Bourdon, sans aucun intermédiaire mécanique. La force motrice qui fait osciller le tube moteur est produite par les explosions successives d'une substance fulminante. A chaque détonation, le tube courbe vibre comme les branches d'une pincette violemment écartée ; les ailes battent et l'oiseau s'élève. L'inclinaison de la queue permet d'imprimer à l'ascension de ce petit schéma une direction convenable.

En même temps que son oiseau mécanique, Trouvé présentait à l'Académie des sciences un second appareil consistant en deux parachutes accolés, dont l'un est ouvert et l'autre fermé. Ces deux parachutes superposés sont fixés aux extrémités d'un tube à gaine. Le second s'écarte du premier sous l'action d'une explosion qui chasse en avant le tube intérieur, et progresse comme un projectile, tout en bandant un ressort élastique qui le lie à son voisin.

Au bout de la course, le parachute fermé s'ouvre et devient point fixe, tandis que le ressort tendu rappelle à lui, en se fermant, le parachute qui avait, au départ, servi de point d'appui. L'opération sans cesse renouvelée fait monter tout le système à chaque nouvelle explosion, et le maintient en l'air.

Quant aux explosions motrices, elles se produisent dans une machine rotative, analogue à celle qui existe dans les mitrailleuses ou les revolvers.

Sir Hiram Maxim. — De 1889 à 1891, sir Hiram Maxim, le célèbre constructeur de mitrailleuses, dépensa plus d'un million dans ses essais nombreux, dont les périodiques scientifiques s'occupèrent à maintes reprises. Le dernier modèle construit ne pesait pas moins de 2.400 kilogrammes en ordre de marche (Aéroplane : 950 kilogrammes ; moteur : 1.440 kilogrammes). L'appareil avait 30 mètres d'envergure et 20 mètres de haut. Le moteur à vapeur qui actionnait les hélices était extrêmement remarquable. La chaudière, chauffée à la gazoline, produisait instantanément la quantité de vapeur nécessaire pour développer la puissance suffisante, d'après les calculs de l'inventeur, pour maintenir l'aéroplane à une hauteur déter-

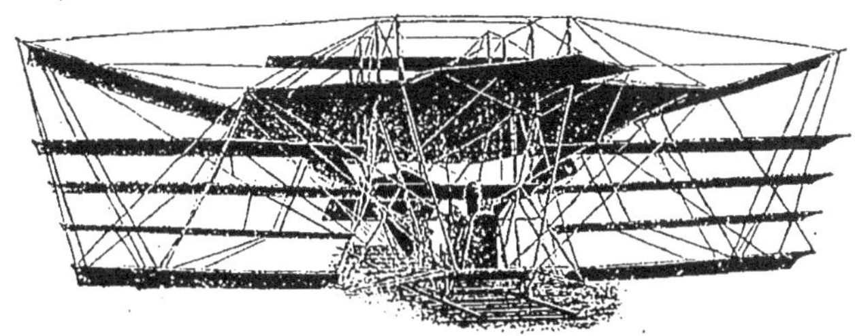

Le premier appareil de sir H. Maxim.

minée. Le poids par cheval n'était que de 14 kilogrammes. La chaudière Maxim n'était d'ailleurs qu'une modification de la chaudière Thornycroft dérivée, on le sait, de la chaudière d'un français, du Temple.

Dans ces chaudières, deux cylindres latéraux sont reliés par un nombre considérable de tubes très légers avec le dessus d'un cylindre supérieur renfermant à la fois eau et vapeur, en même temps que d'autres tubes font communiquer le dessous de ce cylindre avec les cylindres inférieurs, de manière à former un véritable système circulatoire.

Dans le générateur Maxim, les premiers tubes sont au nombre de 600, les seconds de 100.

L'eau fournie par la pompe alimentaire traverse un réchauffeur placé au-dessus du cylindre de vapeur et composé de 400 tubes ; elle y est refoulée sous une pression supérieure à celle qui existe dans la chaudière. Grâce à cette disposition, un courant rapide est toujours entretenu dans les tubes où s'engendre la vapeur. Avec des tubes à parois très minces, cette précaution était indispensable, pour éviter les coups de feu, qui pourraient brûler le métal.

La surface de chauffe est d'environ 75 mètres carrés.

Le combustible employé est de la gazoline, emmagasinée dans un réservoir placé sur le pont. Une pompe l'y puise et la conduit jusque dans le foyer ; mais, avant d'y arriver, le tuyau traverse un récipient chauffé par un puissant brûleur où l'hydrocarbure se vaporise, atteint une pression de $3^{kg},5$ et une température correspondante ; le gaz engendré traverse un injecteur, entraîne avec lui une certaine quantité d'air et le mélange pénètre dans des barres creuses qui forment la grille du foyer ; celles-ci sont percées, à la partie supérieure, de petits

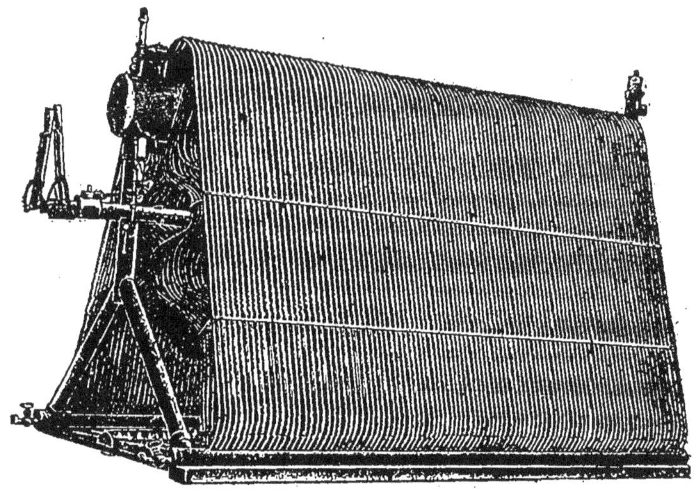

Le générateur de sir H. Maxim.

trous par lesquels la combustion s'effectue en 7.650 jets de flammes distincts.

Ce dispositif est si puissant qu'il suffit d'une minute pour élever, quand il le faut, la pression de 7 à 15 kilogrammes.

La très petite quantité d'eau contenue dans la chaudière, cette sensibilité du chauffage, ont obligé l'inventeur à trouver de nouveaux moyens de contrôle et de réglage, tant pour l'alimentation en eau que pour la conduite de la chauffe. Il serait trop long de les décrire ; son esprit inventif a su résoudre élégamment tous les problèmes particuliers que soulevaient ces difficultés ; la conduite des appareils est absolument automatique et sûre, et l'ensemble des dispositions adoptées constitue un véritable musée des inventions les plus ingénieuses.

On aurait pu laisser échapper la vapeur dans l'atmosphère après l'avoir utilisée ; mais il aurait alors fallu emporter une provision d'eau considérable, ce qui aurait surchargé l'appareil et ne lui aurait pas permis une course de quelque durée. Aussi Sir H. Maxim a-t-il imaginé un condenseur constitué par une nappe de tubes de sections elliptiques en cuivre, au nombre de 5oo, et placé en l'air, en avant du grand aéroplane ; il a su donner à cet ensemble une légèreté inattendue et une efficacité parfaite.

Grâce à ces dispositions, l'inventeur a obtenu une machine de 363 chevaux, donnant un cheval par 3^{kg},5oo de son poids, résultat dont on n'avait pas encore approché jusqu'à présent. et que nos moteurs actuels ne dépassent guère de beaucoup.

Avec cette puissance, les hélices tournent à 3;5 tours par minute et alors ne présentent plus à la vue qu'un disque transparent.

Quand la machine est amarrée, et qu'on met le mécanisme en mouvement, la poussée des hélices est de 958 kilogrammes ; elle est de 9oo seulement quand l'appareil se déplace.

La puissance ascensionnelle est un peu supérieure à 4.53o kilogrammes, quand la vitesse de translation est de 6o kilomètres.

Le poids de l'appareil n'étant que de 3.625 kilogrammes, il reste une force ascensionnelle disponible d'au moins 9oo kilogrammes.

L'expérience fut fatale à l'aéroplane Maxim. La machine, sans les trois paires d'ailes intermédiaires, fut disposée de manière à pouvoir se déplacer sur les rails d'une voie de 5oo mètres de longueur établie pour cet objet dans le parc de M. Maxim, à Baldwin. Elle était portée sur des roues placées au-dessous du bâtis.

En prévision du soulèvement que devait éprouver tout le système et qui devait l'amener à quitter les rails, on avait disposé, au-dessus de ceux-ci, deux autres rails élevés à environ o^m,6o au-dessus du sol et disposés en sens inverse des premiers, afin que les roues, en quittant par soulèvement les rails inférieurs, vinssent s'emboîter naturellement dans ces rails supérieurs et que le mouvement de la machine continuât à être guidé. Après diverses expériences préliminaires, on fit donner à la machine toute sa puissance, et alors elle se souleva et porta, en effet, sur les rails supérieurs, mais avec une telle force que l'essieu d'une des roues de l'arrière se rompit ; la machine, mal maintenue, obliqua, alla heurter des charpentes et se brisa ; elle avait parcouru, se soutenant elle-même, après avoir pris sa vitesse, une distance de 1oo mètres.

G. Ader. — En 1897, un ingénieur français, M. Georges Ader, bien connu par ses inventions en téléphonie, eut plus de succès, en faisant moins grand. Après avoir étudié pendant plusieurs années le vol des oiseaux, son choix se porta sur la voilure des grandes chauves-souris de l'Inde, qu'il chercha à imiter. Il créa ainsi un type particulier d'aéroplanes, auxquels il donna le nom générique d'*avions*.

Le 9 octobre 1890, le premier avion l'*Eole*, portant son in-

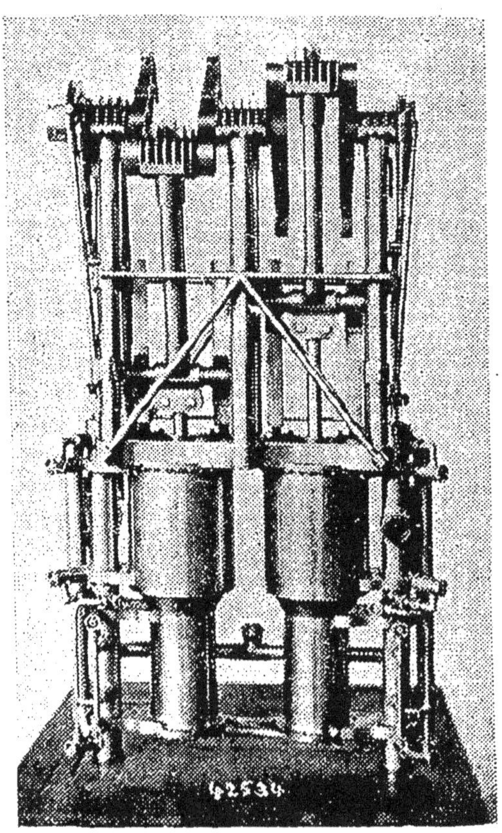

Le moteur de l'Avion d'Ader.

venteur, se serait envolé sur une distance de 50 mètres. Le générateur ayant subi une grave avarie, on construisit, avec le patronage du ministère de la guerre, un second appareil, puis un troisième l'Avion n° 3, à deux hélices, lequel fut expérimenté à Satory le 14 octobre 1897 devant les délégués du ministre de la guerre.

Il semble démontré que l'appareil réussit alors un vol de 300 mètres terminé par une chute dans laquelle il se brisa. On peut voir aujourd'hui cet aéroplane suspendu à la voûte de la

chapelle du Conservatoire des Arts et Métiers. La voilure avait
15 mètres d'envergure.

L'aéroplane en marche pesait 500 kilogrammes. Le moteur
donnait 30 chevaux; le condenseur et le générateur de vapeur
pesaient environ 100 kilos.

Générateur White. — Créé spécialement en vue de l'automobilisme, ce générateur pourrait peut-être donner des résultats intéressants en aviation.

La chaudière est formée de neuf serpentins en tube d'acier
superposés. Les sept du haut sont roulés en spirale, tandis que

Générateur avec le brûleur, le vaporisateur, le thermostat.

les deux du bas sont roulés en quelque sorte comme un gril
Tous les serpentins sont réunis par séries, et si l'appareil
entier était déroulé et redressé, le générateur apparaîtrait fai
d'un seul et long tube. En dessous des serpentins se trouve l
brûleur. Les serpentins présentent une très large surface d
chauffe, de sorte que, les produits de combustion les traver
sant, pratiquement toute leur chaleur est à peu près utilisée
Les passages entre les serpentins sont établis de telle sorte qu
l'eau ou la vapeur, pour aller d'un serpentin du dessus à celu
du dessous, doit être refoulée au niveau du serpentin supé
rieur, pour ensuite descendre à nouveau. Cette disposition es
un élément important dans la construction du générateur, ca
elle empêche l'eau d'aller d'un serpentin à l'autre sous l'actio
de la pesanteur et assure la circulation à travers le générateu
au moyen de la pompe.

En ce qui concerne la sécurité présentée par ce système, on doit noter qu'il n'y a en tout temps que peu d'eau et de vapeur dans le générateur. Même dans le cas de rupture intentionnelle, il ne peut arriver rien de plus sérieux que la crevaison d'un tube, et la déchirure agit alors comme valve de sûreté improvisée. L'effet est identique à celui obtenu en ouvrant la soupape de sûreté existante. Ajoutons qu'il n'y a pas de niveau d'eau à maintenir, ni de jauge à eau, de verre à eau, de flotteur, de

Le moteur léger à vapeur White.   Détail des pièces.

tampon fusible ou autres appareils, comme dans les types ordinaires de chaudière. La circulation à travers le générateur est si rapide que les matières minérales, soit solubles, soit en suspension dans l'eau fournie au générateur, sont transportées à travers le générateur sans causer la moindre incrustation, même si l'on emploie continuellement de l'eau dure, ainsi qu'on l'avait déjà observé pour les générateurs Serpollet à vaporisation instantanée.

Le moteur à vapeur White doit une partie de ses avantages à son système *régulateur automatique*.

Comme on l'a rappelé plus haut, la quantité d'eau pour le

générateur et celle d'essence pour le brûleur varient sensiblement dans les différentes conditions de marche.

Dans le dispositif White, l'arrivée d'eau et d'essence est contrôlée automatiquement, sans nécessiter en aucune façon l'attention du conducteur.

Un régulateur de distribution, du type ordinaire à diaphragme, dirige l'eau des pompes vers le générateur ou l'en détourne, suivant que la pression de la vapeur est en dessus ou en dessous de la pression normale de travail. Il y a deux voies distinctes par lesquelles l'eau peut aller des pompes au générateur. L'une, d'un modèle simple, est appelée le *flow motor*, et l'autre est un *thermostat*. La première peut être considérée comme la principale source d'approvisionnement, tandis que la deuxième, au moyen du *thermostat*, est une source additionnelle qui entre en action seulement quand un supplément d'eau est nécessaire. L'ouverture et la fermeture de l'arrivée de combustible au brûleur sont réglées par le *flow motor*. Chaque fois que l'eau passe par le *flow motor*, ce qui arrive toutes les fois que le moteur marche et que la pression-vapeur est au-dessous de la normale, une valve, placée sur le conduit alimentant de combustible le brûleur, s'ouvre et le feu est poussé. En tous autres moments, l'arrivée de combustible au brûleur sera arrêtée. Quand la température de la vapeur tend à dépasser la normale, le *thermostat* entre en action et laisse entrer dans le générateur une plus grande quantité d'eau. Et puisque la provision de combustible au brûleur n'est pas augmentée, ce supplément d'eau tend à ramener la température de la vapeur à la normale.

Les actions directe et combinée des appareils de régulation sont établies de façon à maintenir la vapeur dans toutes les conditions de marche, à une pression pratiquement constante et à un degré de surchauffe uniforme, comme il est facile de s'en rendre compte en regardant le manomètre de vapeur et le pyromètre.

Les figures précédentes représentent le générateur White, avec le brûleur, le vaporisateur et l'ouverture du manomètre. A droite, on peut voir le thermostat, qui contrôle une soupape pour l'admission d'eau supplémentaire au générateur. Le cadran du pyromètre est pleinement visible du siège du conducteur. L'élément actif du thermostat, une tige en bronze peut être facilement ajustée et replacée.

A noter que les valves de haute et basse pression sont des valves à piston. La vapeur est admise par le centre de la valve et s'échappe au bout. La pression sur les boîtes de valve est ainsi réduite à celle de l'échappement de leurs cylindres respectifs.

Des serre-étoupes sont établis à la partie supérieure des tiroirs, dans lesquels voyagent les têtes des pistons, de sorte que l'huile ne peut sortir du carter, qui est d'une seule pièce. Les pompes sont entièrement enfermées, de façon à être à l'abri de la poussière sur les châssis de voitures, qui sont disposés de telle sorte que le poids entier du moteur se trouve en arrière de l'essieu avant. Le moteur est suspendu de façon que l'arbre de transmission soit parfaitement horizontal, et, comme il n'y a ni embrayage ni transmission par engrenage, l'entraînement se fait directement du moteur à l'essieu arrière par l'arbre de transmission.

Le tuyau amenant la vapeur du moteur au condenseur est placé sur le côté droit. A l'intérieur de ce tuyau, il y a un lot de serpentins, dans lesquels l'eau circule en allant des pompes au générateur. Cet arrangement constitue ainsi un réchauffeur simple et constant du distributeur d'eau, qui fait la double fonction de réchauffeur, de distributeur d'eau et d'aide à la condensation.

Dans la 40 et dans la 15 HP, le diamètre tubulaire du générateur est d'un demi-pouce intérieurement (12^{mm},75), mais la longueur de tubulure diffère naturellement pour les deux modèles.

L. Serpollet, V. Purrey et bien d'autres constructeurs ont établi des types de chaudières dont la chaudière White est plus ou moins inspirée et qui possèdent, sous des poids très réduits, une puissance de vaporisation qui suffirait pour l'aéroplane. Quoiqu'il en soit, le moteur à vapeur est-il condamné définitivement pour la propulsion des machines volantes? C'est probable, quoiqu'il soit assez malaisé de se prononcer. Le moteur à explosion a subi de tels perfectionnements que le moteur à vapeur ne semble pas pouvoir entrer en lutte avec lui. Il serait injuste cependant de ne pas reconnaître ses avantages incontestables : régularité et sûreté de marche, souplesse, sécurité, etc.

Tous ces motifs le rendraient particulièrement précieux pour l'aviation, où les pannes de moteur ont des conséquences si graves. Mais il est en infériorité notable vis-à-vis du moteur à pétrole sous le rapport du rendement thermique qui est celui de 10 à 15 o/o contre 20 à 25 o/o pour le moteur à explosion.

Le combustible sera donc toujours moins bien utilisé par la vapeur que par la combustion interne et cette considération suffit à rendre peu probable un retour ultérieur de l'aviation aux moteurs à vapeur. D'ailleurs, aucun modèle nouveau à vapeur n'a été établi pour l'aéroplane dans ces dernières années.

PRINCIPE
DU MOTEUR A EXPLOSION

Le moteur à explosion est aujourd'hui connu de tous, sinon en détail, du moins dans ses éléments essentiels. Nous en rappellerons cependant ici très brièvement la constitution, parce que cet exposé nous fournira l'occasion de signaler, à mesure qu'ils s'offriront à nous, les points sur lesquels a déjà porté l'effort des constructeurs qui ont tenté de tirer du moteur d'automobile un moteur d'aéroplane.

Comme la grande majorité des moteurs à explosion fonctionnent suivant le cycle à quatre temps, nous en résumerons les propriétés.

Le cycle à quatre temps.

Principe. — On appelle ainsi l'ensemble de deux courses complètes du piston à l'intérieur du cylindre, soit deux allées et venues successives, deux montées et deux descentes, par exemple, si le cylindre est vertical. Chacun des quatre parcours simples ainsi considérés correspond à un *temps*, d'où le nom de cycle à quatre temps.

Aspiration. — Le premier temps, dans l'ordre logique, est l'*aspiration*. Le piston part du fond du cylindre, en haut, et descend en faisant le vide derrière lui. La pression atmosphérique chasse alors les gaz préparés par le *carburateur* dans la capacité laissée libre par le retrait du piston qu'on désigne sous le nom de *chambre d'explosion*. Cette admission est rendue possible parce que la soupape dite d'admission se soulève alors sur son siège.

Compression. — Au deuxième temps, le piston remonte et,

la soupape d'admission étant refermée, les gaz sont comprimés dans la chambre d'explosion, jusqu'à atteindre une pression, qui est de 4 à 5 kilos avec l'essence de pétrole, de 6 à 7 kilos avec l'alcool, de 10 à 12 kilos avec le gaz pauvre (1), etc. La limite de cette pression est donnée par le phénomène d'*auto-allumage*, c'est-à-dire par l'inflammation spontanée des gaz, sous l'action de l'élévation de température due à la compression.

Explosion. — Un peu avant la fin de la course de compression, une étincelle jaillit entre les pointes d'un organe électrique appelé *bougie*, situé au fond du cylindre, non loin de la soupape d'admission. Cette étincelle met le feu aux gaz déjà comprimés et ceux-ci, qui brûleraient plus ou moins lentement s'ils étaient à la pression atmosphérique, déflagrent avec une grande vitesse et chassent le piston vers le bas, en élevant la pression à l'intérieur du cylindre jusqu'à 20 kilos et davantage par centimètre carré.

Échappement. — Arrivé au bas de sa course, le piston remonte tout seul, en vertu de l'inertie de l'arbre auquel il est relié par la bielle et du volant qui est calé sur cet arbre à l'une de ses extrémités. Dans ce quatrième parcours, les gaz comprimés par le piston rencontrent une issue à la *soupape d'échappement*, qui s'est soulevée sur son siège, avant la fin du parcours précédent, établissant la communication entre un conduit, dit *collecteur d'échappement*, et le cylindre considéré. Celui-ci se vide donc entièrement et se trouve prêt, à la fin du quatrième temps, pour un nouveau cycle semblable au premier.

Observations. — Le cycle à quatre temps, avantageux par la séparation des opérations nécessaires à l'introduction des gaz frais et à l'évacuation des gaz brûlés, offre, au point de vue du *poids* des moteurs, de graves inconvénients. La présence d'un seul temps moteur sur quatre fait que le moteur réduit à un seul cylindre tourne par à-coups, comme une toupie sous le

---

(1) Dans les moteurs *Diesel*, cette pression atteint 40 kilogr. par cm₂. Mais c'est uniquement de l'air qui est aspiré par le piston; le combustible liquide (pétrole, naphte, mazout), n'est injecté dans la chambre qu'au début du 3e temps. Ce liquide brûle aussitôt, par auto-allumage, la température de l'air ainsi comprimé par le piston atteignant 4 à 600 degrés.

fouet de l'enfant qui la fouaille ; le cycle n'est donc pas équilibré quant à l'effort utile. Pour qu'il y ait toujours un cylindre actif, il faut en associer au moins quatre. Même dans ce cas, il y aura des *points morts*, à chaque fin de course ; le moteur arrivé en ces points n'est sollicité à les franchir que par la seule inertie des pièces, qui obligera le sens de rotation à se conserver au delà du point mort. D'où la nécessité de contrepoids et d'un volant, qui alourdiront la machine sans autre effet que la régularisation de son mouvement circulaire. Il faut arriver à un nombre élevé de cylindres, pour voir ces inconvénients disparaître. A partir de six, les points morts disparaissent ; à partir de huit, le volant devient inutile. C'est pourquoi Forest, il y a vingt ans déjà, avait accouplé sur un seul arbre jusqu'à 32 cylindres à 4 temps.

Un autre inconvénient de ce cycle réside dans le peu de puissance qu'il fournit pour un volume déterminé de la cylindrée. Celle-ci ne brûle en effet qu'une fois tous les deux tours, alors qu'il est logique de chercher à produire une explosion chaque fois que le piston parcourt en descendant un cylindre vertical.

Le cycle à deux temps.

Ces considérations conduisent à la conception d'un moteur dans lequel toutes les courses dans un même sens sont motrices, les autres courses étant utilisées pour l'alimentation des chambres et l'évacuation des gaz. Le cycle ainsi réalisé est le cycle à deux temps. Il est facile de voir que, toutes choses égales d'ailleurs, ce cycle conduit à une puissance double, à un équilibrage deux fois mieux assuré, à une rotation deux fois plus régulière. Il est fort probable que c'est là le type des moteurs de l'avenir et que l'aviation en assurera le triomphe à bref délai (1).

Un certain nombre de moteurs à deux temps ont déjà été proposés pour l'aviation. Leur nombre semble appelé à augmenter à mesure que l'expérience des constructeurs débarrassera le moteur à deux temps des inconvénients pratiques qu'il présente encore.

---

(1) On peut concevoir un grand nombre de cycles différant des deux précédents par la durée des diverses phases. Mais, jusqu'à présent, ces considérations sont restées dans le domaine de la théorie et de la technique pure ; les moteurs à trois temps, par exemple, n'ont pas reçu la sanction de l'usage courant.

ORGANISATION GÉNÉRALE DES MOTEURS
A EXPLOSION

D'après ce qui précède et quel que soit le mode de construction adopté, un tel moteur comporte nécessairement les organes suivants :

1º Un appareil fournissant le gaz combustible ;
2º Une machine permettant l'allumage des gaz frais ;
3º Deux services accessoires, le graissage et le refroidissement indispensables à la bonne marche du moteur ;
4º Un ensemble d'organes mécaniques transmettant le mouvement aux diverses pièces des organes précédents.

Appareil à gaz. — Il se compose d'un réservoir contenant le combustible mis le plus souvent en relation par une tuyauterie avec un organe appelé *carburateur*, parce qu'il réalise le mélange d'air et de carbure d'hydrogène destiné à brûler dans les cylindres. Le carbure employé le plus souvent est l'essence de pétrole, pesant environ $0^k,730$ au litre et extrêmement volatile dès la température ordinaire. Les vapeurs dégagées par l'essence, sous l'action d'un violent courant d'air annulaire, au centre duquel s'ouvre le tube *gicleur* où le liquide affleure en permanence, grâce à l'appareil dit *niveau constant*, contiennent des gouttelettes de liquide entraînées mécaniquement.

L'office du carburateur consiste à doser convenablement l'air et à brasser suffisamment le mélange pour que celui-ci arrive entièrement gazeux dans les chambres d'explosion, sinon il y aurait excès de liquide, c'est-à-dire consommation excessive et mauvaise combustion à l'intérieur des cylindres.

Les variations atmosphériques de pression, de température, d'état hygrométrique, etc., agissent sur le fonctionnement du carburateur. De plus, l'arrivée de l'essence est produite par la dépression créée au niveau du gicleur par le mouvement du piston, et cette dépression augmente avec la vitesse du moteur. Ceci n'aurait guère d'inconvénient si le *rapport* des quantités d'air et d'essence demeurait constant ou à peu près. Mais il arrive que la proportion d'essence croît très vite avec la vitesse de rotation, en sorte que pour maintenir la carburation cons-

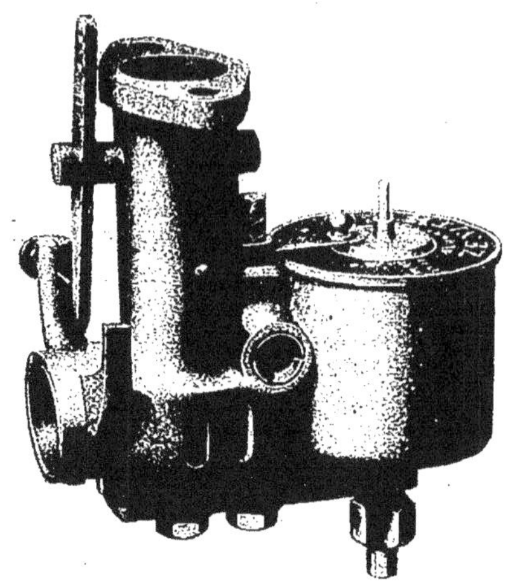

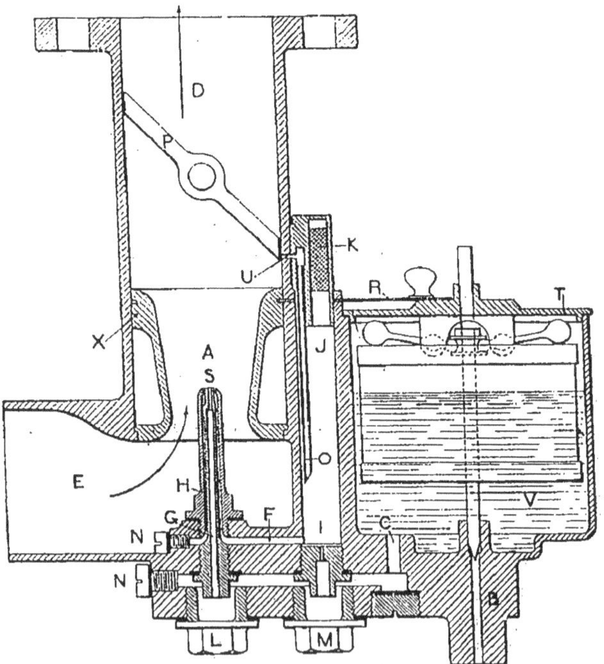

Le carburateur Zénith.

A, Étranglement des gaz (diffuseur). — C, Conduit amenant l'essence aux gicleurs. — D, Tuyau d'admission au moteur. — F, Conduit amenant l'espace du puits jusqu'au gicleur annulaire H. — G, Gicleur principal. — H, Conduit annulaire de l'essence aspirée dans le puits J. — I, Gicleur compensateur. — J, Puits ou pipe où débite le compensateur I. — K, Cripine de fermeture du puits. — L, M, Bouchons des gicleurs. — N, N, Vis d'usinage. — O, Tube du ralenti. — U, Orifice du giclage de l'essence au ralenti. — R, Ressort de fixation du couvercle de niveau constant.

tante, on munit en général le carburateur d'une entrée d'*air supplémentaire*, qui s'ouvre automatiquement de plus en plus, quand la vitesse croît.

Toutefois, l'automaticité de réglage ainsi obtenue n'est pas toujours absolument satisfaisante et l'on a cherché dans le carburateur Zénith à résoudre le problème de la carburation constante, en employant simultanément deux gicleurs, l'un G en relation avec le tube B du pointeau du niveau constant V et l'autre I, dit gicleur *compensateur*, débitant dans le puits J, sous l'action de la différence de niveau qui existe entre V et I. La quantité d'essence qui arrive en I dans l'unité de temps est ainsi constante, quel que soit le nombre des cylindrées, et l'on détermine les diverses sections de façon à ce que le débit du gicleur I soit prépondérant aux petites vitesses et négligeable aux grandes. La théorie montre et l'expérience a prouvé que le réglage de la carburation, une fois fait pour deux vitesses extrêmes, se maintient pour toutes les vitesses intermédiaires. L'intérêt du dispositif Zénith est dans la suppression des pièces délicates : ressorts tarés, billes, clapets, nécessaires aux carburateurs à air supplémentaire. En outre, un tube plongeur O, conduisant directement l'essence du puits J au point U, où la vitesse de l'air est maxima, facilite la marche au ralenti, avec le papillon P presque fermé. A l'arrêt, après que le puits J s'est rempli d'essence, le même tube O la fait affluer dans la tubulure D et facilite le départ du moteur.

L'appareil à gaz type ainsi réalisé n'est pas le seul procédé d'alimentation qui ait été proposé et employé déjà.

Le moteur Antoinette, par exemple, est alimenté par injection directe, au moyen d'une pompe qui fait pénétrer dans chaque cylindre une quantité constante d'essence et assure ainsi mécaniquement la régularité de la carburation.

Le moteur rotatif Gnôme, dans son type récent, ne possède ni carburateur, ni pompe. Le tuyau d'essence qui vient du réservoir débouche directement dans une capacité centrale qui occupe le centre du moteur et l'essence s'y vaporise toute seule, formant une sorte de réservoir de gaz, où chaque piston vient puiser à son tour par son centre où s'ouvre en temps voulu la soupape d'aspiration.

L'allumage. — L'allumage des gaz combustibles dans la chambre d'explosion a été réalisé par un grand nombre de méthodes : transport de flamme, incandescence, étincelle électrique. Nous ne nous occuperons que de ce dernier procédé; encore négligerons-nous l'allumage à basse tension qui est à peu près universellement supplanté à présent par l'allumage par bougies à haute tension.

Le principe de ce dispositif est le suivant : entre deux points quelconques d'un appareil spécial, la *bougie*, il s'agit de faire jaillir, à l'instant convenable, une étincelle aussi *chaude* et aussi *nourrie* que possible, qui provoquera l'explosion des gaz environnants. Pour obtenir ce résultat, il faut établir entre les points considérés une différence de potentiel assez considérable pour surmonter la résistance qu'offre le gaz ambiant au passage de l'étincelle. Cela est possible de bien des manières; nous en indiquerons une entre autres.

Une source d'électricité étant indispensable, nous prendrons une magnéto, c'est-à-dire une machine où une bobine induite, commandée par le moteur lui-même, tourne entre les pôles d'un aimant permanent à deux ou trois éléments. Le résultat de cette rotation est un courant qui parcourt la bobine induite. Ce courant possède une tension constamment variable qui présente deux maxima et deux minima dans un seul tour. Cependant la tension reste malgré tout insuffisante pour le but que nous nous proposons. On a essayé alors, de se fonder sur le phénomène de l'induction, c'est-à-dire sur la propriété que possède un courant variable, circulant dans une bobine, de faire naître dans une deuxième bobine enroulée par-dessus la première un autre courant d'autant plus intense que les variations du premier sont elles-mêmes plus rapides. Le courant variable prend le nom de *primaire*, ou *inducteur;* le courant que provoque la variation du primaire dans le deuxième enroulement est dit *secondaire* ou *induit.* L'ensemble des deux enroulements constitue un *transformateur.*

Si l'on supprime brusquement le courant primaire, ce qui revient à le faire *varier* avec une grande rapidité, il naît aussitôt dans le secondaire un courant intense, dont la valeur croît avec le nombre de tours du secondaire. Aussi celui-ci est-il constitué, en général, par du fil très fin.

D'après ce qui précède, si nous disposons sur le même noyau de fer doux tournant dans l'entrefer d'une magnéto, c'est-à-dire entre les deux pôles, deux enroulements, l'un en gros fil (primaire), l'autre en fil fin, la rotation de la bobine tendra à faire naître un courant dans les deux circuits. Considérons alors le mouvement de la bobine. Tout d'abord, le circuit secondaire va rester ouvert; en effet, le distributeur ne met son plot central en relation avec la masse d'un des cylindres considérés qu'à un instant déterminé.

D'ailleurs, même à ce moment, aucun courant ne passerait dans le secondaire, puisqu'il présente une solution de continuité à l'endroit de la bougie, entre les deux pointes distantes de 1 à 3 mm.

Le circuit primaire sera fermé en général, parce que la came est tracée de façon à ne l'ouvrir que pendant un bref intervalle, au moment du maximum. Un condensateur est placé en dérivation sur ce circuit pour absorber l'étincelle que produira l'ouverture.

Que va-t-il se passer maintenant, au moment où la came va subitement couper le courant primaire à son maximum? D'après ce qui précède, un courant très intense va tendre à passer à travers le secondaire, qui est précisément mis en relation à cet instant précis avec la bougie par le doigt du distributeur. La tension électrique va donc atteindre des valeurs très élevées entre les deux pointes de la bougie et une forte étincelle jaillira de l'un à l'autre.

Tel est le principe d'un des systèmes les plus répandus d'allumage à haute tension, les seuls qu'il soit utile d'étudier ici.

Le rendement du moteur dépend pour beaucoup de la qualité de l'étincelle, de l'instant où elle a lieu et des facilités que possède le conducteur pour choisir cet instant suivant l'allure

La magnéto Lavalette-Eisemann.

du moteur. Et même il est avantageux que ce choix ne soit pas laissé à l'initiative du conducteur, car il exige une attention soutenue et interdit tout oubli ou négligence. C'est ainsi que dans la magnéto Lavalette-Eisemann, on dispose l'induit sur une rampe hélicoïdale où il se déplace en tournant sous l'action d'un ressort commandé par un régulateur centrifuge do l'action est réglée par la vitesse du moteur. L'induit étant fixe au *retard* pour la vitesse minima (250 tours par exemple), l'*avance* se produira automatiquement à mesure que, le moteur accélérant, le régulateur décalera progressivement l'induit par rapport à la ligne des pôles. Ainsi, l'étincelle se maintient optima, et la rupture se produit au maximum de la force électromotrice, quelle que soit l'allure du moteur.

Pour simplifier le montage sur les moteurs, les deux enroulements primaire et secondaire sont ici bobinés sur l'induit de la magnéto, lequel constitue le transformateur élévateur de tension dans le fil fin du secondaire. Un condensateur est disposé sur le primaire pour absorber l'étincelle de self-induction à la rupture du courant; le rupteur de primaire et le distributeur de secondaire sont figurés séparément. En réalité, ces trois organes sont réunis sur la magnéto elle-même.

Refroidissement et graissage. — Le refroidissement des parois des cylindres s'impose dans les moteurs à explosion en raison des hautes températures qu'elles atteindraient sans cette précaution.

En effet, les gaz brûlant dans le cylindre atteignent couramment 1.500 à 2.000° centigrades. Les parois des cylindres étant lubréfiées par l'huile de graissage ne pourraient pas sans danger dépasser 300 à 350° suivant l'huile employée, sinon le glissement des surfaces en contact du piston et du cylindre deviendrait impossible. Quand la température s'élève au-dessus de sa valeur prévue, la dilatation des pièces en mouvement amène des déformations qui rendent tout de suite impossible le va-et-vient du piston; le moteur s'arrête, on dit qu'il est grippé. Le piston bouche alors avec tant de force l'orifice du cylindre qu'on ne peut l'en dégager qu'à grand'peine.

La théorie indique d'autre part qu'il faut tourner le plus chaud possible, tout refroidissement excessif correspondant à une perte inutile de chaleur. C'est, en effet, la chaleur dégagée par la combustion des gaz qui est la source unique d'énergie dans les moteurs à explosion et il est malheureusement impossible d'en utiliser plus de 15 à 20 0/0. Le reste, soit plus de 80 0/0, est emporté par les gaz d'échappement ou à travers les parois des cylindres, pour être rayonné dans l'air ambiant.

Pour maintenir la paroi intérieure à la température convenable, il faut évacuer avec une suffisante rapidité la chaleur qui arrive dans l'unité de temps à la paroi extérieure. On n'a utilisé jusqu'ici que deux procédés généraux, le refroidissement par l'eau et le refroidissement par l'air.

Refroidissement par l'eau. — Le premier exige que les cylindres soient enveloppés d'une chemise, dans laquelle on fait circuler un courant d'eau plus ou moins rapide. Quand le courant d'eau est déterminé simplement par la différence de densité de l'eau chaude des cylindres et de l'eau froide d'un radiateur en tubes minces, on dit qu'on utilise le *thermo-siphon*. En général, le courant d'eau est produit par une pompe centrifuge mue par le moteur ; il est alors plus rapide et la quantité d'eau nécessaire est moindre. En outre, on fait circuler cette eau à travers une série de tubes minces en cuivre affectant diverses formes et constituant le radiateur. L'eau s'y refroidit d'autant plus vite que la substance totale des tubes est plus grande. La construction et remontage des chemises d'eau et du radiateur, qui comportent nombre de soudures entre des organes destinés à fonctionner à haute température en restant absolument étanches, est une des plus grosses difficultés de la technique du moteur léger.

Refroidissement par l'air. — Le refroidissement par l'air peut être naturel ou forcé. Dans le premier cas, on laisse à l'air ambiant, par suite du déplacement même du moteur, le soin de lécher les parois externes et de les maintenir à la température voulue. Pour faciliter ce refroidissement, on munit alors le moteur d'ailettes qui augmentent la surface radiante.

Quand le refroidissement par l'air est forcé, on crée, soit par un ventilateur, soit par tout autre moyen, un courant d'air qu'on oblige à circuler autour des cylindres, en lui imposant un parcours calculé en vue du meilleur résultat. On enveloppe alors le moteur d'une sorte de chape légère, à l'intérieur de laquelle circule l'air frais aspiré par le ventilateur.

Il est évident que le mouvement du ventilateur absorbe une certaine puissance qu'il faut prendre sur l'arbre principal. On arrive à un résultat analogue en obligeant les cylindres eux-mêmes à tourner autour d'un arbre fixe ou mobile. La ventilation est ainsi activée, mais elle absorbe une puissance variable avec les dimensions et la vitesse de rotation des cylindres.

On a même proposé de faire circuler de l'air dans les chambres d'eau des moteurs ordinaires du type automobile, en créant la dépression nécessaire pour produire cette circulation au moyen du carburateur, qui aspirerait ainsi dans les chambres de l'air réchauffé. Il convient ici d'observer que la chaleur spécifique de l'eau et de l'air, la densité des deux fluides et la vitesse des deux courants dans les chambres présentent de telles différences que ce procédé exigerait une mise au point complète, pour devenir pratique.

Graissage.

Le graissage des moteurs à explosion, d'autant plus nécessaire que les vitesses de rotation des organes atteignent des valeurs plus élevées, s'obtient automatiquement ou au moyen d'une pompe. L'huile doit circuler entre toutes les surfaces métalliques mobiles les unes par rapport aux autres, c'est-à-dire entre les arbres et les paliers qui les portent, les têtes de bielle et les manetons de l'arbre moteur, les pieds de bielle et l'axe qui les fixe aux pistons, les segments logés sur les parois des pistons et assurant l'obturation des cylindres. Elle doit également baigner les divers engrenages de distribution qui transmettent le mouvement à l'arbre des cames, à la pompe, à la magnéto.

Tous ces détails, qui ont chacun une grande importance, demandent à être vérifiés avec le plus grand soin, car chacun d'eux peut amener à lui seul l'arrêt du moteur. La puissance absorbée par les frottements divers qui se manifestent dans un moteur tournant à vide peut atteindre de quatre à six chevaux pour un 4 cylindres ordinaire de 30 à 40 chevaux. Le graissage peut diminuer sensiblement cette perte sèche et, les accidents et les pannes mis à part, cela suffit à en souligner l'intérêt.

Quand le graissage est automatique, on s'en remet au barbotage de l'arbre moteur dans le carter pour projeter l'huile dans tous les sens sur les surfaces intéressées.

Ce système a donné d'excellents résultats, combiné avec un tracé très étudié des issues naturelles offertes au brouillard d'huile que la rotation de l'arbre à 20 tours par seconde produit dans le carter. Toutefois, il est moins satisfaisant pour l'esprit que le graissage par pompe sous pression, lequel oblige mécaniquement le lubréfiant à suivre un trajet déterminé et à visiter par suite, dans cette ronde minutieuse, tous les points où sa présence est indispensable. La contre-partie réside dans la complication que représente l'adjonction au moteur, déjà si complexe, d'une pompe à huile, et dans les chances d'arrêt accidentel qui accompagnent l'emploi d'un organe de plus.

LE RENDEMENT DES MOTEURS A EXPLOSION

Généralités. — Comme toutes les autres machines thermiques, les moteurs à explosion ne créent pas l'énergie, ils ne font que la transformer. On sait que de nombreuses expériences ont permis de déterminer la relation existant entre le travail et la chaleur. (L'équivalent mécanique de la chaleur est 425 ; c'est-à-dire qu'une calorie (1) équivaut à 425 kilogrammètres, le kilogrammètre étant représenté par un poids de 1 kilogramme tombant de 1 mètre en une seconde.) On connaît d'autre part exactement la quantité de chaleur que peuvent dégager les combustibles usuels. Il est par conséquent facile d'en déduire les kilogrammètres qu'ils représentent. Dans l'examen des possibilités qui en résultent, pour l'avenir des moteurs à combustion interne ou à explosion, cette étude offre un intérêt évident.

En ce qui concerne l'aviation, les seuls combustibles que l'on puisse employer semblent être les hydrocarbures liquides : *pétrole, alcool, essence,* ou gazeux : *acétylène* et peut-être *méthane.* Ces corps contiennent en effet, sous les poids et les volumes les plus réduits, une proportion notable de carbone et d'hydrogène, éléments dont la combustion dans l'air fournit une grande quantité de chaleur.

Or, le nombre des calories correspondant à 1 kilogramme de ces corps est le suivant :

Essence de pétrole......	11.000 calories environ.
Huile de pétrole........	11.000 calories —
Pétrole...............	10.600 à 11.000 calories.
Alcool...............	7.183.
Acétylène.............	12.345.

---

(1) La calorie est la chaleur nécessaire pour élever de un degré la température de un kilogramme d'eau.

Chaque calorie équivalant à 425 kilogrammes, on voit que l'on devrait obtenir pour 1 kilogramme d'essence 425×11.000 calories, soit 4.675.000 kilogrammètres.

Considérons, par exemple, un moteur de 50 chevaux (type moyen des moteurs d'aviation). Cette puissance équivaut à $50 \times 75 = 3.750$ kilogrammètres par seconde, soit $3.750 \times 3.600 = 13.500.000$ kilogrammètres en une heure.

En admettant que chaque calorie donne 425 kilogrammètres (rendement de 100 o/o), 13.500.000 kilogrammètres correspondent à $\dfrac{13.500.000}{425} = 31.765$ calories.

Ces calories étant obtenues avec de l'essence de pétrole (11.000 calories par kilogramme), on voit que la consommation du moteur de 50 chevaux ne sera par heure que de :

$$\frac{31.765}{11.000} = 2^{kg},9 \text{ d'essence.}$$

Dans la pratique, nous sommes loin de ce chiffre. Les meilleurs moteurs consomment, en effet, au moins 300 grammes par cheval-heure (pour des puissances de 30 à 45 HP). Pour 50 chevaux, on aura donc environ $300 \times 50 = 15$ kilogrammes.

On voit que le *rendement* R de ces moteurs est égal à :

$$R = \frac{2,9}{15} = 0.1999, \text{ soit moins de 20 o/o.}$$

Formules de puissance. — La puissance développée par les moteurs à explosion dépend, outre le rendement R qui leur est propre, des éléments caractéristiques de ces machines ; volume de la cylindrée, nombre de tours. En étudiant comment varient avec le nombre de tours par seconde le remplissage des cylindres, le couple moteur moyen, etc., on est arrivé (A. Varlet, R. Arnoux, L. Périssé, C. Faroux, etc.), à proposer un certain nombre de formules permettant d'énoncer *a priori* la puissance normale d'un moteur dont on connaît les caractéristiques. Ces formules reflétaient exactement, au moment de leur apparition, les habitudes prédominantes chez les constructeurs, quant aux valeurs courantes des vitesses, alésages, compressions, etc. Citons entre autres celle de M. R. Arnoux :

$$P = 0,000525 \, D^{2,4}$$

où D est le diamètre en millimètres et P la puissance en chevaux. Depuis lors, l'usage s'étant généralisé de donner aux pistons des vitesses linéaires plus grandes, qui dépassent couramment 10 mètres par seconde, la détente et le rendement des moteurs se sont accrus. Pour tenir compte de ces éléments, on a proposé des formules nouvelles, dans lesquelles la course intervient :

$$P = 0,00002956 \, D^{2,4} \, L^{0,6} \qquad \text{(C. Faroux)}$$

$$P = K D^{2,1} \, L^{0,8} \qquad \text{(Favron, etc.)}$$

Il est probable que les progrès de la construction amèneront encore la nécessité de rectifier à nouveau les formules de puissance, par l'amélioration des résultats fournis par des moteurs de dimensions géométriques données.

Ces considérations sont très importantes en ce qui concerne les moteurs d'aviation. En effet, à cylindrées égales et également nombreuses, c'est-à-dire à poids égal, les puissances de deux moteurs sont entre elles comme les valeurs respectives du rapport R.

Si l'on pouvait doubler le rendement d'un moteur donné, on pourrait donc diminuer son poids dans la même proportion.

Ainsi qu'on le verra plus loin, on s'est surtout attaché jusqu'à maintenant à réaliser des progrès par des artifices de construction, par des *perfectionnements géométriques* (cylindres rayonnants et carters plats), par des *substitutions de métaux* (de l'acier nickel à la fonte...), par des *sacrifices d'accessoires* (refroidissement par l'air...). On a réussi de la sorte à économiser les 4/5 du poids des moteurs anciens. Il semble que l'on soit arrivé, dans cet ordre d'idées, bien près du terme, qui serait alors comme une limite asymptotique, dont on n'approchera désormais que par degrés de plus en plus insensibles.

Il en résulte donc qu'on devrait chercher maintenant à s'engager dans une voie nouvelle, l'amélioration du rendement thermique, qui peut faire réaliser un bénéfice de puissance sans augmentation de poids. Le rendement actuel étant toujours moindre que 20 0/0, on conçoit qu'ici la marge soit plus que suffisante pour justifier les recherches.

Quelles causes influent sur *le rendement thermo-dynamique* des moteurs? Il est facile de voir maintenant qu'elles se ramènent à deux, une essentielle : *les pertes de chaleur* ; une secondaire : *les frottements*.

On peut admettre, avec M. Letombe, que les moteurs à explosion et à combustion ayant pour but, comme toutes les machines thermiques, la transformation de la chaleur en travail, cette transformation doit être en général incomplète. Mais, en réalité, on ne voit pas pourquoi il en est ainsi, et l'on est tenté d'abord d'attribuer le faible rendement relatif des machines thermiques à des influences extérieures nuisibles, alors que la plupart du temps ce faible rendement tient avant tout à la nature des cycles adoptés.

LES CYCLES DES MOTEURS A EXPLOSION

La série de transformations imposée aux gaz utilisés dans les moteurs à explosion, c'est-à-dire le *cycle* de ces moteurs, a

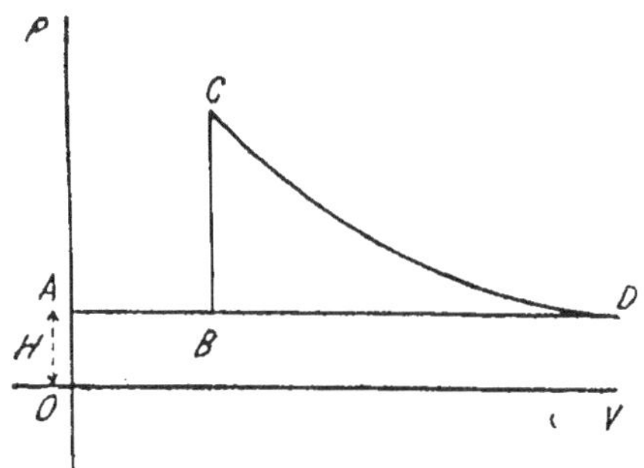

Cycle de Lenoir.

beaucoup varié suivant les modèles depuis cinquante ans.

Le cycle de Lenoir, qui est celui du premier moteur construi au milieu du siècle dernier, était le suivant :

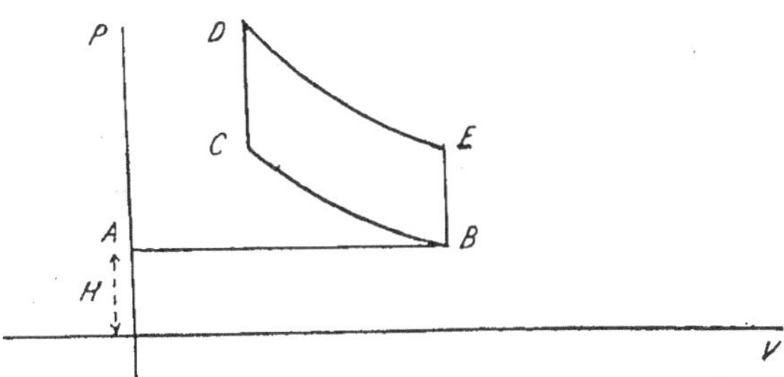

Cycle d'Otto ou de Beau de Rochas.

1er temps, remplissage du cylindre à la pression atmosph rique A-B ;

2° temps, explosion B-C ;

3° temps, détente jusqu'à la pression atmosphérique C-D ;

4° temps, échappement D-A.

Puis vint le cycle d'Otto ou à 4 temps, qui diffère du précédent par la compression (B-C) du gaz explosif avant l'allumage en C.

Dans le cycle d'Otto-Langen, la détente est poussée plus bas que la pression atmosphérique H.

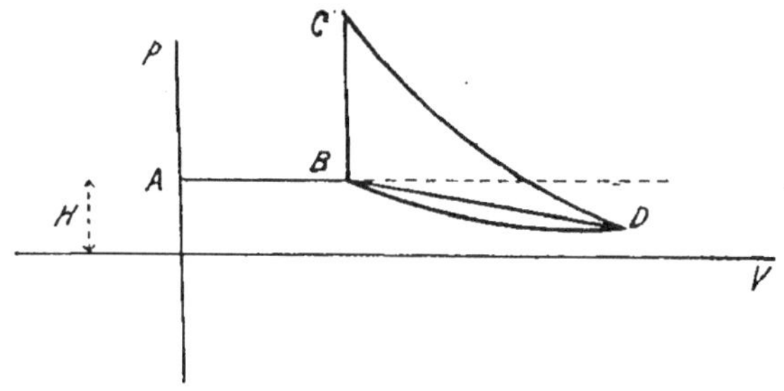

Cycle d'Otto-Langen.

Le cycle à combustion sous pression constante, qui est celui dont relèvent, au moins théoriquement, les moteurs Diesel, est l'un des derniers qui aient été proposés et mis en application.

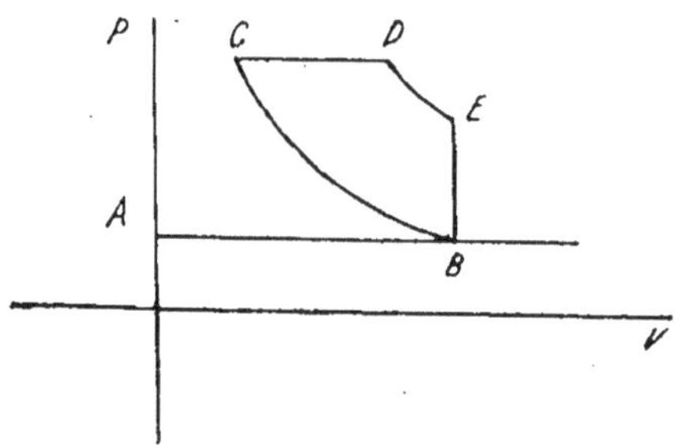

Cycle à combustion.

Sous la forme du diagramme en P, V (pressions-volumes) le rendement de ces divers cycles n'apparaît aucunement. Mais l'emploi du diagramme entropique permet de les mettre en évidence. En appelant S l'entropie du corps à transformer, on sait que l'on pose, par définition :

$$S = \int \frac{dQ}{T}$$

Q est la chaleur *fournie* au corps, ou *cédée* par lui et T sa température absolue. Si l'on porte sur deux axes les quantités

S et T, pour un arc de courbe élémentaire quelconque MM' on aura :

$$dQ = T\,dS.$$

La chaleur de transformation sera donc :

$$\int dQ = \text{aire PMM'Q}$$

et, pour une variation finie de T, entre M et N, la chaleur de transformation totale aura pour mesure l'aire comprise entre l'arc MN, l'axe des S et les deux ordonnées PM, RN.

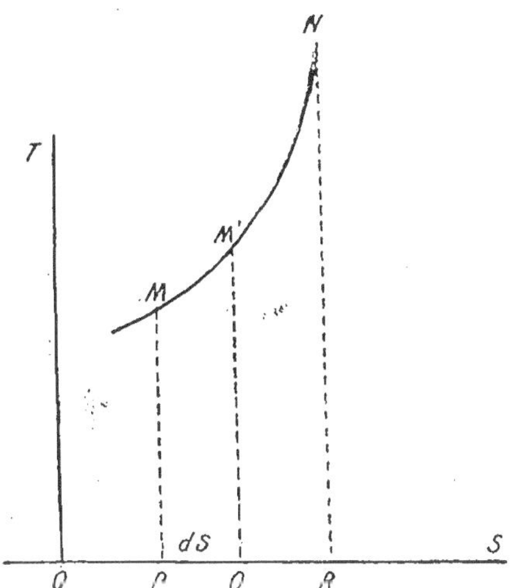

Diagramme entropique.

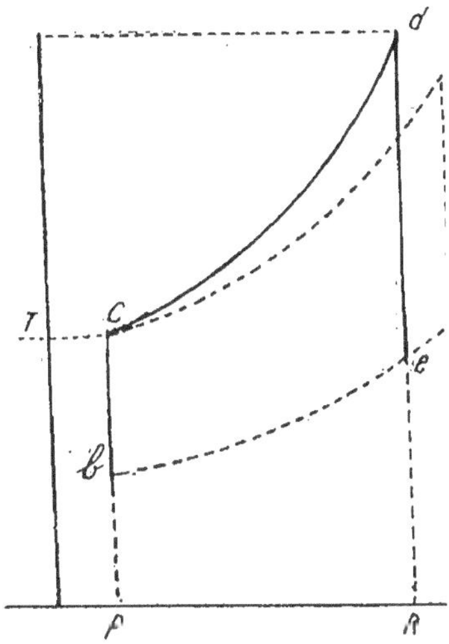

Diagramme entropique du cycle à 4 te

Dans cette représentation :

1° Une isotherme (T = K) devient une parallèle à OS ;

2° Une adiabatique ($dQ = o$) est une parallèle à OT.

Considérons alors le cycle le plus courant à 4 temps, ou cycle d'Otto B C D E ; il prend dans le système entropique la forme *b c d e*, en admettant que les compressions et les détente sont adiabatiques dans les moteurs ordinaires à grande vitesse

Si la détente était complète, le cycle serait *b c d e*. On voi que le rendement de ce cycle, qui est égal au rapport :

$$\frac{\text{Aire } bcde}{\text{Aire } PcdR}$$

augmente avec la détente. Si l'explosion est remplacée par un combustion ralentie, la ligne $c\,d$ est remplacée par une ligne située *au-dessous*, $c\,d'$. On voit immédiatement que le rendement *diminue*, car, *la même chaleur totale étant disponible* dans les deux cas, on a :

$$(P\,c\,d\,R) = (P\,c\,d'\,V)$$

et, comme :

$$(P\,b\,f\,V) > (P\,b\,e\,R)$$

on a, nécessairement :

$$(b\,c\,d'\,f) > (b\,c\,d\,e)$$

donc :

$$\frac{(b\,c\,d\,e)}{(P\,c\,d\,R)} < \frac{(b\,c\,d'\,f)}{(P\,c\,d'\,V)}$$

Reportons les trois cycles d'Otto (Beau de Rochas, ou cycle à 4 temps), de Diesel (à combustion) et de Lenoir (explosion

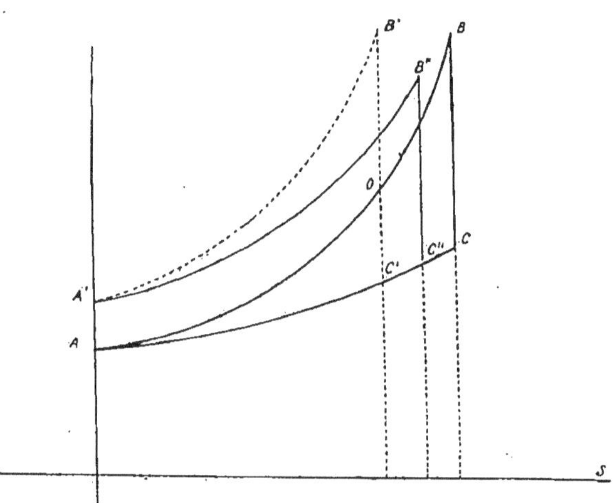

Diagrammes entropiques des cycles d'Otto, de Lenoir et de Diésel :

ABC cycle de Lenoir (explosion sans compression). AA'B'O cycle d'Otto à détente incomplète ; la détente complète fournit le cycle AA'B'C'. AA'B"C" cycle de Diesel à détente complète.

sans compression) sur une même figure. AB, A'B', A'B" sont des transformations à volume constant ou pression constante. On voit que la compression AA' a pour effet d'abaisser la température à la fin de la détente (C' dans le cycle d'Otto au lieu de C dans celui de Lenoir).

Sans entrer dans plus de détails, on voit que la méthode précédente fournit un moyen aisé de comparer entre eux les rendements des divers cycles, en supposant que les compressions et les détentes qui s'effectuent dans les moteurs sont adiabatiques, et qu'il n'y a pas de pertes de chaleur. Or ce sont là deux hypothèses malheureusement très éloignées de la réalité des faits.

LES PERTES D'ÉNERGIE

Dans toute machine thermique, une notable proportion de la chaleur fournie doit nécessairement être rejetée dans l'atmosphère à l'état de chaleur non transformée : telle est la chaleur de l'échappement. Mais il est une autre perte, très importante, qui s'ajoute à celle de l'échappement et dont l'influence a longtemps été très discutée : c'est la perte par la paroi, qui dépasse souvent 3o o/o de la chaleur totale fournie aux machines.

Les cylindres des moteurs à combustion interne ne peuvent, en effet, fonctionner convenablement que largement refroidis par une circulation d'eau. On croit généralement que ce refroidissement constitue un inconvénient inévitable, très nuisible au rendement des machines, et que, si on pouvait trouver un lubrifiant capable de résister aux hautes températures, le rendement des moteurs se trouverait considérablement amélioré par la suppression des enveloppes d'eau. Autrement dit, cela revient à considérer que la chaleur qui passe à travers les parois des cylindres est de la chaleur transformable en travail et que tout gain de ce côté augmenterait le rendement des cycles.

Etant donné qu'entre deux températures extrêmes déterminées, le cycle de Carnot donne le rendement maximum, on considère ce rendement comme une limite vers laquelle on peut *tendre avec n'importe quel cycle* tels que les précédents

Rappelons d'abord quelques principes :

1º Le rendement d'une machine évoluant suivant le cycle de Carnot est égal au rapport de la chute de température à la température initiale (temp. absolues). La fraction utilisée est donc d'autant plus grande que l'évolution se fait entre des limites de température plus étendues;

2º Le rendement du cycle est indépendant de la nature du fluide mis en œuvre : vapeur d'eau, air, gaz, etc.;

3º Le cycle de Carnot a le rendement économique maximum

4° Le cycle de Carnot est formé de deux parois d'isothermiques et d'adiabatiques, c'est-à-dire que le fluide est chauffé d'abord à une température constante T_1, puis il en est séparé et détendu adiabatiquement jusqu'à ce qu'il ait pris la température T_2 du réfrigérant. On opère ensuite une compression isothermique au contact de la source froide, puis on en sépare le fluide, la compression devenant ainsi adiabatique.

Si on compare les 270.000 kilogrammètres (travail du cheval-heure $75 \times 60 \times 60 = 270.000$) que produit ordinairement 1 kilog de charbon donnant 8.080 calories, aux 3.434.000 kilogrammètres (8.080×425) que le principe de l'équivalence semble promettre, on constate un écart considérable.

Comme l'indique M. Witz, cet écart provient de ce que tout le calorique latent du carbone n'est pas transformable en travail. Pouvons-nous utiliser et actualiser toute l'énergie de position possédée par l'eau d'une chute? Pas davantage.

Nous n'en recueillons qu'une infime partie. Pour recueillir la totalité, il faudrait que cette eau tombât jusqu'au centre de la terre. Cette comparaison s'applique parfaitement au cas des machines thermiques. En effet, pour transformer intégralement en kilogrammètres les 8.080 calories d'un kilogramme de charbon, il faudrait que le rendement devînt égal à l'unité ($R = 1$), c'est-à-dire que T_2 devînt égal à zéro. Le réfrigérant devrait donc être maintenu à la température du zéro absolu, lequel n'est guère plus facile à atteindre que le centre du globe. En réalité, on peut retirer de la chaleur disponible un nombre de kilogrammètres qui correspond au maximum de travail utilisable, attendu que le cycle de Carnot a le coefficient économique maximum.

Pour une machine fonctionnant entre 150 et 100 centigrades (423 et 373° absolus) la calorie ne donne que 50 kilogrammètres, le rendement étant égal à 0,118. On a, en effet, $425 \times 0,118 = 50$.

Pour une machine fonctionnant entre les limites 1803° et 323° (moteurs à gaz tonnants), le rendement $= 0,82$ et la calorie développerait 348 kilogrammètres.

Dans un moteur à gaz, par exemple, l'explosion peut facilement faire monter la température à 1.000°. En prenant pour température initiale 27°C. ou 300° absolus, les gaz évoluent donc entre 1.300 et 300° absolus. Le rendement d'un cycle de Carnot auquel s'appliqueraient ces températures serait de :

$$\rho = \frac{T - t}{T} = \frac{1.000}{1.300} = 0,77.$$

Comme le rendement des meilleurs moteurs ne dépasse guère

35 o/o, on admet que la différence de 42 o/o constituerait *en majeure partie* la perte par la paroi. M. Letombe a soutenu une théorie opposée que nous résumerons plus loin.

Les cycles réalisables dans les moteurs à combustion interne ont leur rendement maximum propre, toujours bien inférieur à celui d'un cycle de Carnot qui évoluerait entre les mêmes températures extrêmes.

Ce rendement a pour expression générale :

$$P = 1 - \gamma \frac{V - v}{V^\gamma - v^\gamma}$$

où V et v sont le volume initial et le volume après la compression et γ le rapport $\dfrac{C}{c}$ des chaleurs spécifiques du corps transformé.

Ce rendement peut s'écrire aussi (Witz) $\rho = \dfrac{\theta - t}{\theta}$, θ et t étant les températures finale et initiale de la compression. Sous cette forme, toujours en négligeant les pertes, le rendement est celui d'un cycle de Carnot fonctionnant entre θ et t.

Ces observations préliminaires étant faites, considérons successivement les causes de pertes dont nous venons de parler, puis nous étudierons les pertes ayant une autre origine.

Perte à l'échappement. — Il est bien évident que les calories emportées par les gaz ne sauraient concourir à la production du travail de la machine. On a bien proposé divers artifices pour les utiliser, mais les résultats n'ont pas toujours été satisfaisants. Rappelons, par exemple, que dans la machine vapeur, on emploie la vapeur d'échappement à réchauffer l'eau d'alimentation ; de même les gaz du foyer sont utilisés dans ce but (économiseur, réchauffeur). Dans le cas des moteurs pétrole, le problème est plus délicat, et l'on ne voit pas très bien quel parti on pourrait tirer des gaz rejetés à haute température. Les seules combinaisons qui semblent présenter quelque intérêt sont : 1° celle reposant sur l'emploi de ces gaz pour le chauffage préalable de l'air de combustion et 2° celle reposant sur l'emploi d'un fluide (gaz, vapeur, éther, etc.) utilisant les chaleurs perdues au moyen d'une machine secondaire « à vapeur froide ».

La première combinaison est appliquée dans un grand nombre de machines thermiques (machines à vapeur à réchauffeur économiseur, etc., moteur Diesel, turbine à gaz).

La seconde, qui semble inférieure à la première, a été essayée par un certain nombre de constructeurs.

Le procédé le plus simple consiste à diriger ces gaz dans les carneaux d'une petite chaudière dont la vapeur pourra ajouter sa force élastique à celle des gaz tonnants, au moment de l'explosion ; c'est ainsi que procédaient MM. Simon et fils de Nottingham. L'action auxiliaire de la vapeur était si considérable que ce moteur pouvait marcher une dizaine de minutes après la fermeture du robinet de gaz par le seul effet de la vapeur.

Quant à la valeur de cette perte, on peut l'évaluer en moyenne à 25 o/o.

Perte par la paroi. — Cet effet a été mis en lumière dès 1883 par M. A. Witz et a donné lieu à un grand nombre de recherches et de controverses.

Ce qu'il importe d'abord de considérer, c'est *la surface interne du cylindre*, car, toutes choses étant égales, la quantité de chaleur qui peut passer en totalité à travers une paroi est évidemment proportionnelle à cette surface.

Or, plus un cylindre est gros et plus il produit de chaleur ; mais sa surface n'augmente pas proportionnellement à son volume. En effet, en appelant D le diamètre d'un cylindre et L sa longueur, la surface interne a pour expression, fonds compris :

$$S = 2\frac{\pi D^2}{4} + \pi DL$$

Quant au volume, il est donné par la formule :

$$V = \frac{\pi D^2 L}{4}.$$

En faisant le rapport de ces deux quantités et en simplifiant, on obtient :

$$\frac{S}{V} = 2\left(\frac{1}{L} + \frac{2}{D}\right)$$

valeur qui va en diminuant quand L et D augmentent.

Il s'ensuit que les grands moteurs devraient avoir des pertes bien moindres que les petits, et que, par conséquent, le rendement des machines devrait croître avec l'augmentation de leurs dimensions.

Appliquons par exemple la formule ci-dessus à des cylindres

de 3oo et 6oo millimètres d'alésage, dont les courses de piston sont respectivement de 4oo et 8oo millimètres. (Ces dimensions correspondent à des forces d'environ 20 et 100 chevaux.)

Le rapport $\frac{S}{V}$, dans le premier cas, est de 1,84 ; il est de 0,91 dans le second.

A régime égal de température externe et interne, le cylindre de 6oo millimètres devrait donc perdre par la paroi *deux fois moins de chaleur* que le cylindre de 3oo millimètres. Autrement dit, si le moteur de 20 chevaux perd 40 o/o de chaleur par la paroi, le moteur de 100 chevaux ne devrait en perdre que 20 o/o, et si la différence était entièrement transformable en travail, le rendement du moteur de 100 chevaux devrait être de beaucoup supérieur à celui du moteur de 20 chevaux. Or, en pratique, il n'en est rien.

Mais à quelque chose malheur est bon, car c'est à cette crainte de l'effet nuisible des parois qu'a été due la construction des premiers grands moteurs à gaz. En effet, les constructeurs, par la considération de la différence des rapports des surfaces aux volumes qui existent entre des petits et des gros cylindres, s'attendaient à des rendements très supérieurs en augmentant notablement les dimensions de leur machine.

Toutes choses étant égales, la quantité de chaleur qui traverse les parois d'un cylindre est proportionnelle à l'écart existant entre les températures externe et interne. Or, M. Hubert, le savant ingénieur spécialiste belge, dans son rapport sur les essais du moteur Cockerill de 1.200 chevaux faits en novembre et décembre 1901, fait remarquer que le rendement thermique de la machine n'a pas été affecté par la circulation plus ou moins active de l'eau dans l'enveloppe des cylindres, quelle qu'ait été sa température d'évacuation.

Bien des essais faits depuis vingt ans, en choisissant ceux pour lesquels on a mesuré séparément la chaleur rejetée par l'échappement et par la paroi à différents régimes de température de circulation d'eau dans les enveloppes, ont montré que, pour un moteur donné dont la forme générale des diagrammes ne varie pas, la somme des chaleurs qui passent à la paroi et à l'échappement est assez sensiblement une constante.

Pour faire utilement des observations de ce genre, il y a des précautions à prendre, parce que, dans les moteurs, les phénomènes sont complexes et qu'il est facile, par inadvertance, d'attribuer à la paroi des pertes qui ne la concernent pas.

Il faut tout d'abord ne tenir compte que du travail indiqué et être certain que le moteur en essai a un piston et des soupapes pratiquement étanches, parce que le rendement mécanique d'un moteur peut varier avec la température de l'enveloppe du cylindre.

Connaissant le poids des gaz introduits, leur nature et leur pouvoir calorifique, il est facile de déterminer à quelle valeur la pression devrait monter au moment de la déflagration. Or, quand on provoque l'explosion, on remarque que la pression reste bien au-dessous de la valeur calculée, lorsque le piston monte sous la poussée brusque des gaz dilatés, quelle que soit la rapidité avec laquelle le piston se déplace. On observe ensuite que le piston descend bien plus lentement qu'il n'est monté, au fur et à mesure que la chaleur emmagasinée par les gaz se dissipe par la paroi.

L'expérience semble prouver deux choses : 1° que la paroi froide intérieure du cylindre a absorbé instantanément, par un contact direct avec les gaz, une quantité de chaleur notable, qui constitue une véritable fuite, ce qui a empêché l'élévation normale de la pression; 2° que lorsque la paroi se trouve en quelque sorte saturée de chaleur sur une certaine épaisseur, la transmission vers l'extérieur ne se fait plus qu'avec lenteur.

Dans cette expérience, l'influence de la *paroi froide* a un effet nettement nuisible et il est bien certain que la perte pendant l'explosion et la détente sera d'autant plus accentuée que la surface du cylindre sera plus grande par rapport à son volume, car il s'agit ici surtout d'une action de surface. Mais est-il permis de croire que les résultats trouvés ainsi puissent s'appliquer à un moteur à régime rapide? Ce n'est pas certain car, avec des combustions instantanées, répétées à de très courts intervalles, la transmission de la chaleur, qui, *à travers* une paroi d'épaisseur notable, ne peut être que lente, détermine une élévation de la température intérieure qui aboutit à un état d'équilibre limitant rapidement l'absorption de chaleur pendant l'explosion et la détente.

Le fait est facile à constater sur les cylindres mêmes des moteurs à gaz, lorsqu'on relève une courbe d'indicateur correspondant à une première explosion. Tout étant froid, on constate que la pression des gaz monte relativement peu et que l'exposant $\gamma = \dfrac{C}{c}$ de la courbe de détente atteint des valeurs très élevées, 1,5 à 1,6 : c'est l'influence de la paroi froide. Mais, dès que le cylindre s'est échauffé, la pression monte normalement et le γ des courbes de détente prend alors des valeurs comprises entre 1,3 et 1,35.

Cette dernière expérience semble prouver qu'il peut exister, entre les deux faces d'une paroi métallique, des différences de température supérieures à 300°, même lorsque l'une des faces est maintenue froide par une circulation d'eau très active.

Inversement, M. Letombe admet que l'absorption de la chaleur par une paroi froide, du côté où cette paroi est en contact direct avec des gaz chauds, peut être pratiquement considérée comme *instantanée*.

Rappelons maintenant le fonctionnement particulier des moteurs à essence qu'emploie l'aviation.

L'essence, en se vaporisant, absorbe une notable quantité de chaleur qui abaisse la température du mélange tonnant aspiré par les cylindres, malgré un réchauffage préalable. Si le mélange, en arrivant dans les boîtes à soupapes, ne rencontre que des parois chaudes, le moteur sera capable de donner toute sa puissance. Or, pour que les conduits aboutissant aux boîtes restent chauds par conductibilité, il ne faut pas que les parties voisines refroidies par la circulation d'eau soient à trop basse température, sans quoi l'essence se condenserait en partie avant d'arriver aux cylindres et le moteur ne pourrait plus donner qu'une puissance inférieure à sa puissance normale, fait qui n'a d'ailleurs aucun rapport avec le rendement thermique.

Ce qui prouve bien que dans ce cas particulier il s'agit d'une condensation d'essence, c'est qu'en faisant marcher au gaz un moteur d'automobile, les variations de puissance avec la température de la circulation d'eau ne peuvent plus s'observer.

En résumé, se fondant sur les considérations précédentes, on arrive à peu près à la conclusion suivante :

En réalité, donc, la chaleur ne traverse la paroi des moteurs à combustion interne que par pulsations, dont la partie active correspond presque exclusivement à la période d'échappement. Autrement dit, dans les moteurs à combustion interne, la somme des chaleurs perdues par la paroi et par l'échappement est pratiquement une constante qui ne dépend que de la nature du cycle adopté.

A l'appui de cette règle, lorsque, sur un moteur, on arrive, par réduction de la circulation d'eau des enveloppes, à diminuer la perte par la paroi, on voit immédiatement la perte par l'échappement augmentée d'autant, et inversement.

Ce serait alors à cause de cette constance dans les chaleurs à perdre qu'il est nécessaire, dans les grands moteurs, de refroidir les soupapes d'échappement ; en effet, dans ces machines, le refroidissement par les parois étant plus difficile en raison de leur épaisseur et de leur faible surface relative, l'échappement se ferait à une température plus élevée que dans les petites machines.

Une dernière remarque qui semble prouver que le gain sur la paroi ne profite pas aux cycles, c'est que les moteurs à deux temps à balayage d'air ne perdent guère plus de 18 o/o par la paroi, au lieu de 30 ou 35 o/o trouvés sur les moteurs à quatre temps, sans qu'à compression égale aucune supériorité de rendement soit accusée par les premiers sur les seconds. Au contraire, c'est plutôt l'inverse qui a lieu.

Ces conclusions sont loin d'être acceptées par tous les constructeurs de moteurs à gaz. Il en est, en effet, un grand nombre qui admettent que la diminution des pertes aux parois aurait pour corollaire une augmentation du rendement.

Avec des parois non conductrices, l'explosion se ferait plus vite, et amènerait, d'abord, les gaz à pression plus haute et température plus élevée; d'autre part, la détente se ferait plus lentement, et les deux effets s'ajoutant jusqu'au bout de la course du piston, la pression des gaz resterait plus élevée que dans le cas des parois conductrices. Le travail effectué serait indiscutablement plus considérable.

Les diagrammes, relevés sur les moteurs à gaz, s'écartent généralement beaucoup, dans le premier tiers de la course du piston, du diagramme théorique, dont on se rapprocherait beaucoup plus avec des parois non conductrices.

Le raisonnement ci-dessus montre que, dans l'hypothèse admise, la chaleur perdue à l'échappement sera plus grande, mais on doit observer que le travail effectué sera plus grand aussi, de telle sorte que le bénéfice résultant de la suppression de la perte aux parois, serait partagé et ne viendrait pas uniquement au profit de l'un d'eux.

Tout ceci est relatif à la course motrice. Voyons aussi ce qui se passerait, aux trois autres courses, dans l'hypothèse de la réduction de la perte aux parois. Pendant la période d'échappement, puisque les gaz sont plus chauds, les parois se maintiendront à température plus élevée.

A la troisième période, aspiration de l'air et du gaz, il y aura une quantité un peu moindre admise, proportionnellement à la cylindrée, à cause de l'échauffement plus rapide du mélange. Mais si, à cause des considérations précédentes, la course du piston a été un peu augmentée, ce sera une facilité pour avoir une plus longue détente.

Enfin, pendant la période de compression, les parois chauffées faciliteront le réchauffement et l'élévation de pression du mélange gazeux, avec un moindre travail du piston, ce qui sera au bénéfice du rendement.

Toutes ces considérations établissent que, moins les parois sont conductrices, meilleur sera le fonctionnement théorique du moteur. Cet avis est celui de la grande majorité de ceux qui se sont occupés de moteurs à gaz ; malheureusement, la réalisation d'un semblable perfectionnement se heurte à de grandes difficultés.

En premier lieu, si l'on ne refroidit pas les parois, comment le piston pourrait-il glisser dans le cylindre sans gripper ? On pourrait songer à un piston plongeur, mais cela compliquerai singulièrement l'appareil. Les soupapes sont des organes très délicats et il ne semble pas, actuellement, qu'elles puissen fonctionner sans être refroidies, par conductibilité, pour les petites et par circulation d'eau, pour les grandes. Avec des parois non conductrices, il y aurait à craindre, plus qu'avec des parois métalliques, des allumages prématurés. Il ne fau pas en conclure qu'un semblable perfectionnement des moteur à gaz ne doit pas aboutir, mais, d'abord, connaître les diffi cultés à vaincre.

Il existe sans doute un minimum au-dessous duquel on n peut descendre. Cette opinion permet de concilier les vues qu paraissent *à priori* contradictoires. En effet, parmi les calorie actuellement perdues par une paroi, il en est qui sont trans formables en travail, il en est aussi qui ne le sont pas. Su 40 o/o de perte, 20 o/o sont peut-être transformables et 20 o/ ne le sont pas.

L'œuvre des constructeurs à venir résidera donc dans l'ut lisation des calories transformables : ils réussiront, de cett manière, certainement à améliorer le rendement.

Puisque l'on doit admettre que les pertes de chaleur con tituent la plus grosse partie de la perte totale d'énergie accusée par la consommation des moteurs actuels, il sembl que des progrès très intéressants soient encore réalisable Une détente prolongée des gaz dans le cylindre, c'est-à-dir une course très longue (250 à 300 mm. pour 100 d'alésage ser indispensable, si l'on veut restituer à l'atmosphère des gaz peu près complètement vidés d'énergie. Toutes ces condition seront à concilier avec la légèreté des moteurs et avec u régime rapide, pour fonctionner par compression et déten adiabatiques si possible. Quant aux pertes de chaleur pa rayonnement, il n'existe pas de moyen de s'y opposer. Ell sont d'ailleurs indispensables pour le refroidissement d

parois internes du moteur, mais on peut les limiter par une
forme convenable des chambres. Enfin, une portion notable
de gaz reste inactive pendant l'explosion ; souvent elle s'en va
brûler, inutile, dans le tuyau d'échappement. C'est là qu'un
allumage méthodique et une forme bien étudiée des fonds de
cylindre peuvent montrer quelque efficacité.

Autres pertes. — Les autres pertes ont pour origine l'inertie
des masses en mouvement, les frottements, etc.

Actuellement, les frottements, dont le graissage a pour but
d'atténuer les effets, ont été considérablement réduits par
l'usage des roulements à billes, universellement employés
aujourd'hui. Ces roulements se rencontrent partout : aux
paliers de l'arbre moteur, aux têtes de bielle, dans les
magnétos d'allumage, etc. Seuls, les segments des pistons
constituent encore un point faible, où le frottement de glissement, compliqué des difficultés du graissage, manifeste ses
fâcheux effets.

On sait que la résistance au frottement est égale au produit
de la pression normale par le *coefficient de frottement*. Les
coefficients de glissement dans le cas du bronze et du fer sont
les suivants :

	Surfaces	Au départ	Au mouvement.
Fonte sur fonte ou bronze.	peu graissées	0,16	0,31
Fer sur fer.............	peu graissées	0,13	
Bronze sur fonte........	surfaces sèches		0,21
Bronze sur fer..........	peu graissées		0,16
Bronze sur bronze.......	sèches		0,20

D'après Reuleaux, la perte de travail T, occasionnée par le
frottement des dents d'engrenages, est :

$$T = \pi f \left(\frac{1}{z} \pm \frac{1}{z_1} \right) \frac{\varepsilon}{2}$$

pour les roues à profils cycloïdaux. Pour les dentures à
développante, la perte est :

$$T = \pi f \left(\frac{1}{z} \pm \frac{1}{z_1} \right) 0{,}66\varepsilon,$$

expressions dans lesquelles f est le coefficient de frottement,

qui peut aller de 0,15 pour les roues bien graissées à 0,25 e
au-delà pour les autres ; ε est le rapport de l'arc de conduit
au pas ; z et z_1 le nombre de dents des deux roues. Le signe -
correspond aux dentures ordinaires, le signe — aux denture
intérieures.

MOTEURS A EXPLOSION ET MOTEURS A COMBUSTIO

En somme, la considération du *rendement thermique* est l'u
des meilleurs moyens, sinon le meilleur, pour établir la con
paraison entre les machines. La mesure de ce rendement :
fait aisément et n'exige pas d'autre appareil que le frein ord
naire et un réservoir gradué pour déterminer la quanti
d'essence brûlée. On doit cependant faire une analyse d
produits d'échappement et régler le carburateur de façon
éliminer tout l'oxyde de carbone quand la machine fonction
normalement. A noter qu'un excès d'air dans le moteur :
correspond pas à la meilleure combustion.

Lorsqu'il s'agit de machines thermiques à gaz tonnant, no
rappelons que nous pouvons distinguer *les machines à expi
sion* proprement dite et les *machines à combustion*. Théoriqu
ment, le rendement *générique* (1) des premières est égal à 0,4
Le rendement théorique du cycle de Carnot entre les limi
1885° et 288° admises comme étant celles du fonctionnement
ces moteurs, est $\rho = \dfrac{1885\text{-}228}{1885} = 0,85$. Le rendement calc
théorique du cycle étant $\rho' = 0.38$, on a bien pour expressi
du rendement générique ρ_1 :

$$\rho_1 = \frac{0,38}{0,85} = 0,45.$$

Ce rendement théorique suppose les hypothèses suivant
La détonation est instantanée et l'échauffement des prod
de combustion s'opère rigoureusement à volume constant
combustion des produits est complète ; il n'y a aucune dép
dition extérieure de calorique ; la détente s'effectue suivant
adiabatique ; elle est complète ; la contre-pression à l'échap
ment est nulle.

---

(1) Le rendement générique d'un cycle est le rapport de son re
ment au rendement du cycle de Carnot fonctionnant entre les mê
limites de température.

On voit combien ces conditions sont loin de la pratique. D'expériences diverses il résulte que le rendement pratique est de beaucoup inférieur au rendement théorique. On trouve pour le rendement pratique observé environ 0,209.

Le rendement générique correspondant tombe à :

$$\rho_2 = \frac{0,20}{0,85} = 0,23.$$

Pour les *moteurs à combustion*, contrairement à ce que l'on pourrait croire, le rendement *théorique* est plus faible que pour les précédents. En effet, la température la plus haute n'est que de 1485 (dans le cas d'un mélange au $\frac{1}{10}$: 1 volume de gaz à 5250 calories avec 10 volumes d'air) au lieu de 1885, dans le cas de moteur à explosion (mêmes proportions du mélange explosif).

Le rendement théorique du cycle de Carnot entre 1485° et 288° est de $\rho = \dfrac{1485-288}{1485} = 0,80.$

Le rendement *théorique* calculé du cycle étant $\rho' = 0,23$, le rendement *générique* est égal à :

$$\rho_1 = \frac{0,23}{0,80} = 0,30.$$

On voit donc que le rendement théorique des moteurs à combustion est inférieur à celui des moteurs à explosion, toutes choses égales d'ailleurs.

Remarquons toutefois qu'il est facile de relever le rendement des moteurs à combustion. Il suffit pour cela d'augmenter la compression préalable. A 5 kilos, ρ' deviendrait égal à 0,31 et ρ_1 à 0,39 ; ces valeurs sont encore moindres que celles qu'on obtient pour les moteurs à explosion mais on pourrait encore adopter des compressions plus élevées. De fait, le moteur Diesel et ses variantes prouvent que les hautes compressions donnent des résultats absolument remarquables, puisque l'on a pu abaisser la consommation à 180 gr. de pétrole par cheval-heure (au lieu de 300 à 350).

Comme l'indiquait déjà M. Witz en 1906, en opérant par combustion graduelle, au lieu de faire exploser le mélange tonnant derrière un piston, on écarte toutes les difficultés contre lesquelles les inventeurs ont si longtemps échoué, quand ils ont abordé la construction des moteurs de grande puissance. Pour les moteurs de 500 chevaux, par exemple, le système par combustion semble beaucoup plus avantageux que le système par explosion.

Donnons, en terminant, quelques résultats numériques.

Rendements comparés des machines thermiques.

Machines :	Limites de températ.		R^t therm. $\rho = 1 - \dfrac{T_2}{T_1}$	R^t calculé $\rho' = \dfrac{Q_1 - Q_2}{Q_1}$	R^t générique $\rho_1 = \dfrac{\rho'}{\rho}$	R^t réel ρ''	$\rho_2 = \dfrac{\rho''}{\rho'}$
	T_1.	T_2.					
A vapeur (à condensation	437°	288°	0,341	0,277	0,812	0,162	0,584
A vapeur (surchauffée)	523	288	0,450	»	»	»	»
A air chaud, Stirling (avec régénérateur)	616	288	0,532	0,532	1,000	0,140	0,171
A air chaud, Tricson (avec régénérateur)	553	288	0,479	0,479	1,000	0,300	0,620
A air chaud, Joude (Buckett)	573	288	0,407	0,291	0,590	0,100	0,343
A gaz tonnants (à explosion)	1885	288	0,850	0,380	0,450	0,200	0,526
A gaz tonnants (à combustion)	1485	288	0,800	0,230	0,300	»	»

Il est intéressant de comparer les consommations de charbo[n] (ou pétrole) par cheval-heure effectif :

Machines :	Chevaux	
A vapeur à condensation	4	$4^{kg},000$ houille
—	100	1,000
—	500	0,780
—	1000	0,700
A vapeur surchauffée........	50	0,650 à 0,700
—	500	0,415 à 0,550
A air chaud, Stirling........	26	1,589
— Tricson.......	3	2,500
— Buckett.......	15	1,150 coke
A gaz tonnants (avec gazogène)	60	612 coke et anthraci[te]
— —	100	350 gr. anthracite
Moteur au pétrole..........	»	300 à 500 pétrole
Moteur à l'essence..........	»	300 à 500 essence
Moteur Diesel.............	»	150 à 200 pétrole

Les moteurs rapides.

Quand le dernier mot aura été dit sur toutes ces questio[ns] le rendement des moteurs se sera élevé, par exemple, jusq[u'à] o,4o. Il n'est guère raisonnable d'espérer plus. On sera alors amené, dans cet effort continu vers le mieux qu'on appelle le progrès, à accroître uniquement la consommation par seconde sans accroître le poids. En effet, le poids du moteur est une constante *morte*, le poids du combustible est une constante

Un moteur rapide (Renault, 4 cylindres, 1800 tours).

vive, que chacun peut modifier à son gré, dans les limites qu'autorise l'allègement compatible avec l'établissement d'un aéroplane. Pour accroître la consommation sans toucher au poids, une seule variable, dont nous n'avons pas parlé encore, demeure disponible : la *vitesse*.

La *vitesse* des moteurs actuels doit être envisagée sous deux aspects. Il existe d'abord une vitesse de *rotation*, c'est celle du vilebrequin sur ses paliers. Elle n'a pas, pour le moment, de limite d'origine mécanique ; en d'autres termes, on pourrait, sans inconvénient, augmenter sensiblement et porter jusqu'à plusieurs milliers de tours par minute la vitesse de rotation des arbres, comme on l'a fait dans les turbines. Autre chose est la vitesse *linéaire* des pistons. Celle-ci, en effet, est une vitesse alternative ; elle s'annule deux fois par tour, aux deux points morts. Elle y crée, comme nous le verrons, des forces d'inertie considérables, qui peuvent atteindre des centaines de kilogrammes, et qui agissent sur les organes moteurs comme des coups de marteau, quand on n'a pas pris soin de les équilibrer tant bien que mal, au moyen de contrepoids répartis sur l'arbre. Les vitesses linéaires courantes, actuellement, son voisines de 7 mètres par seconde. Dans un moteur de 120 de course, tournant à 1,500 tours, le piston fait 50 allées e venues par seconde, soit un parcours total de $50 \times 0^m,12 = 6$ m Beaucoup de moteurs tournent à ce régime, avec des course de 150 et davantage. L'allègement des pistons et des bielle atténue les effets des forces d'inertie et favorise les grande vitesses.

Ici se présente la question de la circulation des gaz et d l'accomplissement du cycle à 4 temps aux grandes allures C'est là, précisément, que se rencontrent les obstacles. L vitesse linéaire du piston est aussi celle avec laquelle les ga frais doivent pénétrer dans le cylindre, pour que la cylindré soit complète, ou plutôt, c'est là une limite inférieure de l vitesse de débit du carburateur. C'est sans doute de ce côt qu'on trouvera les plus grosses difficultés, quand on essaier de tourner à 2.000 ou 3.000 tours dans les moteurs d'aviatior

Remarquons enfin la place que pourra prendre ici le *moteu à deux temps*. Même en admettant pour lui un rendemer inférieur d'un quart à celui des moteurs à 4 temps, la présenc de deux courses motrices sur quatre, au lieu d'une seul augmenterait sa puissance de moitié, par rapport au moteu à quatre temps de même alésage et de même course.

LES MOTEURS LÉGERS

Après la naissance et le développement du moteur d'automobile, qui a atteint rapidement un degré de perfection suffisant pour les usages qu'on attendait de lui, les constructeurs se sont efforcés de se rapprocher par des voies nouvelles du véritable but de la mécanique, qui est de réaliser des moteurs sans cesse plus légers et plus puissants.

C'est ainsi que l'on a établi successivement des moteurs à deux temps, en V, en étoile, rotatifs, des turbines à gaz, etc. Chacun de ces types ne constitue pas, à vrai dire, une classe nouvelle (les rotatifs, par exemple, sont aussi bien à quatre qu'à deux temps), mais tous ont permis de réaliser quelques progrès dans le sens indiqué plus haut, et ils méritent une étude d'ensemble par le rôle qu'ils ont joué déjà ou peuvent être appelés à jouer dans l'aviation.

Parmi les principales difficultés qu'on a rencontrées, en poursuivant l'allégement des moteurs à explosion, figurent les inégalités du couple moteur et la nécessité d'assurer l'équilibrage des forces d'inertie. Avant d'entrer dans le détail de ces deux problèmes essentiels du moteur léger, nous passerons rapidement en revue les types principaux des moteurs d'aviation.

Les moteurs à deux temps.

Parmi les types de moteurs à explosion dont l'usage peut accélérer les progrès de l'aviation, il n'en est pas de mieux désigné à l'attention des spécialistes que le moteur à deux temps. Du reste, l'aviateur allemand Grade a déjà muni sa machine d'un moteur de ce genre.

On sait que, dans le cycle à deux temps, les gaz frais pénètrent dans la chambre d'explosion pendant que les gaz brûlés s'en échappent. Après quoi, ils sont comprimés par la course suivante du piston et s'enflamment à la fin de cette compression. Les avantages pratiques de ces moteurs sont manifestes.

La preuve la plus sérieuse réside dans la concurrence qu'ils font aux moteurs à quatre temps, en tant que grosses machines industrielles telles que celles de Kœrting, M. A. N., etc. On peut dire qu'à l'heure présente, pour des unités de 5oo HP et au-dessus, jusqu'à 1ooo et 15oo HP, le moteur 2 temps et le 4 temps à double effet (sur chaque face du piston) arrivent *dead heat* dans la lutte commerciale.

Avec une explosion par tour, on a une puissance double de celle d'un moteur semblable à quatre temps, toutes choses égales d'ailleurs. L'équilibrage est par conséquent beaucoup plus facile et le rôle du volant s'amoindrit dès qu'on a quatre cylindres verticaux.

Dans la pratique, ces moteurs sont soumis à des conditions de fonctionnement qui obligent à des artifices dont la mise au point n'est pas encore complète, mais progresse chaque jour.

L'admission et l'échappement. — Le problème de l'admission et de l'échappement est singulièrement délicat ici, en raison du contact obligé des gaz frais lancés dans le cylindre avec les gaz brûlés, les premiers poussant les autres devant eux et s'y mêlant en partie à la fin de la détente. La première conséquence est la perte d'une partie des gaz frais par les lumières d'échappement, c'est-à-dire une consommation plus grande que dans le cycle à quatre temps. On conçoit, en outre, que, le réglage optimum supposé fait pour un certain régime, il soit presque impossible de faire tourner le moteur avec une admission économique à un régime différent, en raison du rôle capital de la vitesse du piston dans le remplissage de la cylindrée.

Pour les moteurs légers à essence, qui nous intéressent seuls ici, la recherche des dispositifs pratiques a fait l'objet de longs travaux de la part de MM. Lepape, René Legros, Tony Huber, Côte, Seguin, etc. L'utilisation des deux faces du piston, de manière à aspirer en dessus par exemple, pendant que l'on comprime au-dessous, a été une heureuse innovation, appliquée sur plusieurs types encore à l'étude actuellement et qui permet de supprimer la pompe d'alimentation, très difficile à régler en vue d'un remplissage des cylindres effectué sans perte de gaz.

Le refroidissement. — Il semblerait que le problème du refroidissement fût plus délicat dans le moteur à deux temps, qui sur quatre courses, en a deux explosives, au lieu d'une seule comme les moteurs à quatre temps. En réalité il n'en est rien

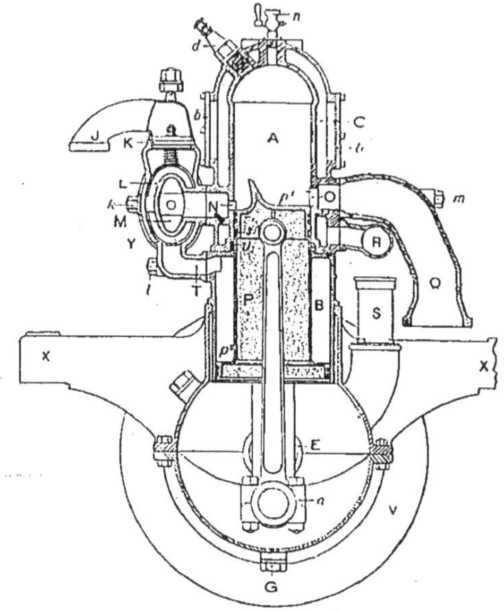

A, cylindre.
B, chambre d'aspiration et de refoulement.
C, enveloppe d'eau.
D, orifice pour la bougie.
E, vilebrequin.
F, magnéto.
G, bouchon de purge.
H, butoir de déviation des gaz.
I, cylindre inférieur.
J, aspiration.
K, clapet de retenue.
L et M, couloirs concentriques reliant les deux cylindres du même groupe.
N, orifice d'emplissage.
O, orifice d'échappement.
P, piston étagé.
Q, tuyau d'échappement.
R, entrée d'eau de refroidissement.
S, évent.
T, couloir de refoulement du gaz.
X, pattes du moteur.
a, tête de bielle.
b, orifice de désablage.
d, bougie.
e, f, engrenages hélicoïdaux commandant la magnéto.
g, orifice de graissage des paliers.
h, canal de retour d'huile.
i, disque de retenue de l'huile. — k, prisonnier fixant en place le couloir de communication des cylindres.
l, prisonnier de la base du couloir.
m, prisonnier supportant la calotte d'échappement.
n, robinet de décompression.
s t, segments de piston.
u, segments fixes séparant les deux éléments d'un cylindre.

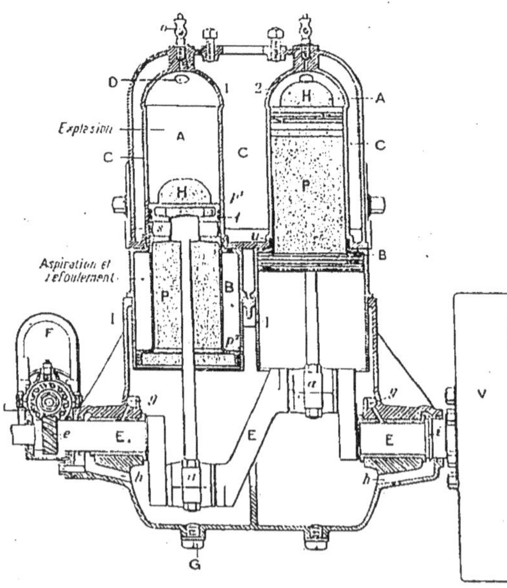

Un moteur à deux temps (Moteur Côte).

La fuite immédiate des gaz brûlés à travers les lumières percées à fond de course, et le léchage des parois chaudes par les gaz frais qui pénètrent en même temps dans la culasse sont des conditions de marche beaucoup plus favorables au refroidissement que celles du cycle à quatre temps. Dans ce dernier, en effet, l'échappement a lieu par le fond du cylindre; il commence avant la fin du temps moteur, et se prolonge pendant toute la remontée du piston, qui refoule les gaz chauds en une sorte de vague contre la culasse du cylindre. Pendant cette période, qui a une durée angulaire de 190° à 200°, la chaleur reflue à travers les parois et se répand dans la masse des cylindres. Ceux-ci sont donc en contact avec les gaz chauds pendant plus d'un tour sur deux, tandis que, dans le cycle à deux temps, ce contact est de moins d'un demi-tour, à cause de l'avance à l'échappement et de l'irruption des gaz frais à la suite des gaz brûlés, bien avant la fin de la course de détente.

En somme, le cycle à deux temps, qui est déjà entré en usage dans les moteurs marins ou industriels, surtout en Amérique et en Allemagne (Diesel), est peut-être appelé à supplanter bientôt le cycle à quatre temps, dont on a tiré sans doute tout ce qu'il peut donner.

Les moteurs en V.

On appelle ainsi des moteurs dans lesquels les cylindres sont répartis en deux rangées inclinées l'une sur l'autre suivant un angle quelconque, généralement droit et qui travaillent avec un décalage favorable à la continuité du couple moteur, à l'équilibrage des forces d'inertie et à l'emploi simultané, sans un accroissement excessif de la longueur du carter, d'un grand nombre de cylindres (8 et 16 dans le 50 et le 100 HP Antoinette 4 et 8 dans le Renault, etc.).

Ces moteurs forment une classe importante, la plus nombreuse, et certainement la plus ancienne, le moteur Wright excepté, parmi les moteurs d'aviation. En faisant chevaucher l'une sur l'autre d'une longueur convenable les deux rangées de cylindres, on arrive à donner au carter une longueur, et, par suite, un poids comparables à ceux d'un 4 cylindres ordinaire.

De plus, on peut atteler deux à deux les bielles à 90° sur un seul maneton et on compense ainsi simultanément, d'une façon suffisamment approchée, les variations du couple utile et les vibrations qui en résultent.

Parmi les moteurs en V les plus connus, citons *Antoinette Renault, Farcot, E.N.V, Fiat, Kœrting, Siddeley-Wolseley, etc.*

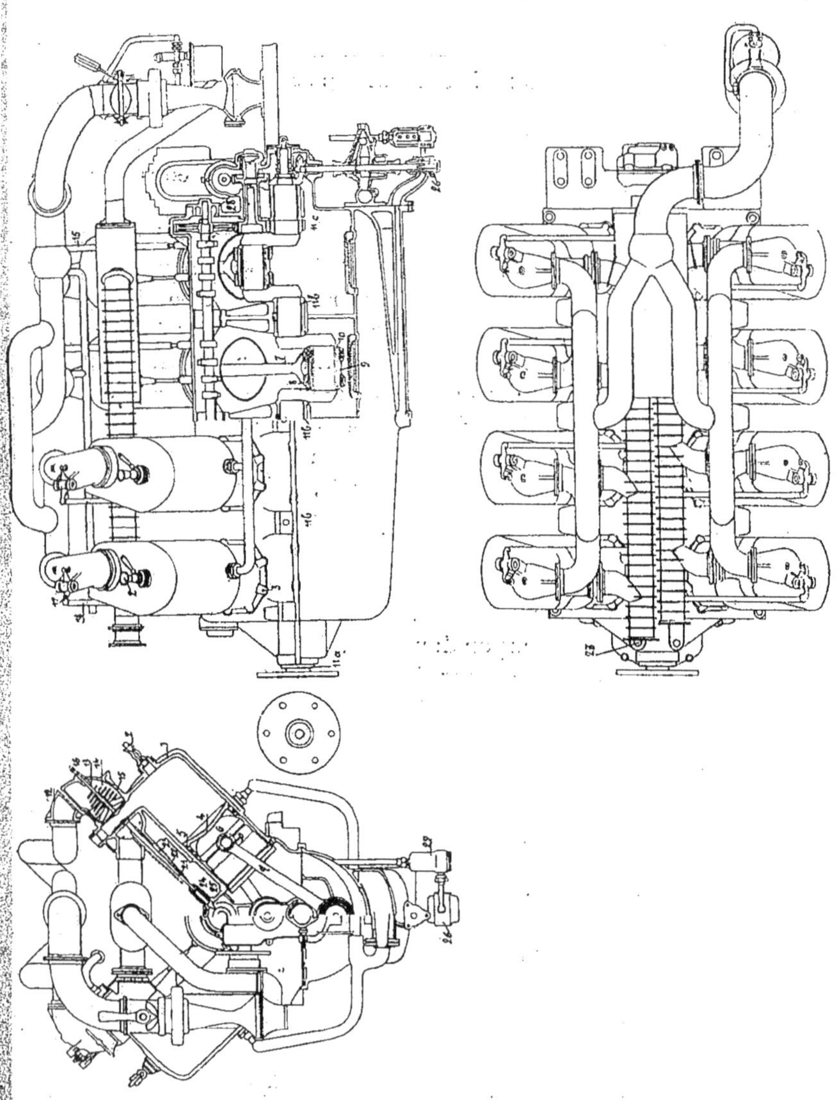

Un moteur en V (Moteur Kœrling).

Les moteurs rayonnants.

Les moteurs rayonnants ou en étoile, qui représentent la seconde étape dans la genèse du moteur d'aéroplane, ont été imaginés pour tirer le meilleur parti possible du métal et pour réduire encore l'encombrement et le poids des machines. Ils constituent donc, dans cet ordre d'idées bien entendu, un progrès sur les moteurs en V, auxquels ils ont d'ailleurs succédé immédiatement.

On conçoit qu'un arbre vilebrequin ordinaire, qui doit être calculé pour résister sans se rompre à l'effort maximum, ne le supporte guère que le long d'un arc de 20° à 30° sur deux révolutions, soit 720°. L'utilisation de la matière est donc très mauvaise et l'on a tout avantage à imposer au dit arbre le même travail sur une fraction beaucoup plus grande de son parcours angulaire. C'est ce que réalisent les moteurs étoilés ou rayonnants, dont les bielles sont en général toutes accouplées, soit concentriquement (Farcot), soit au moyen d'une bielle maîtresse (R. E. P., Gnôme) sur un maneton unique. Celui-ci travaille donc à peu près constamment, selon le nombre de bielles, à sa pleine charge, sans être plus lourd que s'il n'en recevait qu'une seule. De plus, avec la disposition étoilée, on arrive à grouper dans un même plan, sur les rayons d'un polygone régulier, jusqu'à 7 cylindres (Gnôme), ce qui permet d'assembler 7 bielles dans un carter plat qui n'en contiendrait qu'une seule avec la forme ordinaire des moteurs.

Enfin, la fréquence des impulsions motrices, dans les moteurs étoilés, permet de réduire ou de faire disparaître le volant nécessaire aux moteurs à 4 cylindres verticaux et d'assurer l'équilibrage à peu près parfait des forces d'inertie. Pour cela, *un nombre impair de cylindres par maneton est nécessaire avec le cycle à 4 temps.* En effet, s'il y a n cylindres à faire exploser en deux tours (4 temps), il convient de les allumer régulièrement, ou à intervalles égaux, de manière à retomber sur le cylindre de départ après 2 tours complets. Or, on ne peut pas allumer les cylindres de 3 en 3, ce qui reviendrait à créer 3 séries de cylindres à allumer à raison d'une par tour, soit 3 tours, ce qui est incompatible avec le cycle à 4 temps ; c'est donc en deux séries, ou de 2 en 2 qu'il faut allumer. Au premier tour, on doit allumer le cylindre d'ordre n, et au deuxième, le cylindre d'ordre $n-1$ pour repartir avec le cylindre 1. On voit immédiatement que cela n'est possible qu'avec un nombre *impair* de cylindres. Avec

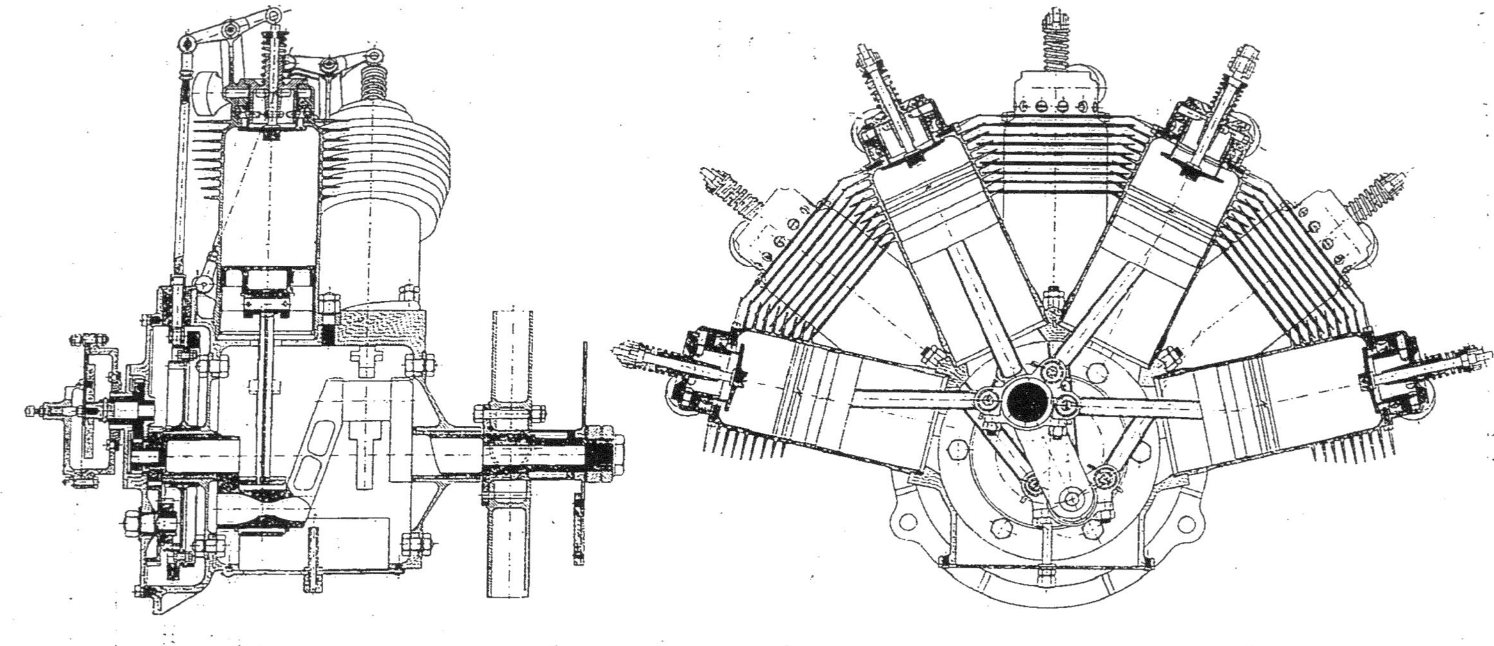

Un moteur rayonnant (Moteur R. E. P. 7 cylindres).

par exemple, on allume dans l'ordre suivant : 1, 3, 5, 7, 2, 4, 6, 1, etc.

Avec le cycle à 2 temps, une révolution suffit pour achever le cycle, les cylindres peuvent donc être allumés successivement, ce qui assure la permanence encore plus complète du couple moteur et alors, par raison de symétrie et pour simplifier la construction, on peut adopter un nombre pair de cylindres opposés (6, par exemple), ce qui annule en même temps d'une façon absolue, la majeure partie des forces d'inertie.

Parmi les moteurs rayonnants les plus connus, citons le R. E. P., l'Anzani, le Gobron-Brillié, etc.

Les moteurs alterno-rotatifs.

Le succès de la turbine à vapeur a eu pour corollaire d'inciter les constructeurs à chercher à substituer également le mouvement circulaire au mouvement alternatif dans les moteurs à explosion.

En effet, les seuls mouvements pratiques, en mécanique appliquée, sont le circulaire et le rectiligne alternatif. L'invariabilité des distances et les liaisons qu'on est obligé d'établir entre les pièces mobiles des machines s'opposent, en effet, à ce qu'on fasse parcourir à ces pièces d'autres trajectoires que des lignes droites et des circonférences. Mais ces trajectoires ne sont pas en général décrites à une *vitesse constante* par les mobiles qui les suivent. Le piston, par exemple, ralentit son allure avant le point mort et l'annule dès qu'il atteint ce même point.

De même, la plupart des organes rotatifs, les manivelles par exemple, ne sont pas animés d'une vitesse angulaire absolument constante (1). Cependant, en raison de l'emploi du volant, on admet que les variations de cette vitesse sont pratiquement négligeables. Néanmoins, les effets des accélérations de certaines pièces mobiles, telles que le piston et la bielle, ont conduit à la conception des moteurs alterno-rotatifs où ces effets disparaissent à peu près entièrement.

Fonctionnement des moteurs alterno-rotatifs. — Comme on sait, dans un moteur ordinaire à vapeur ou à pétrole, le cylindre est fixe et le mouvement de va-et-vient du piston est transformé en mouvement de rotation du vilebrequin, qui peu

---

(1) Voir moteur Gnôme.

tourner autour de son axe géométrique. Rendons le vilebrequin rigoureusement fixe et le moteur mobile autour de leur axe commun, le moteur tout entier sera entraîné dans un mouvement de rotation autour de cet axe par la réaction latérale du piston sur les parois du cylindre.

On conçoit assez rapidement les avantages d'un tel moteur ; il est à lui-même son propre volant et son équilibrage est à peu près parfait.

Dans un moteur alterno-rotatif, l'ensemble des cylindres et du carter, d'une part, l'ensemble des bielles et des pistons, d'autre part, tournent simultanément, chacun d'eux autour d'un centre particulier, les cylindres, autour de l'axe fixe du moteur, les bielles, autour du coude formé par cet axe. Tout résulte de ce décentrage. Les cylindres, pendant leur rotation, restent à une distance fixe de leur centre, mais ils se rapprochent et s'éloignent alternativement du maneton. Il en résulte qu'ils glissent nécessairement autour des pistons, comme une bague le long d'un doigt.

En définitive, chacun des cylindres passe successivement à toutes les distances de l'arbre des bielles qui sont comprises entre un maximum et un minimum ; de plus, ces deux positions, éloignées de 180° l'une de l'autre, correspondent aux deux points morts ordinaires.

Lorsque le moteur aura accompli deux tours complets autour de l'arbre, les bielles auront aussi effectué deux révolutions autour du maneton unique qui les porte et les pistons deux allées et venues. Quant aux forces réelles qui produisent la rotation, elles sont représentées ici (1).

La pression P se décompose en deux forces F_1 et F_2, la première suivant la bielle, la seconde perpendiculaire à la

---

(1) Les moteurs fixes utilisent F_1 comme force motrice et F_2 comme force de réaction ; ici, c'est exactement l'inverse. Quant aux couples de F_1 et de F_2, ils sont égaux entre eux.

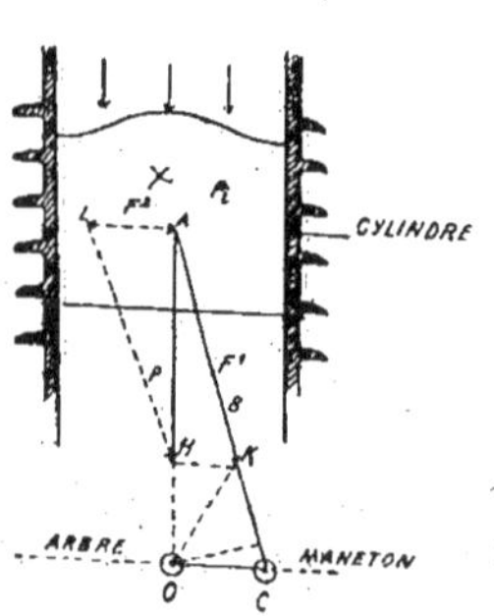

L'un est égal à la surface du triangle AOK, l'autre à celle du triangle AOL, qui ont même base AO et même hauteur, KH = AL.

Ce résultat était bien évident, *a priori*. Quelle que soit la constitution géométrique d'un moteur, le travail recueilli dépend seulement de la quantité d'énergie fournie par le combustible, aux résistances passives près. Or, celles-ci sont à peu près les mêmes dans tous les moteurs.

paroi. F_1 est détruite par la rigidité de la bielle, puisque le point C est fixe. Reste F_2, qui fait tourner le cylindre autour de O, dans le sens de la flèche. On voit que le piston travaille par sa surface latérale.

A ce propos, on pourrait se demander :

1° Si ce dispositif n'amène pas l'usure prématurée des segments et des cylindres, lesquels travaillent surtout suivant une génératrice, toujours la même;

2° S'il est aussi avantageux comme rendement que le mode ordinaire.

On voit immédiatement que la force F_2 se fait sentir dans tous les moteurs alternatifs ; c'est elle qui ovalise les cylindres, qui tend à appuyer les carters ordinaires sur leurs pattes d'attache et qui fournit le couple de réaction égal au couple moteur. Il n'y a donc rien de changé ici, vis-à-vis des moteurs verticaux du modèle courant, ni comme usure, ni comme rendement.

L'intérêt des moteurs de ce genre en aviation résulte de ce que leur fonctionnement se prête parfaitement au refroidissement par l'air et à la régulation sans volant, puisque les cylindres en rotation ont une masse assez grande pour servir de régulateur d'inertie. De plus, les mouvements absolus de toutes les pièces étant à peu de chose près des rotations uniformes, les forces d'inertie se réduisent à des efforts sensiblement centrifuges, qu'il est possible de compenser puisqu'ils sont constants et même d'utiliser quelquefois.

Par exemple, une conséquence curieuse du mouvement spécial des pièces intérieures des moteurs rapides rotatifs est la suivante. Contrairement à ce qui se passe dans les moteurs fixes, les bielles travaillent surtout à la traction. Cette remarque permet d'ailleurs de les alléger, car il n'y a plus, dès lors, de crainte qu'elles soient exposées à flamber.

Parmi les rotatifs les plus connus sont les moteurs *Gnôme, Rossel-Peugeot, Laviator, Verdet*, etc.

Les moteurs rotatifs proprement dits. — Ces derniers, à moins d'y comprendre les turbines, qui méritent une étude spéciale, n'ont donné lieu jusqu'ici qu'à un petit nombre d'applications. Nous ne nous y arrêterons donc pas.

Le couple moteur dans les moteurs légers.

Régime de marche des moteurs à explosion. — On sait combien la régulation du mouvement de rotation de l'arbre est une nécessité impérieuse dans les machines motrices. Toute possèdent à cet effet un volant destiné à maintenir à peu près constant le régime de rotation, malgré les variations permanentes et inévitables des résistances. Ce volant doit être assez lourd pour parer à une diminution brusque de ces résistances qui tendrait à provoquer l'emballement du moteur et la rupture de ses pièces principales. Dans ces conditions, une surcharge, même notable et subite, ne saurait ralentir d'une façon sensible l'allure du moteur, qui varie fort peu, grâce à l'énergie considérable accumulée dans le volant.

Dans les moteurs à explosion qui tournent nécessairement à grande vitesse, le régime normal de rotation ne doit pas descendre accidentellement au-dessous d'un certain minimum, sans quoi la puissance utile s'annule très rapidement et l'arrêt s'ensuit. En outre, surtout dans les 4 temps, les impulsions motrices provenant des explosions qui se succèdent dans les cylindres agissent par à-coups espacés et violents, qui engendrent des vibrations énergiques et disloquent la machine tout entière, assemblage assez complexe de pièces, dont quelques-unes sont fragiles (pompes à huile, à essence, transmissions, magnétos, etc.). Ces raisons expliquent comment le rôle du volant est plus important encore dans les moteurs à explosion que dans tous les autres.

En se reportant au cycle le plus usité de nos jours, le cycle à 4 temps avec compression préalable, on voit que, pour un cylindre unique, les efforts utiles et résistants se succèdent ainsi : 1er temps, effort résistant d'aspiration ; 2e temps, effort résistant de compression, qui atteint 4 à 6 kilos par centimètre à la fin de la course ; 3e temps, effort utile d'explosion et à détente ; 4e temps, effort résistant d'échappement.

De plus, à ces effets utiles ou résistants se superposent des résistances passives, à peu près constantes, dues aux divers frottements de glissement, de roulement, etc.

Le couple résultant de ces divers effets n'est donc réellement moteur que pendant une fraction du 3e temps. C'est pourquoi des volants très lourds sont indispensables aux monocylindres, et l'on a vite été conduit à accoupler 2, puis 4 cylindres sur un seul arbre.

Le volant. — Un calcul simple et suffisamment approché permet de trouver le poids des volants nécessaires aux moteurs ordinaires, c'est-à-dire de mesurer le bénéfice qu'on peut retirer de leur suppression dans les moteurs légers.

Un monocylindre qui donnerait 10 chevaux à 1.200 tours fournirait 750 kilogrammètres par seconde. Contentons-nous d'un coefficient de régularité de 5 o/o par exemple et soit m la masse du volant, auquel nous donnerons $0^m,20$ de rayon de giration. On aura, pour l'énergie cinétique du volant W, l'expression

$$W = m\frac{V^2}{2} = \frac{m \times [40\pi \times 0,2]^2}{2}$$

$$W = m \times 32\pi^2$$
$$= m \times 320 \text{ kilogrammètres environ.}$$

En appelant ω la vitesse de rotation et n le rayon de giration on a :

$$W = \frac{m\,\omega^2\,r^2}{2}$$

d'où :

$$dW = mr^2\omega\,d\omega,$$

d'où enfin :

$$\frac{d\omega}{\omega} = \frac{dW}{2W}.$$

Or, le moteur tournant à 1.200 tours, reçoit 10 impulsions par seconde.

Pour qu'une explosion accélère la rotation de 5 o/o, comme elle représente, en admettant qu'elle soit instantanée, une impulsion (dW) de 75 kilogrammètres; il faudra que l'on ait

$$0,05 = \frac{75}{2W}$$

d'où :

$$W = \frac{75}{0,10} = 750 \text{ kilogrammètres,}$$

d'où enfin :

$$m = \frac{750}{320} = 2 \text{ unités de masse, environ.}$$

Le volant pèsera donc :

$$2 \times 9,81 = 20 \text{ kilogrammes.}$$

Avec 2 cylindres et la même puissance, l'impulsion est deux fois plus faible et deux fois plus fréquente; le volant peut peser 2 fois moins, soit 10 kilos, etc.

Pratiquement, avec 8 cylindres, le volant devient inutile, même pour des puissances de 5o chevaux.

D'après ce qui précède, on voit que le poids P du volant, à régularité égale, varie comme la quantité dW. Or, celle-ci représente la variation d'énergie imprimée au système à un instant donné. Elle varie comme la quantité Cω, où C est le couple moteur et ω la vitesse angulaire. En définitive, on peut écrire *d'une façon symbolique*, C variant avec le temps :

$$P = K \Delta C$$

qui exprime que le poids du volant est à peu près proportionnel, à puissance et régularité égales, à la variation maxima ΔC

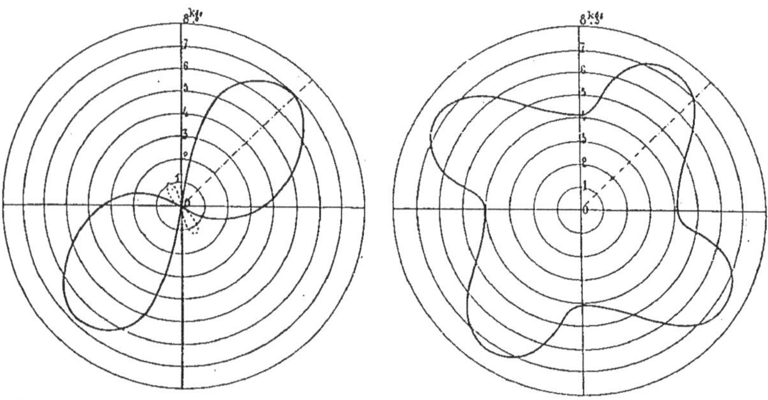

Le couple moteur d'un 4 cylindres.   *Le couple moteur d'un 8 cylindres.*

du couple moteur. La figure ci-dessus représente précisément, en coordonnées polaires, les variations du couple, pour un 4 et un 8 cylindres, pendant un tour de manivelle. La supériorité du second type, où C ne s'annule jamais, est ainsi évidente et l'on s'explique que le volant puisse être supprimé dans les moteurs E. N. V. Antoinette, Renault, etc.

D'après ce qui précède, l'accroissement du nombre des cylindres, en assurant au couple moteur une valeur suffisamment constante, facilite d'une façon générale l'établissement des moteurs légers. Il convient de considérer maintenant la direction des efforts et leur point d'application.

Dans les types verticaux, les explosions produisent un martèlement régulier légèrement oblique sur la verticale et qui agit alternativement de part et d'autre du milieu de l'arbre. Les réactions latérales tendant à renverser les cylindres en sens inverse de la rotation, les réactions verticales des paliers

et les réactions élastiques de flexion du vilebrequin peuven
prendre alors, pour un régime déterminé de rotation, l'allur
de vibrations permanentes, dont l'amplitude est parfois consi
dérable et les effets très nuisibles.

A ce point de vue, les moteurs en V et surtout les moteur
rayonnants, où la direction des efforts tourne avec l'arbre lui
même et où les explosions sont rigoureusement équidistante
présentent une grande supériorité. Enfin les carters plats con
tenant un seul coude, qui reçoit toutes les bielles des moteur
en étoile, sont relativement à l'abri des vibrations.

Nous allons étudier en détail ces divers phénomènes don
l'importance est capitale pour la durée des moteurs légers.

Équilibrage des moteurs légers.

L'équilibrage dans les moteurs s'entend, en général, d
forces spéciales dont l'existence ne tombe pas immédiateme
sous le sens, qui atteignent cependant des valeurs considérabl
et sont groupées sous le nom de forces d'inertie.

Les variations de vitesse dans le mouvement rectilig
alternatif, comme dans le mouvement circulaire, font naît
dans les organes mobiles d'un moteur, bielles, pistons, et
des forces spéciales, dont l'action se superpose à celle de
force extérieure, explosion des gaz détonants ou pression
la vapeur; ces forces ne sont pas autre chose que la manife
tation d'une qualité fondamentale de la matière : l'*inert*
dont nous rappellerons brièvement la nature.

Les corps matériels ont une certaine répugnance à obéir a
forces qui les meuvent; la mesure de cette répugnance est jus
ment ce qu'on appelle la *masse*. Elle se manifeste aussi bien
mouvement qu'au repos, quand il s'agit de modifier u
vitesse, de la créer ou de la détruire. Pour faire rebrous
chemin au piston arrivant à fond de course, il faut annu
d'abord son élan, qui tend à se conserver tel quel. Quand
premier résultat est obtenu, le piston est arrêté; si l'on v
alors le lancer à nouveau en sens inverse, on constate q
résiste juste autant pour repartir que pour s'arrêter; c'est
cela que consiste l'inertie. La substitution du mouvement cir
laire de vitesse *uniforme* au mouvement rectiligne altern
ou circulaire à vitesse variable fait disparaître les ef
fâcheux de l'inertie, ou plutôt les transforme en effets util
C'est pourquoi les turbines à vapeur, qui ne renferment
des pièces rotatives, remplacent peu à peu les machines alt
natives.

La nécessité d'absorber les inégalités du couple moteur oblige, nous l'avons vu, à l'emploi de volants ; ceux-ci absorbent aussi par surcroît, grâce à leur inertie propre, celle des organes moteurs à mouvement alternatif, piston, bielle, etc.

Toutefois, si la *vitesse* du moteur est ainsi parfaitement régularisée, les effets internes de l'inertie continuent à se manifester, tant qu'on n'a pas détruit un à un les efforts locaux qui se développent à l'intérieur des moteurs.

Les vibrations, les trépidations, la dislocation ou la rupture des assemblages : clavettes, vis, goupilles, etc., le jeu progressif, l'usure incessante, tels sont les inconvénients par lesquels ils continuent à se manifester.

Les masses en mouvement à l'intérieur d'un moteur sont les pistons, les bielles et l'arbre vilebrequin.

Les pistons, doués d'un mouvement alternatif, ne donnent lieu qu'aux forces d'inertie tangentielles ou d'entraînement, qui ont pour direction l'axe du cylindre et pour sens le sens inverse du mouvement.

Dans les manivelles de l'arbre, il ne se développe que des efforts centrifuges, car le mouvement est pratiquement uniforme, et l'accélération tangentielle est nulle par conséquent.

Quant à la bielle, son centre instantané de rotation est en I, on pourrait donc aisément calculer l'accélération réelle de son centre de gravité (1). Pour plus de simplicité, on admet que le tiers de sa masse est concentré en M et les deux autres tiers en P.

Pour calculer la force d'inertie du piston P, en fonction des longueurs l et R (bielle et manivelle) de la vitesse angulaire ω, il suffit d'évaluer la vitesse du point P (2).

---

(1) La vitesse d'un point quelconque de la bielle est proportionnelle à la distance de ce point au point I (Voir fig. ci-contre).
Par exemple

$$\frac{V \cdot (P)}{V \cdot (M)} = \frac{IP}{IM}$$

et ainsi pour tout point intermédiaire.

(2)
$$OP = R \cos \theta + l \sin \alpha;$$

or

$$l \cos \alpha = R \sin \theta,$$

d'où, en remplaçant $\cos \alpha$ par sa valeur

$$\cos \alpha = \frac{R}{l} \sin \theta,$$

$$\sin \alpha = \pm \sqrt{1 - \frac{R^2}{l^2} \sin^2 \theta} = \left(1 - \frac{R^2}{l^2} \sin^2 \theta\right)^{1/2}$$

Cette vitesse est, au second ordre près :

$$V = - \omega R \sin \theta - \frac{\omega R^2}{2l} \sin 2\theta.$$

L'accélération est donc :

$$\frac{dV}{dt} = - \omega^2 R \cos \theta - \frac{\omega^2 R^2}{l} \cos 2\theta.$$

$$OP = R \cos \theta + l \left[1 - \frac{R^2}{l^2} \sin^2 \theta \right]^{1/2}$$

La vitesse du point P est égale à $\dfrac{dOP}{dt}$

$$\frac{dOP}{dt} = - R \sin \theta \, \omega - \frac{R^2}{l} \sin \theta \cos \theta \, \omega \left[1 - \frac{R^2}{l} \sin^2 \theta \right]^{-1/2}$$

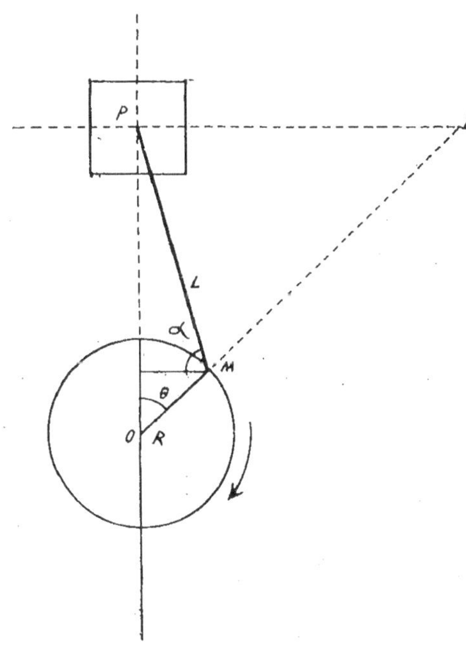

et enfin, en négligeant le deuxième terme du développement de la parenthèse :

$$\frac{dOP}{dt} = - \omega R \sin \theta - \frac{\omega R^2}{2l} \sin 2\theta.$$

Quant à la force d'inertie d'entraînement F, elle est, sous la forme classique :

$$F = M \omega^2 R \left[\cos \theta + \frac{R}{l} \cos 2\theta \right].$$

Appliquons cette formule à un cas concret.

Considérons, par exemple, un piston pesant $1^{kg},100$ et une bielle de 600 grammes. Puisque nous admettons que les deux tiers de la masse de la bielle sont confondus avec le piston, le reste étant supposé confondu avec le maneton, la masse totale animée d'un va-et-vient rectiligne est de $1^{kg},5$ par cylindre.

Négligeons le deuxième terme dans l'expression de M et faisons ce qui est un cas normal :

$$R = 0^m,06 ; (120 \ ^m/_m \ \text{de course})$$
$$\omega = 40 \times \pi ; (20 \ \text{tours par seconde}).$$

Pour $\theta = 0$, c'est-à-dire quand le piston passe au point mort, la force d'inertie passe par un maximum F_M :

$$F_M = \frac{1^k,5}{9.81} \times [40 \pi]^2 \times 0,06.$$

Tous calculs fait, il vient :

$$F_M = 144^{kgs}.$$

Telle est la partie principale de l'effort de flexion que supporte l'arbre vilebrequin, deux fois par tour, dans chaque sens. On voit que ces efforts, qui se reproduisent 40 fois par seconde, au régime de 1.200 tours, agissent comme des surcharges imposées suivant un diamètre aux paliers. Quant à la façon dont ils varient avec la vitesse de rotation, on s'en rend compte aisément, en considérant deux régimes successifs, à 1.200 et à 1.800 tours.

On a, en effet :

$$\text{à 1.200 tours,} \ F_M = 144^k,$$
$$\text{à 1.800 tours,} \ F_M = 144^k \times \left(\frac{60}{40} \right)^2 = 144 \times \frac{9}{4} = 324^k.$$

En étudiant maintenant la vitesse du piston, on s'aperçoit aisément qu'elle passe par deux maxima pour $\theta = \pm \dfrac{l}{R}$, c'est-

à-dire quand la bielle est tangente au cercle de manivelle. On en conclut que la vitesse du piston *varie* plus vite au point mort supérieur qu'au point mort le plus bas. Par suite la force d'inertie doit présenter les mêmes caractères. En effet, la formule devient pour le premier cas :

$$F = M \omega^2 R \left[1 + \frac{R}{l} \right]$$

et pour le second, en changeant les signes :

$$F = M \omega^2 R \left[1 - \frac{R}{l} \right].$$

En considérant ces forces comme des forces centrifuges, on arrive ainsi à cette conclusion : les forces F sont les mêmes que si le piston tournait autour de l'arbre à la vitesse ω, à une distance de cet arbre égale à $R \left[1 \pm \frac{R}{l} \right]$ (1). Par suite, la valeur moyenne de F est la même que si le piston était placé au bouton de manivelle.

Compensation des forces d'inertie. — Il est bon de remarquer ici que la *direction* des forces d'inertie est à considérer, au moins autant que leur valeur. Dans les moteurs à quatre cylindres verticaux avec les hypothèses particulières que nous venons de faire sur la répartion de la masse des bielles, elles agissent dans le plan vertical qui contient les axes des cylindres. Par conséquent, on peut compenser à volonté la valeur du maximum à l'aide de contrepoids calés sur l'arbre, à 180° des manetons, et tels que la force centrifuge radiale qu'ils possèdent annule exactement au point mort la force d'inertie moyenne. Mais ce n'est là qu'une solution approchée, car la direction de la force centrifuge tourne avec le maneton et elle n'assure la compensation que dans le voisinage du plan vertical d'inertie, où elle se retranche plus ou moins directement de la force d'inertie. Dans toutes les autres régions du cercle balayé par les contrepoids, leur action se compose avec les forces d'inertie pour donner une résultante oblique sur la verticale. Le vilebrequin tourne donc, ballotté perpétuellement entre l'action des bielles, d'une part, et les actions divergentes de l'inertie

---

(1) Ce raisonnement est emprunté à M. R. Arnoux, vice-Président de la Commission Technique de l'Automobile-Club de France.

alternative et de la tension constante en grandeur exercée par les contrepoids, d'autre part. Seuls les moteurs en V ou rayonnants permettent d'obtenir une compensation pratiquement exacte de tous ces effets discordants.

On voit, par ce qui précède, à quelles difficultés conduit l'emploi des grandes vitesses de rotation dans les moteurs légers d'aviation et pourquoi l'équilibrage de tous les efforts y est plus nécessaire qu'ailleurs, en raison de la fragilité relative des pièces et des assemblages qui les composent.

Moteurs en V. — En appliquant la formule générale de la force d'inertie alternative au cas des moteurs en V, on voit que, pour avoir la force d'inertie, résultante de deux pistons sup-

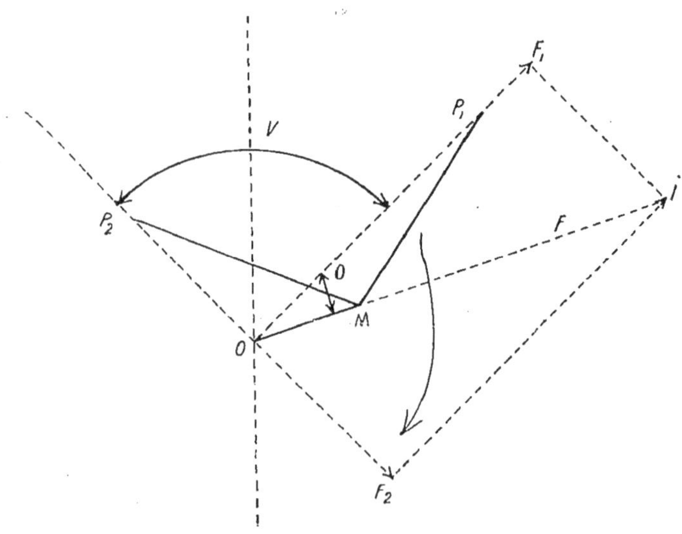

posés se mouvoir dans le même plan perpendiculaire à l'axe O, il faut composer deux forces F_1, F_2 :

$$F_1 = M \omega^2 R \left[\cos 0 + \frac{R}{l} \cos 2 0 \right]$$

$$F_2 = M \omega^2 R \left[\cos (0 + V) + \frac{R}{l} \cos 2 [0 + V] \right]$$

V désignant l'angle des deux rangées de cylindres.

En posant $M \omega^2 R = K$ et négligeant les forces du 2ᵉ ordre, ce qui revient à négliger R devant l (bielles infinies) on aurait à composer :

$$F_1 = K \cos \theta \qquad \text{et} \qquad F_2 = K \cos (\theta + V).$$

Enfin, en supposant, ce qui est un cas assez général, $V = \dfrac{\pi}{2}$, on aurait à composer deux forces :

$$F_1 = K \cos \theta$$
$$F_2 = - K \sin \theta.$$

Ce qui, vu l'orientation des axes choisis, se ramène à composer deux vibrations rectilignes simples d'amplitude égale à K ; le résultat est un mouvement circulaire uniforme. L'extrémité K du vecteur F, représentant la force d'inertie résultante décrit

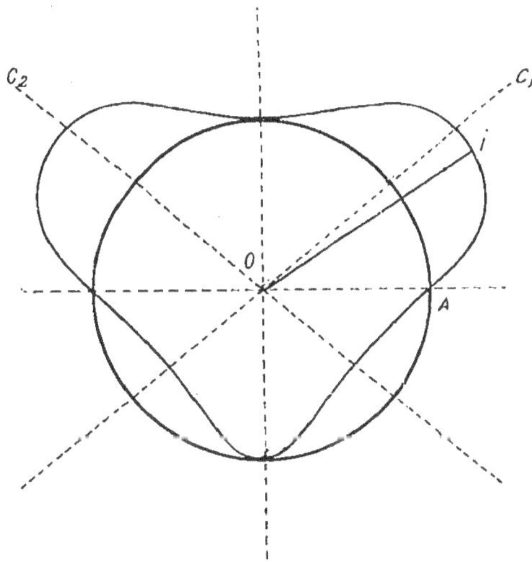

Variation de la force d'inertie dans les moteurs en V.

donc un cercle ; en d'autres termes, la force d'inertie a une valeur constante et tourne avec la manivelle ; on peut donc la compenser exactement par un contrepoids convenable.

Si l'on tient compte maintenant du 2e terme, en supposant toujours $V = \dfrac{\pi}{2}$, on a à superposer, à la résultante précédente, la résultante de deux forces nouvelles :

$$F'_1 = K' \cos 2\theta$$
$$F'_2 = K' \cos (2\theta + \pi) = - K' \cos 2\theta.$$

F'_1 et F'_2, sont donc égales en grandeur et prennent les valeurs absolues suivantes pour des 0 croissants :

$$0 = -\frac{\pi}{4} \qquad 0 = O \qquad 0 = \frac{\pi}{4} \qquad 0 = \frac{\pi}{2} \qquad 0 = \frac{3\pi}{4}$$

$$\left.\begin{matrix} F'_1 \\ F'_2 \end{matrix}\right\} O \qquad\quad K' \qquad\quad O \qquad\quad K' \qquad\quad O$$

Par conséquent, le vecteur résultant total tourne autour de O avec une vitesse variable, en oscillant autour de la manivelle. Le point figuratif I du vecteur d'inertie décrit la courbe ci-contre, dans laquelle le cercle O représente ce que devient la courbe pour des bielles infinies. On voit que la valeur de la force d'inertie OI oscille en grandeur autour d'une valeur moyenne OA, et en direction, autour de la manivelle, dont elle s'écarte peu. L'équilibrage par un contrepoids à l'opposé du maneton est donc à peu près parfait.

Le cas d'un angle V quelconque s'étudie d'une façon analogue.

Moteurs étoilés. — Enfin, en considérant des cylindres rayonnants équidistants, on est conduit (1) à faire la somme géométrique de n forces de la forme :

$$F_{p+1} = K \cos [0 + p\alpha] + K' \cos 2 [0 + p\alpha].$$

En projetant séparément les deux termes sur la manivelle et sur la perpendiculaire, on doit faire les sommes :

$$1° \left\{ \begin{matrix} K [\cos^2 0 + \cos^2 (0 + \alpha) + \ldots] = \dfrac{n}{2} K \\[2mm] K [\cos 0 \sin 0 + \cos (0 + \alpha) \sin (0 + \alpha) + \ldots] = O \end{matrix} \right.$$

$$2° \left\{ \begin{matrix} K' [\cos 2 0 \cos 0 + \cos 2 (0 + \alpha) \cos (0 + \alpha) + \ldots] = O \\[2mm] K' [\cos 2 0 \sin 0 + \cos 2 (0 + \alpha) \sin (0 + \alpha) + \ldots] = O \end{matrix} \right.$$

En définitive, toutes ces forces se réduisent à une force unique,

$$F = n \frac{M \omega^2 R}{2}$$

dirigée constamment suivant la manivelle unique et qu'on peut

____

(1) Cette question a été mise en lumière surtout par M. R. Esnault-Pelterie.

équilibrer avec un contrepoids égal à $\dfrac{n\mathrm{M}}{2}$, à la même distance de l'arbre que le maneton.

Moteurs rotatifs. — Dans les moteurs rotatifs, aucune pièce ne possède de mouvement alternatif ; il n'y a donc pas d'inertie alternative. Cependant, outre les forces centrifuges qui prennent une valeur considérable, la vitesse de rotation des cylindres et celle des pistons et bielles ont à tout instant des valeurs relatives différentes. Il en résulte, à l'intérieur des cylindres, des accélérations qui appuient le piston sur les génératrices du plan de rotation. Ces effets ont même amené au début la rupture des segments des premiers moteurs rotatifs.

D'autre part, sous l'influence de la force centrifuge, les bielles travaillent à peu près constamment à la traction, sauf au moment de l'explosion. En effet, pour 100 centimètres carrés de surface, travaillant à 15 kilos à l'explosion, la pression est de 1.500 kilos. Si le piston et le pied de bielle pèsent ensemble $1^{k},5$ par exemple, et se trouvent à $0^{m},25$ de l'axe du coude du vilebrequin, la force centrifuge à 1.200 tours est de :

$$\frac{1^{kg},5 \times 1.600\,\pi^2 \times 0,25}{9,81}$$

soit environ 600 kilos.

Quoi qu'il en soit, sous le rapport de l'équilibrage des forces d'inertie, les moteurs rotatifs possèdent, à n'en pas douter, une supériorité réelle.

Difficultés spéciales aux moteurs légers.

Dans la construction des moteurs d'aviation, on s'est efforcé de tirer tout d'abord le meilleur parti possible des procédés connus et déjà éprouvés. On a cherché à augmenter la *puissance massique* ou la puissance utile par kilogramme dans les moteurs du modèle courant (*Wright*).

Puis, nous avons vu que, par un groupement compact des cylindres suivant des plans nouveaux, on a réalisé les premiers progrès notables (*Antoinette*) qui se sont affirmés de plus en plus à l'apparition des types rayonnants (*R. E. P.*).

L'accroissement des vitesses de rotation, vers lequel s'oriente la mécanique moderne amènera, lui aussi, de nouveaux progrès. Mais ces idées nouvelles, pour avantageuses qu'elles soient,

ntraînent avec elles nombre de difficultés de détail, sur
esquelles il est nécessaire d'insister, si l'on veut apprécier à
a valeur le mérite des moteurs récents.

Forme en étoile. — L'assemblage sur un seul maneton de
)lusieurs têtes de bielles a été l'une des premières difficultés à
aincre dans les moteurs étoilés. Des coussinets concentriques,
permettant aux têtes de bielles d'avoir chacune un portage
normal, ont d'abord été employés dans les moteurs à 4 cylindres rayonnants et plus. Puis, on a eu recours à l'emploi d'une
bielle principale et de biellettes, ce qui a simplifié notablement
la construction, mais a présenté aussi un inconvénient indé-
niable, quoique sans réelle gravité.

Considérons, en effet, dans un moteur à n cylindres rayonnants, une bielle maîtresse B et les biellettes dont les tourillons sont mobiles dans la tête de la bielle B, B_2 et B_{n-2}. Il y
a ainsi $n-1$ têtes de bielles articulées dans des coussinets logés
dans la bielle B. Le moteur tourne dans le sens de la flèche.
Soient P, P_2, P_{n-2} les pistons ; C, C_2, C_{n-2} les cylindres considérés.

Supposons que C arrive au point d'allumage ; après lui, c'est
le cylindre C_{n-2} qui doit allumer, en vertu d'une remarque
due à M. R. Esnault-Pelterie. Cela arrivera après une rotation
de $\frac{4\pi}{n}$. Nous supposerons, ce qui est le cas général, que les
$n-1$ têtes des biellettes et l'axe de la bielle B sont les sommets
d'un polygone régulier.

Après une rotation de $\frac{4\pi}{n}$ *des cylindres* autour de Ω, la bielle
B aura tourné autour de ω d'un angle α *un peu plus grand* que
$\frac{4\pi}{n}$, puisque PO $<$ PΩ.

Par suite, M viendra en M', avec $\widehat{MOM'} > \frac{4\pi}{n}$. Il en résulte
que M_{n-2} viendra en M'_{n-2}, au-delà de M, et, au moment où
le cylindre C_{n-2} allumera, la bielle B_{n-2} étant oblique par
rapport à l'axe du cylindre C_{n-2}, le piston sera en P'_{n-2}, tel
que $P'_{n-2}\,\Omega <$ PΩ. Donc, la compression sera moins grande et
l'avance sera plus forte pour le cylindre C_{n-2} que pour le
cylindre C.

Inversement, pour connaître dans quelles conditions a été
allumé précédemment le cylindre C_2, il suffit de ramener le
cylindre C en C_{n-2}. Cela s'obtient par une rotation β de la
bielle B. On voit immédiatement que l'angle β ainsi balayé

par le cylindre C est différent de α, néanmoins, $\beta > \dfrac{4\pi}{n}$. Dans ce mouvement, le point M vient en M''; M_2 en M'_2, et le

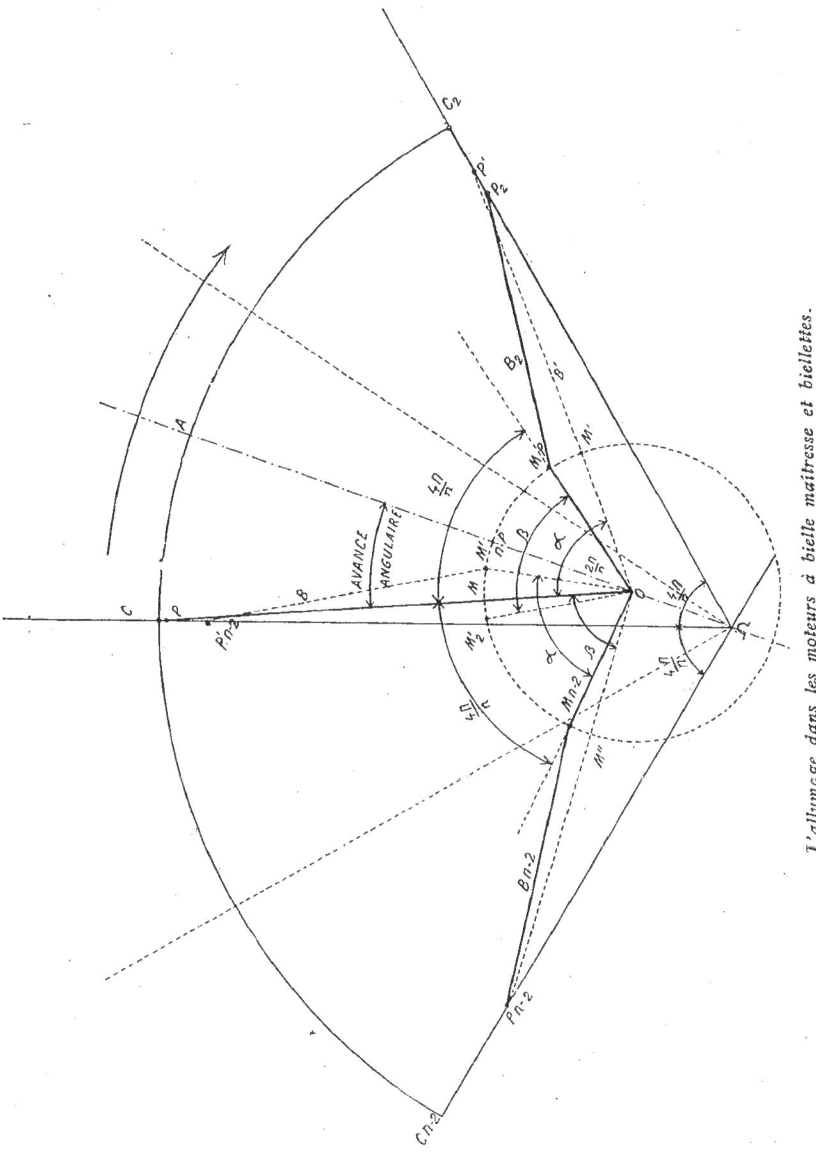

piston P_2 en un point P'_2 tel que l'on a $P'_2\Omega < P\Omega$. Donc, pour ce cylindre également, l'avance à l'allumage est plus grande que pour le cylindre C.

Sans pousser plus loin la discussion, on voit que la distribution ne peut pas être rigoureusement la même pour tous les cylindres, avec ce type de bielles, et, par conséquent, l'emploi d'une bielle maîtresse offre un inconvénient certain. Quelle est au fond l'importance réelle des inégalités d'allumage qu'entraîne l'usage d'une bielle principale? Il faut reconnaître qu'elle est petite et que l'inconvénient qui en résulte est petit.

A ce point de vue spécial, quelques modèles (Verdet, Rossel-Peugeot) présentent des solutions satisfaisantes du problème de l'accouplement d'un nombre élevé de bielles sur un seul maneton.

Accroissement des vitesses de rotation. — Avec les frottements, l'impossibilité de remplir et de vider complètement les cylindres, au-delà d'une certaine vitesse, est la raison principale qui fait si rapidement baisser le couple et tomber la puissance des moteurs à explosion.

Les éléments du problème sont le diamètre des tuyauteries et la vitesse des courants gazeux. L'emploi de soupapes de plus en plus grandes n'a pas amené de progrès sensibles et voici pourquoi.

L'emplacement indiqué des soupapes est le fond des cylindres. On dispose là d'une surface déterminée, qui limite la surface qu'on peut affecter aux clapets. On voit aisément que, la soupape agissant proportionnellement à sa circonférence et non à sa surface, on a intérêt à multiplier les petites soupapes pour faciliter le passage des gaz. A surfaces égales pour deux moteurs, l'un à une (R.E.P), l'autre à deux soupapes d'échappement (Viale), on a, entre les diamètres D et d des deux types de soupapes, la relation :

$$d = \frac{D}{\sqrt{2}}.$$

La circonférence des petites soupapes est donc $\frac{\pi D}{\sqrt{2}}$. Comme il y en a deux, la *longueur d'accès* des gaz est $\pi D \sqrt{2}$ dans le moteur à deux soupapes, et πD dans l'autre. La conclusion vient toute seule. Ajoutons cependant que les petites soupapes sont aussi plus faciles à établir, qu'elles ont plus de docilité vis-à-vis des ressorts de rappel, etc.

Alimentation centrale. — Dans beaucoup de moteurs rotatifs on a adopté l'alimentation centrale, en faisant débiter le carburateur dans le carter, où les cylindres viennent s'approvisionner ensuite, soit à travers le piston creux, soit au moyen d'une tuyauterie extérieure. Ce mode de remplissage des cylindres procure certaines facilités constructives et concourt à alléger les moteurs. Cependant, il offre en lui-même un inconvénient certain qui est l'échauffement excessif des gaz frais au contact des parois chaudes des cylindres. Il en résulte une dilatation sensible des gaz carburés, un appauvrissement de la cylindrée et un abaissement de la puissance massique. L'injection directe de l'essence dans l'arbre fixe et la vaporisation du combustible dans le carter ont permis de remédier en partie aux conséquences de l'échauffement des gaz.

Toutefois, il y a là une difficulté qui a fait déjà l'objet de nombreuses recherches.

Rotation des cylindres. — Après avoir rencontré beaucoup d'adversaires, cette idée semble avoir trouvé des partisans.

Il est permis de se demander si l'on doit voir là l'effet d'une conversion raisonnée et de la supériorité absolue du type rotatif ou simplement une mode, un esprit d'imitation et le désir naturel de profiter des expériences déjà longues qui ont servi à la mise au point du moteur Gnôme.

A qualités égales, un moteur fixe serait évidemment préférable à un moteur rotatif, car le mouvement des cylindres crée des dangers réels et impose de lourdes servitudes.

Mais les moteurs rotatifs possèdent un avantage précieux, dans l'absence des forces d'inertie alternatives ; c'est pourquoi ils pourront rester notablement plus légers, tout en profitant d'un volant extrêmement puissant.

LES MOTEURS D'AVIATION

MOTEURS ADAMS

Le moteur Adams appartient au type rotatif. Il est à 3 ou 5 cylindres, à ailettes longitudinales.

Les soupapes d'échappement sont axiales. Les bielles sont

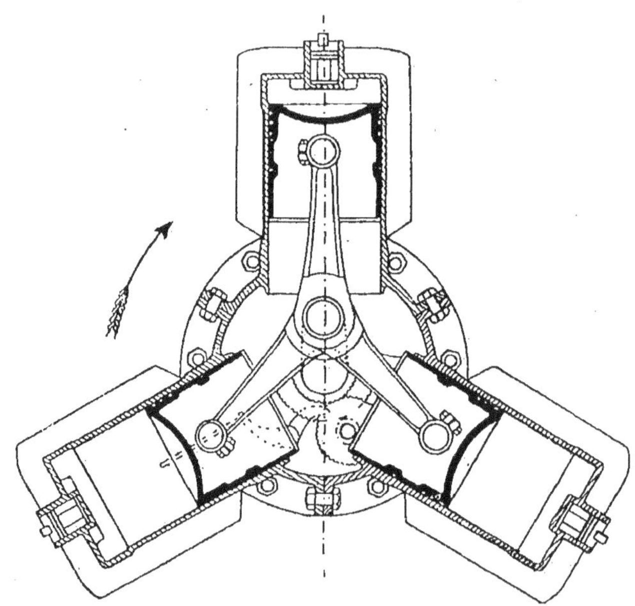

Moteur Adams. — Coupe par l'axe des cylindres.

attelées sur un maneton unique de l'arbre fixe, autour duquel tourne le bloc des cylindres.

Le carter est en trois pièces correspondant chacune à l'un des cylindres et boulonnées ensemble.

Le refroidissement est réalisé par des ailettes qui règnent le long des génératrices des cylindres et non, comme d'ordinaire, suivant des parallèles. Cette disposition a pour but d'assurer plus parfaitement le léchage de la surface des cylindres par l'air ambiant. Canalisé entre deux ailettes, à peu près dans le sens où la rotation du moteur tend à l'orienter, chaque filet

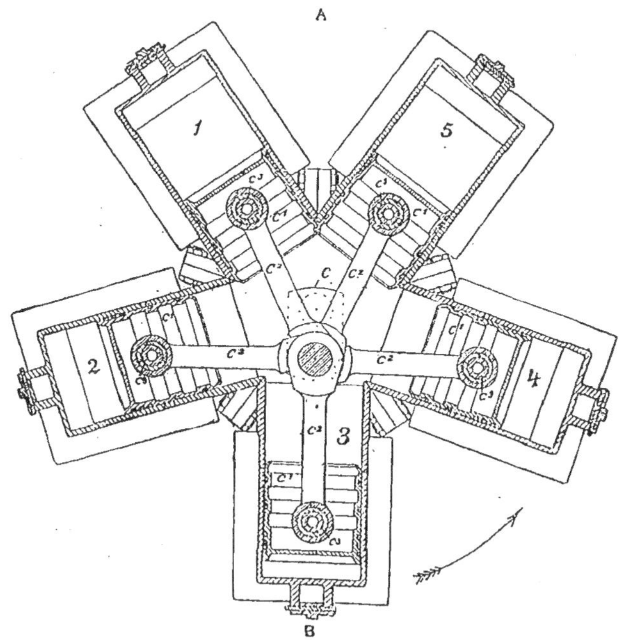

Moteur Adams 5 cylindres.

d'air circule du centre à la périphérie du moteur. L'expérience dira si les prévisions du constructeur sont réalisées.

Le poids total, pour le type de 40-50 HP est de 130 kilos.

MOTEURS ANTOINETTE

Dans l'ordre chronologique, le moteur Antoinette occupe le premier rang, entre tous les moteurs français d'aéroplanes ; quant à la place qu'il mérite, par une longue série de succès, personne n'ignore qu'elle est des plus brillantes. Enfin, les

Le Moteur Antoinette.

innovations dernières de la marque doyenne d'aviation sont parmi les plus intéressantes et de celles qui ont le mieux subi le contrôle de l'expérience.

Les moteurs Antoinette appartiennent à la classe aujourd'hui nombreuse des moteurs en V, dont ils furent un des premiers exemples.

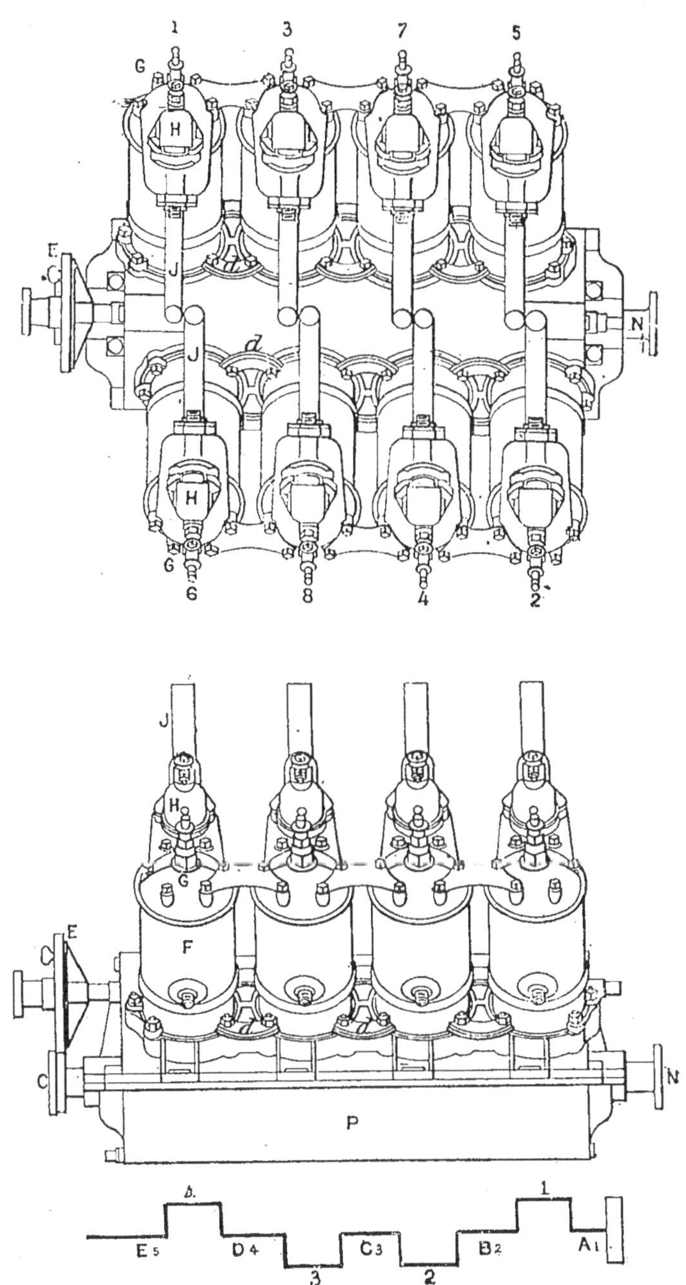

Vues extérieures du moteur Antoinette 8 cylindres.

(Élévation et vue en plan)

P, carter, H, H, aspiration : J, J, tubes d'échappement ; $A_1 B_2 C_3 D_4 E_5$, paliers.

Grâce au nombre élevé (8) des éléments, le couple moteur résultant ne subit que des variations d'intensité négligeables pendant la durée de chaque tour. Il existe d'ailleurs des types à 16 cylindres, où ce résultat est encore mieux assuré.

L'absence du volant, supprimé comme organe inutile, est la conséquence visible de cette constance du couple moteur. Quant au groupement des cylindres et à l'ordre d'allumage, ils sont choisis de façon à répartir uniformément les efforts tout le long et de part et d'autre du carter. Voyons maintenant comment ce résultat est obtenu.

Dans son ensemble, le moteur Antoinette à 8 cylindres

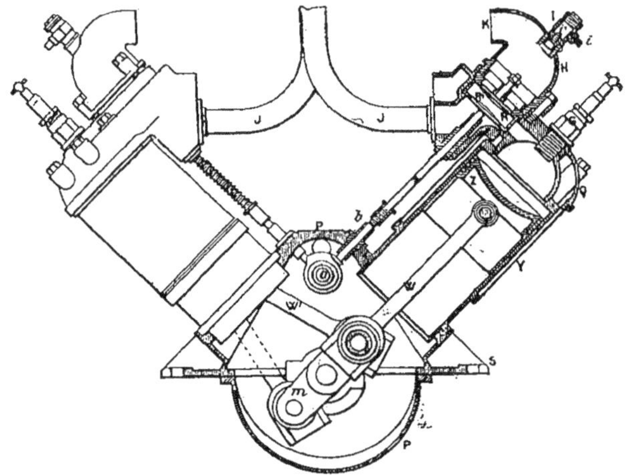

Moteur Antoinette 8 cylindres.

a, arbre à cames. — b, tige de soupape d'échappement. — R', soupape d'échappement. R, soupape d'aspiration. — $1, i, i'$, injection d'essence. — P, carter. — J, J, échappement. — K, entrée d'air. — Z, piston. — Y, chemise d'eau. — W, bielle. — m, maneton.

repose sur un carter d'aluminium, en forme de prisme droit, dont la base est un triangle isocèle et rectangle ; ce prisme est fixé au bâti par sa grande face ; 4 cylindres sont implantés sur chacune des deux autres faces, les axes de chaque groupe de 4 étant situés dans un plan perpendiculaire au plan correspondant de l'autre groupe. Les cylindres de même rang, dans les deux groupes, ne se font pas absolument vis-à-vis ; ils sont légèrement décalés entre eux, pour permettre l'attelage de leurs bielles respectives sur le même coude du vilebrequin.

Celui-ci est tout entier dans un seul plan ; il présente quatre coudes et cinq paliers, chaque coude recevant les têtes de bielle de deux cylindres qui se font face de part et d'autre du carter. Sur la figure, A_1, B_2, C_3, D_4, E_5 sont les paliers ; 1, 2, 3, 4 les

coudes du vilebrequin. On conçoit que, la forme du vilebrequin étant une fois choisie, de façon à être la plus robuste, la
plus légère et la plus simple possible, l'ordre d'allumage des
cylindres n'est plus absolument quelconque. En effet, lorsque
le vilebrequin tourne, ses coudes passent deux par deux simultanément au point le plus bas et au point le plus haut de leur
circonférence. Toutefois, les deux groupes de cylindres sont
décalés de 90° l'un par rapport à l'autre ; il en résulte que les
quatre pistons reliés aux coudes 1 et 4 arrivent au point mort
supérieur dans l'ordre suivant, par exemple : 1 et 5 d'abord ;
puis 1/4 de tour après, 2 et 6 ou inversement. On peut donc
faire exploser les quatre cylindres 1, 5 et 2,6 de deux façons ;
ou bien 1 et 5 parcourant des cycles parallèles exploseront
ensemble, ainsi que les autres groupes, 6-2, 3-7, 8-4 ; ou bien
1 et 5 seront décalés de deux temps, le point mort supérieur
correspondant chez l'un au début du 1er temps (aspiration) et
chez l'autre au début du 3e (explosion). *A priori*, la deuxième
hypothèse est préférable ; elle permet de faire alterner les
explosions de part et d'autre du carter et d'éviter ainsi les
vibrations pendulaires qui tendraient à imprimer au moteur
de violents mouvements d'oscillation autour de l'axe du vilebrequin. On est donc conduit à adopter l'ordre 1, 2, 3, 4, etc.,
indiqué sur la figure ; il suffit de se reporter au vilebrequin
pour constater que les explosions se succèdent ainsi à 1/4 de
tour les unes des autres. Les diagrammes des couples fournis
par chaque cylindre chevauchent alors notablement et la
courbe résultante n'offre plus que de faibles ondulations.

Cylindres. — Dans les premiers modèles, les corps des
cylindres étaient en fonte ; ils recevaient une culasse rapportée
ou fausse-culasse en aluminium et possédaient une enveloppe
d'eau en laiton. Plus tard, on substitua l'acier et le cuivre
rouge à la fonte et au laiton.

Aujourd'hui, les cylindres en acier forgé sont d'une seule
pièce avec la boîte à clapets ; les pistons sont en fonte, comme
dans les anciens types.

L'enveloppe d'eau est en cuivre rouge, obtenue par galvano-
pastie, étamée à l'intérieur et renforcée sur certains points.
Elle entoure le corps de la chambre d'explosion, la boîte à
clapets et le guide du clapet d'échappement lui-même, d'une
couche d'eau d'épaisseur constante.

Le cylindre porte, à sa partie inférieure, une embase sur
laquelle est fretté un tube de cuivre rouge. Pour fixer la
chemise d'eau, on en coiffe d'abord la partie supérieure du
cylindre ; puis, on fait subir à l'enveloppe une rotation autour

de la culasse et elle vient au contact des clapets, pendant que sa partie inférieure s'emboîte autour du tube fretté à frottement doux. Il ne reste plus qu'à souder ce tube et l'enveloppe; la soudure est ainsi suffisamment éloignée de la chambre d'explosion pour que la chaleur qui lui parvient par conductibilité soit sans inconvénient.

Reste la question des dilatations inégales de la chemise et du cylindre. On y a remédié par un pli, haut de 4 millimètres, placé sur le tube de cuivre rouge, et dont l'élasticité absorbe les variations de longueur de l'enveloppe. Ainsi que nous avons eu l'occasion de le voir déjà, c'est souvent dans l'étanchéité des joints d'eau et la confection des soudures ou raccords

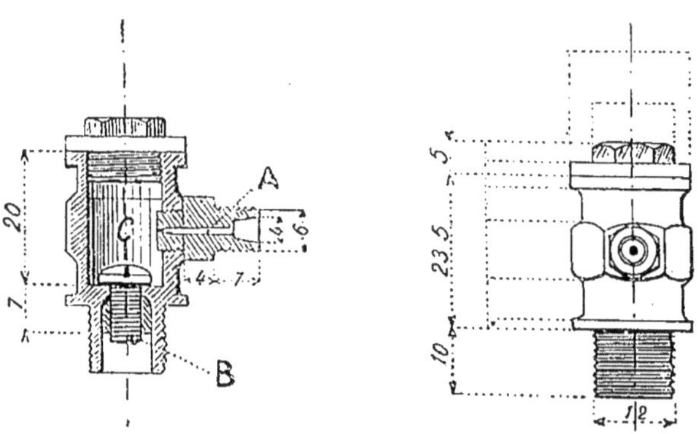

Injection directe dans le moteur Antoinette.

que se rencontrent les difficultés pratiques les plus sérieuses. Le procédé décrit ici fait l'objet d'un brevet spécial.

Tel qu'il est monté sur l'aéroplane *Antoinette*, le moteur comporte encore quelques dispositifs spéciaux.

L'hélice étant en prise directe, le carter est prolongé, vers l'hélice, par un bec en aluminium venu de fonte et qui porte à son extrémité un palier à billes servant de butée, ainsi que le moyeu de l'hélice tractive. A l'autre extrémité, le carter supporte les socles des pompes à eau, à essence et à huile. La première est en prise directe sur l'arbre vilebrequin; les autres tournent à demi-vitesse et dépendent de l'arbre des cames.

Carburation. — Elle est assurée par une pompe à essence, à piston, commandée par un excentrique, dont on règle la course à volonté pendant la marche.

Cette pompe refoule l'essence filtrée dans un canal A, de $0^{mm},5$, qui débouche dans une petite chambre C, où le liquide est emmagasiné, au-dessus du cylindre. Au moment de l'aspi-

ration, l'essence est injectée dans le cylindre par un trou de
1 millimètre percé dans la vis B. La conduite du moteur se
fait, séparément ou simultanément, en faisant varier l'avance
à l'allumage et surtout le débit de la pompe à essence.

Ce résultat est obtenu par l'ingénieuse disposition suivante :

Un premier plateau P, commandé par le moteur, entraîne
un excentrique E, dont le centre est en O, tel que OC = 5 mm.

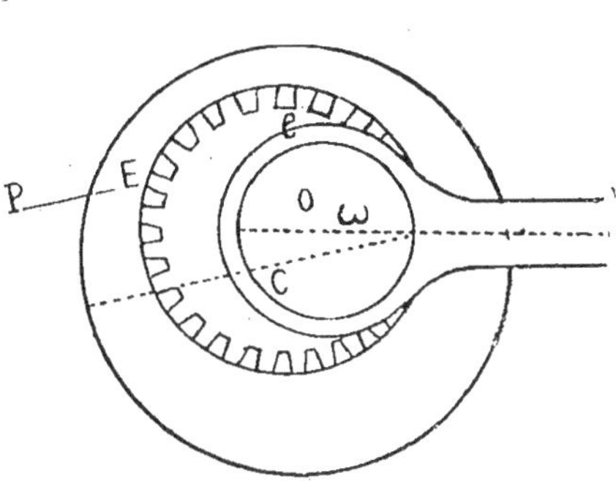

Moteur Antoinette.
Commande de la pompe à essence.

L'excentrique E porte lui-même un deuxième excentrique e dont le centre est en ω, tel que Oω = 5 mm. Le lieu du point ω est donc un cercle de centre C et de rayon Cω.

Si l'on fait varier la position respective de C et ω, en faisant tourner E autour de O, on voit qu'on peut amener ω en C et réduire à zéro la course de l'excentrique ω. Or, c'est précisément ω qui commande la bielle de la pompe à essence; on voit donc que l'on peut faire varier la course de cette bielle en faisant tourner E pendant la marche autour de son centre O. Ce résultat est obtenu ainsi: E est une vis sans fin, dont le plateau P forme l'écrou; en déplaçant ce plateau au moyen d'un collier, on oblige la vis E à tourner autour de O, et par suite ω à se rapprocher ou s'éloigner de C. Le tirage ordinaire permet de faire tourner O de 90°. On a donc, comme course maxima de la bielle : $2 \times Cω$, soit $2 \times \sqrt{50} = 14$ mm. environ. Le tirage de l'écrou P se fait au moyen d'un renvoi par levier,

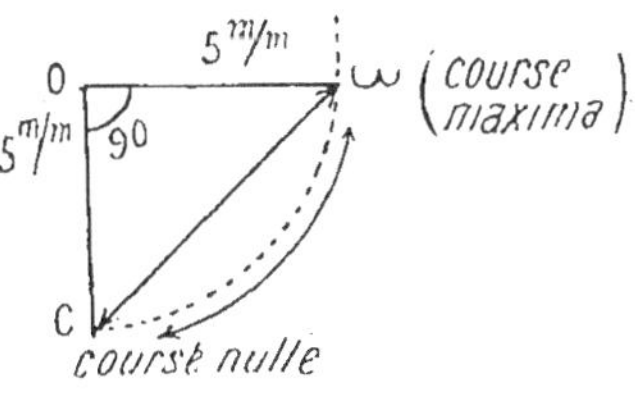

commandé lui-même par un volant à main. La quantité d'essence injectée par la pompe est ainsi à peu près soustraite à l'influence barométrique et aux variations de température. Elle dépend uniquement de la course de l'excentrique et de la vitesse de rotation.

Allumage. — Un allumeur, muni d'un doigt de distribution
du courant secondaire, est commandé par un pignon monté

sur l'arbre. En déplaçant ce doigt par rapport à l'axe qui le porte, dans le sens de sa rotation, on produit l'avance à l'allumage et inversement pour le retard. Le courant est fourni, soit par des accumulateurs, soit par une magnéto.

Graissage. — L'huile, aspirée par une pompe dans le fond du carter, est amenée jusqu'à une rampe située à la partie supérieure, d'où elle se répand sur tous les organes en mouvement. Un robinet, intercalé entre la pompe et la rampe, permet de s'assurer que la circulation d'huile s'opère normalement.

Refroidissement. — Dans les premiers moteurs construits par M. Levavasseur et utilisés par H. Latham pour ses deux essais sur la Manche, une pompe à engrenage envoyait l'eau dans les chambres, à leur partie inférieure, au moyen de deux tubulures parallèles, chacune d'elles desservant une rangée de cylindres; deux autres tubulures, situées au-dessus des cylindres, ramenaient l'eau au radiateur.

Depuis 1909, les moteurs Antoinette possèdent un appareil refroidisseur tout à fait spécial, que nous allons décrire.

Le volume d'eau indispensable au fonctionnement normal d'un moteur de 50 HP ordinaire se compose de l'eau contenue dans les chambres, du volume des tubulures et de celui du réservoir ou radiateur. Quel que soit le type de cet appareil, il se borne à abaisser de 10 à 12 degrés la température de l'eau qui le traverse. Il n'est même pas très souhaitable que son action devienne plus efficace, car le régime le plus avantageux des moteurs à explosion est celui où l'écart de température de l'eau à l'entrée et à la sortie des chambres est minimum.

Cet écart e étant donné et devant rester faible, d'après ce qui précède, la chaleur C, enlevée après un circuit complet effectué par la masse M totale de l'eau disponible est, en calories : $C = e \times M$.

Il en serait tout autrement, si l'on permettait à une certaine fraction de la masse M de se vaporiser et de se condenser ensuite dans une capacité assez grande et énergiquement refroidie par ses parois. En effet, dans la condensation, la vapeur abandonnerait aux parois et à l'air ambiant des centaines de calories par gramme et l'eau liquide recueillie serait à une température relativement très basse. En désignant par m la masse totale de l'eau employée, par f la fraction condensée, qui aurait abandonné environ 550 calories par gramme, par e l'écart de température de l'eau à sa sortie et à sa rentrée dans les chambres de refroidissement, la chaleur totale perdue serait, à quelques termes négligeables près :

$$C' = me + 550\,f.$$

Pour fixer les idées, supposons f égal seulement à $\dfrac{m}{20}$, on a :

$$C' = m\left[e + \frac{550}{20}\right] = m\,[e + 27,5].$$

Pour obtenir le même refroidissement avec les deux systèmes, il faut que $C = C'$. Donc :

$$M \times e = m\,[e + 27,5],$$

d'où :

$$\frac{m}{M} = \frac{1}{1 + \dfrac{27,5}{e}}.$$

Or, e est de l'ordre de $10°$ environ, dans la pratique ; donc $\dfrac{m}{M} = \dfrac{1}{3}$ ou $\dfrac{1}{4}$ environ. En définitive, il faudra 3 ou 4 fois moins d'eau par le deuxième procédé que par le premier. Tel est, sinon l'effet exact de la condensation de l'eau, du moins *l'ordre*

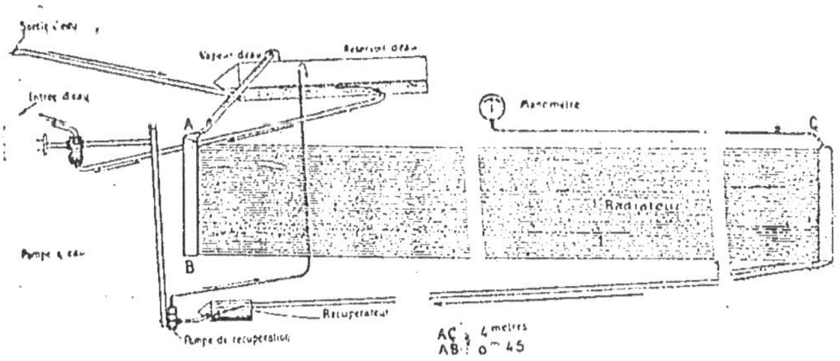

Radio-condenseur.

de grandeur de cette influence. On a donc tout intérêt (si la température ainsi maintenue dans les chambres convient au fonctionnement du moteur, ce que l'expérience a prouvé) à vaporiser une certaine quantité d'eau autour des cylindres, à la condenser ensuite dans un organe spécial et à mélanger constamment l'eau très froide qu'on obtiendra à la masse en circulation. Cette méthode permettra de diminuer dans une proportion sensible, de 3 ou 4 à 1, la quantité d'eau exigée pour assurer le refroidissement du moteur. Elle est réalisée pratiquement par le dispositif représenté sur la figure.

Un réservoir reçoit l'eau chaude, à la sortie des cylindres. Cette eau dégage de la vapeur, qui s'échappe par un orifice situé au-dessus du niveau du liquide, au sommet du réservoir. Un tube la conduit dans un radiateur double, formé de deux panneaux de tubes parallèles en aluminium, chaque panneau étant disposé sur un des flancs du bâti de l'appareil volant. Les tubes ont une épaisseur de $0^{mm},3$ et 10 millimètres de diamètre. Leur longueur varie avec le moteur et l'appareil

Moteur et aéroplane Antoinette au début de 1909.

employés. Pour 50 HP, on emploie une surface radiante de 12 mètres carrés, soit 350 mètres de tubes en éléments de 4 mètres. Un collecteur en cuivre rouge recueille les gouttelettes liquides que la pente générale des tubes accumule à l'arrière des panneaux. De là, un tube amène l'eau à un récupérateur, où elle est prise par une pompe élévatoire qui la renvoie au réservoir. Un tube à robinet et à manomètre permet, au début du fonctionnement, de purger le circuit de l'air qu'il contient et d'y maintenir ensuite une pression un peu inférieure à la pression atmosphérique. — Le poids du radio-condenseur est de 12 kilos ; dans l'air, à condition de marcher à 70 kilomètres à l'heure, on peut réduire l'appareil de moitié. Au point fixe, sur l'aéroplane *Antoinette*, la température extérieure étant de 15°, l'eau sort du radiocondenseur à 25°. En fin d'analyse, 8 litres d'eau suffisent pour 50 HP et le poids de l'ensemble des organes de refroidissement et du liquide qu'ils contiennent est d'environ 22 kilos. La marche peut être continue ; la même eau peut servir presque indéfiniment.

Construits en 8 cylindres qui font 50 chevaux sous un poids de 130 kilos environ, les moteurs Antoinette sont équilibrés par l'hélice qu'ils entraînent. Récemment, la Société Antoinette a mis au point un moteur de 100 chevaux à 16 cylindres qui pèse 45 kilos de plus que les précédents, mais qui est établi absolument d'après les mêmes principes. Les deux rangées de

8 cylindres chacun se font face et le vilebrequin est porté par 9 paliers consécutifs. L'alimentation est assurée par une pompe à deux corps, dont le réglage est le même que celui qui est décrit plus haut.

Par l'ensemble des dispositifs qu'il renferme, par les idées qu'il a le premier propagées, le moteur Antoinette doit être considéré comme le prototype des moteurs en V, dont le nombre est déjà très grand et qui ont frayé la voie à une famille cadette : celle des moteurs rayonnants.

MOTEURS ANZANI

Parmi les conceptions permettant de réduire l'encombrement
et le poids d'un moteur donné, la plus efficace, comme nous

Moteur Anzani 25 HP (1909).

l'avons reconnu déjà a priori, repose sur l'emploi de plusieurs
cylindres, attaquant tous un même maneton de manivelle.

On sait que, pour avoir des explosions à intervalles égaux,
c'est-à-dire pour former un polygone régulier, il faut et il
suffit que le nombre des sommets soit premier avec le nombre
qui exprime la manière de les joindre. En partant de là, on a
montré que dans un moteur à quatre temps, chaque cylindre
ayant une explosion et une seule pendant deux tours de mani-

velle, le nombre de côtés du polygone doit être premier avec deux, c'est-à-dire impair.

Type 3 cylindres 25 HP. — M. Anzani étudia d'abord un moteur de cette conception, avec trois cylindres à calages réguliers. Il retourna le cylindre du dessous pour éviter les difficultés de graissage et arriva ainsi à un moteur trois cylindres à deux manetons. Pour réduire le carter, il fit rentrer le

Moteur Anzani 3 cylindres 25-28 HP.

troisième cylindre dans le plan des deux autres. On obtenait alors un calage irrégulier 3oo-3oo-12o qui, si bizarre que cela paraisse, donne un couple moteur suffisamment régulier, puisque c'est un moteur de ce genre qui a traversé la Manche.

Les bielles se meuvent entre deux volants et la résultante des forces vives est équilibrée par des masses réparties empiriquement sur ces volants.

Le moteur Anzani du type Calais-Douvres comprend ainsi trois cylindres 1o5 × 13o, venus de fonderie avec leurs ailettes. Les cylindres sont en fonte; les pistons ont deux segments; les bielles sont estampées et chevauchent sur un maneton boulonné entre deux volants d'acier de 12 kilogrammes chacun.

Le carter en aluminium se déboîte dans le plan des bielles et maintient les cylindres par des prisonniers.

Les soupapes jouent en arrière de la culasse. Celles d'admission sont automatiques. Celles d'échappement sont commandées séparément par une came indépendante et d'une seule pièce avec le pignon, ce qui diminue le frottement et facilite le réglage.

L'allumage est fait par accus. Un triple bobinage transforme un courant de 5 volts en trois courants basse tension qui sont rompus par un distributeur spécial. L'extra-courant de rupture est alors envoyé aux bougies.

Le carburateur est un Grouvelle. L'alimentation se répartit également par une nourrice à trois branches. Le cylindre du milieu qui a une meilleure aspiration enrichit ses gaz par une ouverture percée dans la tuyauterie.

Le poids du moteur est de 65 kilogrammes, y compris les volants qui y entrent pour 24 kilogrammes. Avec la tuyauterie, le carburateur, la bobine et les accus, le poids total est 73 kilos.

La puissance effective est de 25 chevaux à 1.400 tours. La consommation d'essence est de 12 litres à l'heure, et celle d'huile 2 kilogrammes. Ce moteur n'est pas, à vrai dire, un moteur d'aviation. Établi d'abord pour les motocyclettes d'entraînement, il avait à ce moment une chapelle placée derrière les cylindres et contenant les soupapes. A 80 kilomètres à l'heure, vitesse courante sur piste, le refroidissement de ce moteur était bien assuré. Mais à 60-70 kilomètres, qui est la vitesse atteinte avec 25 HP sur les aéroplanes actuels, il a fallu, en 1910, pour améliorer le refroidissement, supprimer les chapelles (ce qui a allégé de plusieurs kilos), reporter les clapets sur le fond des cylindres, l'échappement en avant, et diminuer la tuyauterie. Tel qu'il est devenu par ces transformations, ce type de moteur fait environ 35 chevaux pour 64 kilos environ. Les cylindres font alors 72° entre eux au lieu de 60°.

Autres modèles. — Outre les deux types précédents, M. Anzani construit des moteurs 4 cylindres, des 5 cylindres en étoile, des moteurs en V à deux cylindres, etc. Tous ces types sont applicables à l'aviation, leur puissance massique étant de 1,3 à 0,4 HP par kilogramme.

Le constructeur a apporté à ces types de nombreuses améliorations ; c'est ainsi qu'il a supprimé non seulement la chapelle, mais aussi le patin dans les cylindres, gagnant ainsi 1,200 gr. par cylindre.

La tubulure d'admission a, elle aussi, été perfectionnée d'une façon considérable ; une chambre annulaire a été ménagée sur une des faces du carter ; des tubes en aluminium très courts en sortent *tangentiellement* et la font communiquer avec chacun des cylindres ; un petit raccord la relie à un carburateur. En vertu de la propriété des ajustages tangentiels (Jet Riley) les gaz tournent toujours dans le même sens dans cette chambre ou nourrice et la carburation est, par suite, strictement égale et homogène pour chacun des cylindres.

Moteur Anzani 5 cylindres 45 HP.

Le fait que d'autre part cette nourrice est venue de fonte avec le carter, assure le réchauffage des gaz et le refroidissement du carter (et de l'huile qu'il contient) par échange réciproque de calories et de frigories.

L'accessibilité de la magnéto, la légèreté de la tubulure (2 kg. de gagnés) la rusticité de celle-ci devenue partie intégrante du carter, une prodigieuse économie d'essence, sont les avantages accessoires de ce système.

Le moteur cinq cylindres offre, entre autres particularités, celle d'un seul maneton fixé entre les deux plateaux qui servent de volants dans tous les moteurs Anzani. Les cinq

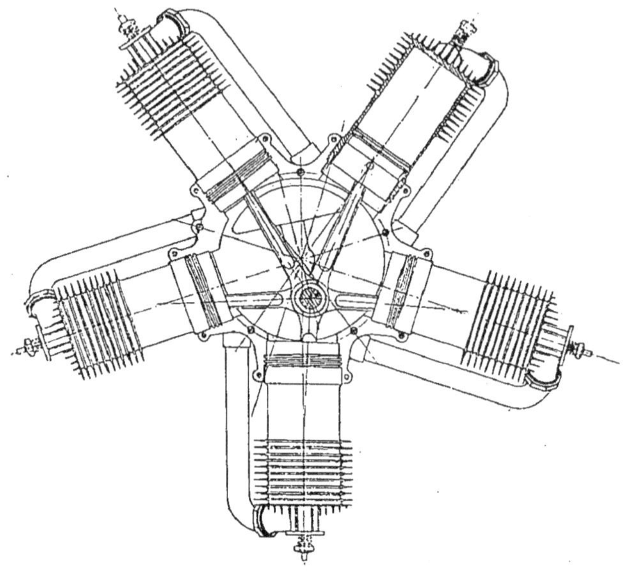

bielles attaquent toutes l'unique maneton par des portées de

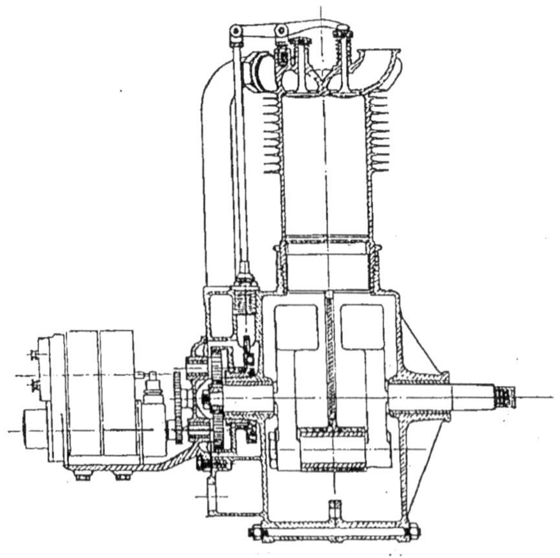

Moteur Anzani 5 cylindres en étoile.

largeur croissante, de façon à maintenir l'axe des bielles dans
le plan perpendiculaire au maneton en son milieu.

Type 6 cylindres en étoile (1910). — Le moteur 6 cylindres en étoile Anzani est formé de deux moteurs à 3 cylindres

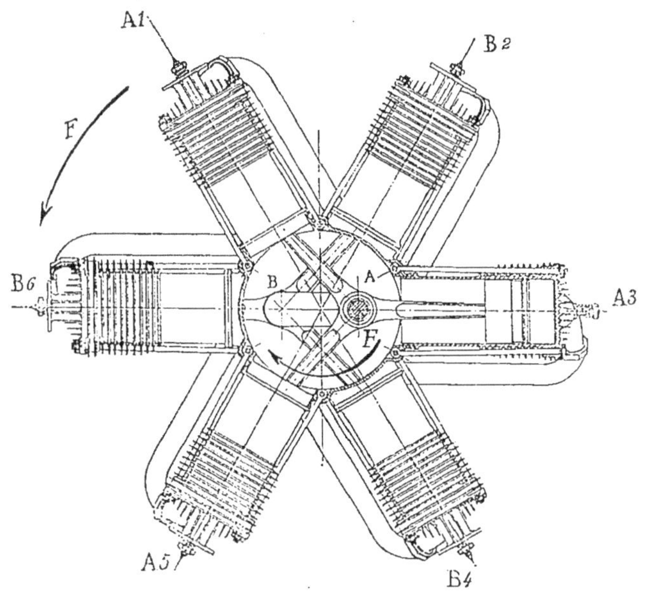

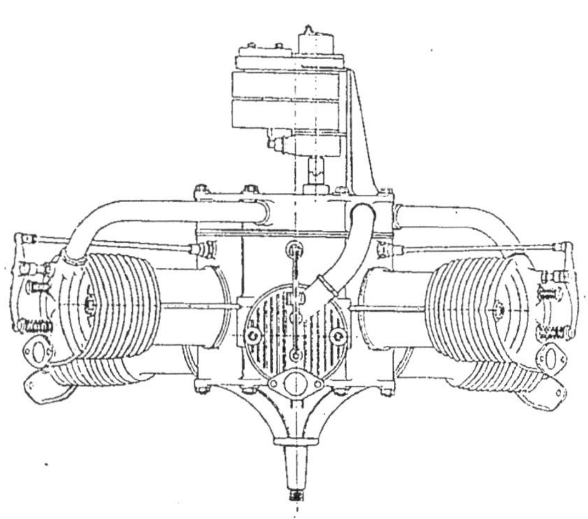

Moteur Anzani 6 cylindres en étoile (1910).

à 120° placés l'un derrière l'autre et attelés chacun sur l'un des deux coudes d'un même arbre vilebrequin.

L'équilibrage est ainsi absolument complet quant aux forces d'inertie alternatives, dans chaque groupe de 3 cylindres.

Pour ce qui est du décalage des deux groupes et des conséquences qu'il comporte, celles-ci sont à peu près négligeables,
en raison de l'emboîtement des cylindres entre eux.

Moteur Anzani 6 cylindres.

Les tubulures d'alimentation sortent tangentiellement d'une
nourrice annulaire, venue de fonte avec le carter et dans
laquelle débite le carburateur.

Ce dernier modèle, le plus intéressant de tous, a bénéficié
d'une expérience déjà longue et est indiqué comme donnant
6o chevaux pour un poids total de 83 kilogrammes.

MOTEURS AVIATIC-ARGUS

Le moteur d'aviation *Aviatic, alias Argus*, est peu différent du modèle à 4 cylindres courant en automobile. Les cylindres sont fondus par deux, les soupapes du même côté et commandées toutes par un seul arbre. Le carburateur est du type

Moteur Aviatic-Argus. — Vue avant (volant enlevé).

Grouvelle-Arquembourg à air automatique ; le refroidissement par l'eau, le graissage par barbotage, le carter est divisé en 2 parties.

Les cylindres et les pistons sont en fonte ; l'arbre est porté par trois paliers ; la transmission est faite par engrenages.

La mise en marche peut se faire par manivelle.

MOTEURS ASTER

Comme presque toutes les maisons construisant des moteurs d'automobile, les Usines Aster ont créé également un moteur pour aéroplanes. Reprenant les éléments des moteurs employés pour la navigation, les groupes électrogènes, et toutes applications nécessitant un fonctionnement sûr et régulier, la Société Aster a établi un type donnant 45 chevaux à 1.200 tours

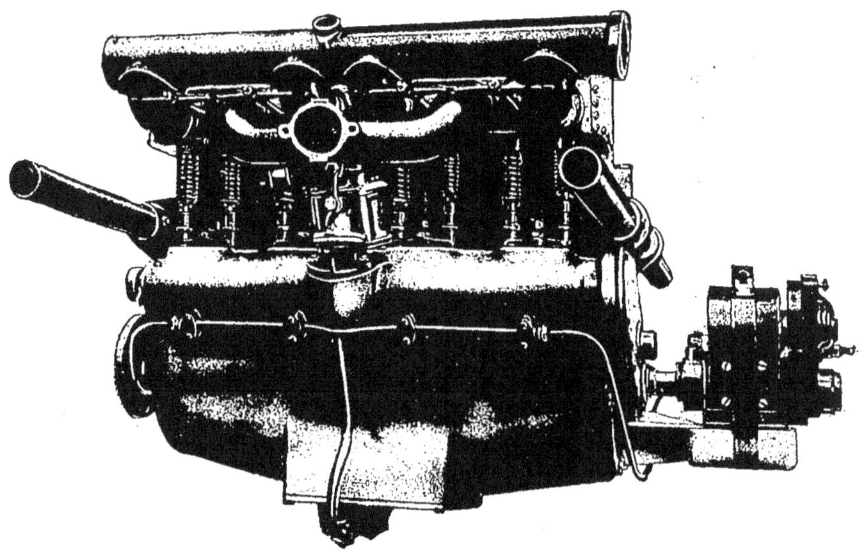

Moteur Aster.

par minute, dont les caractéristiques essentielles sont les suivantes :

Les 4 cylindres verticaux de 130/140 millimètres, fondus d'un bloc et désaxés, pour diminuer les réactions latérales des bielles, sont fixés sur un carter d'aluminium ; l'arbre est porté par trois paliers, munis de coussinets en bronze dur à toutes les portées.

Les pistons sont en acier forgé à trois segments. Il n'y a qu'un seul arbre à cames commandant tous les clapets. Le graissage est réalisé par une pompe à engrenages. Les bougies sont fixées au haut des cylindres ; l'allumage est assuré par une magnéto à haute tension.

Le refroidissement s'opère par la circulation d'eau dans la chemise qui est rapportée sur le bloc des quatre cylindres.

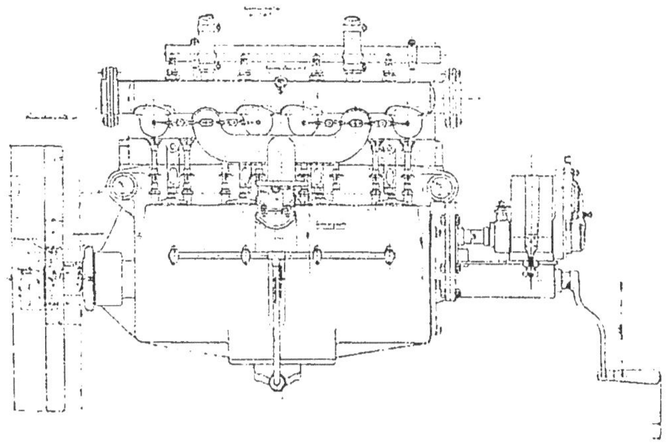

Moteur Aster.

La suspension du moteur est assurée par deux tubes d'acier placés au-dessus de l'axe du vilebrequin et perpendiculairement à lui.

Le moteur est supporté par deux tubes qui traversent le carter presque à mi-hauteur des cylindres et par lesquels on peut fixer le tout au fuselage.

Le régime normal est de 1.000 tours. Au concours de l'Automobile Club de France en 1910, la puissance moyenne pendant 2ʰ,39 a été de 44 chevaux pour un poids de 126 kilos.

MOTEURS AURIOL

Sans avoir été proposé encore pour l'aviation, le moteur Auriol offre une certaine parenté avec des moteurs légers récents. A ce titre il mérite d'être décrit ici.

Le moteur *Auriol* est du type alterno-rotatif, à alimenta-

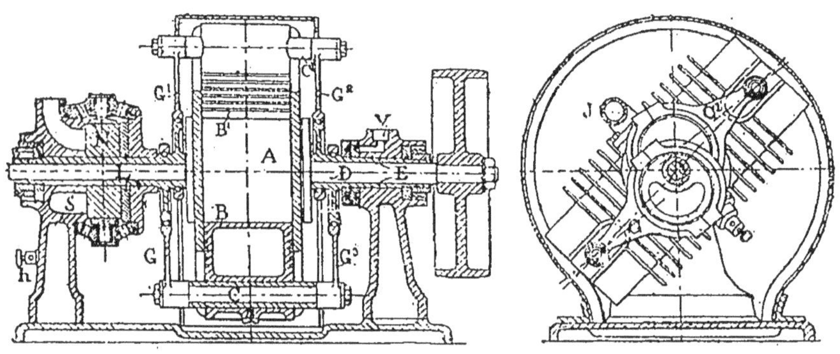

Coupe par l'axe.   Coupe transversale.

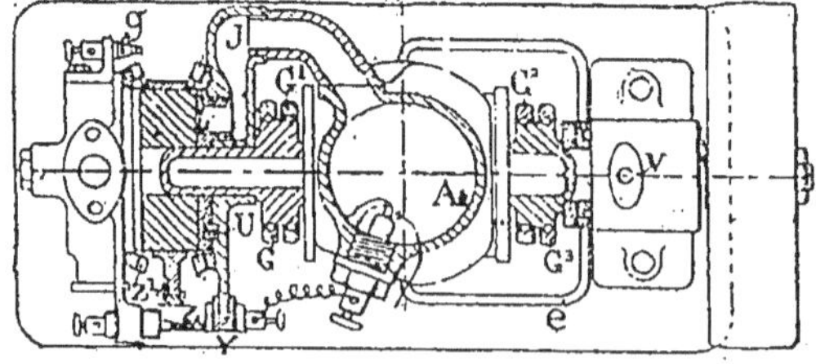

Le moteur Auriol. — Plan. — Coupe longitudinale.
G_1, G_2, G_3, G_4, excentriques. — A, chambre d'explosion. — B, B, pistons. — J, tubulures.

tion axiale. Dans ce moteur, le cylindre à ailettes est solidement fixé par des brides à l'arbre moteur qui tourne dans de longues douilles assujetties aux paliers de la machine. Chacune de ces douilles porte deux excentriques venus de fonte avec elle, dont les colliers sont attelés avec les arbres oscillants qui portent les pistons. Les excentriques d'une paire font un angle de 180° avec les excentriques de l'autre paire. Pour équilibrer le moteur et amortir le choc produit par les explosions, le cylindre renferme deux pistons, se mouvant en sens inverse, et *entre lesquels* se produisent les explosions. Ces pistons agissent sur les excentriques fixés dans une direction oblique par rapport à l'axe longitudinal du cylindre. Aussi ce dernier est-il entraîné dans un mouvement de rotation qu'il communique à l'arbre transversal. On conçoit que les pistons se trouvant toujours à une égale distance de l'arbre transversal et conservant des positions symétriques, l'équilibrage du moteur soit réalisé d'une façon satisfaisante.

Grâce à la rotation du cylindre à ailettes, le refroidissement s'accomplit automatiquement. La distribution s'effectue à l'aide d'un mécanisme placé autour de l'un des tourillons tubulaires.

Deux disques D et D', tournant grâce à un train planétaire à pignons cônes à demi-vitesse l'un de l'autre, se meuvent parallèlement entre eux et au contact D portent deux orifices à 90° d'une tubulure solidaire du cylindre qui met ainsi périodiquement en concordance l'échappement et l'arrivée des gaz avec le centre du moteur. Le tout est très analogue au tiroir des machines à vapeur. D'ailleurs, le moteur Auriol marche à la vapeur comme aux gaz combustibles, ce qui est une particularité sans doute unique à l'heure présente.

MOTEURS ROTATIFS BECK

Établi par la Société d'Études de moteurs rotatifs Beck, ce moteur est remarquable par son faible poids (90 kilogrammes pour le type de 100 chevaux en ordre de marche. Il repose sur

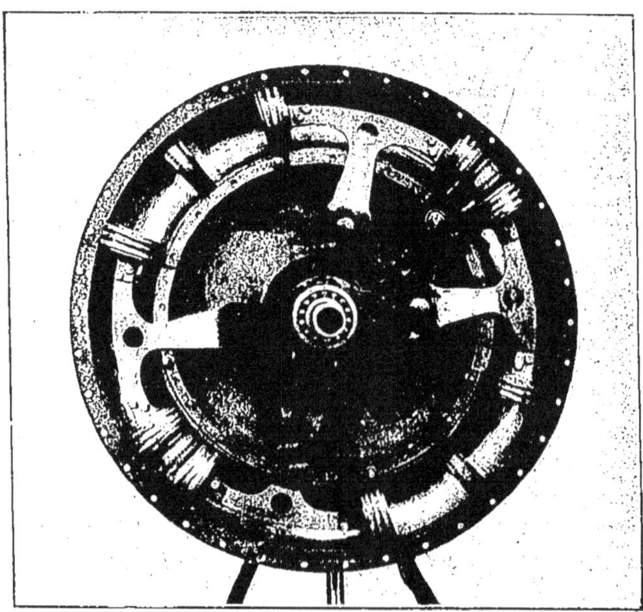

Moteur Beck (Type 1909).

l'emploi d'un tore, dans lequel peuvent se mouvoir un certain nombre de pistons. Comme on peut augmenter le nombre des pistons et disposer sur le même arbre plusieurs cylindres moteurs, pourvus chacun de plusieurs pistons, on conçoit que l'on réussisse par cet artifice à obtenir des moteurs d'une très grande puissance massique. De plus, en supprimant ou en ajoutant un ou plusieurs tores, on augmente ou l'on diminue proportionnellement la puissance des machines.

Une seule came spéciale commande simultanément les soupapes d'admission et celles d'échappement, de même que l'allumage.

Ajoutons que ce moteur permet des variations considérables

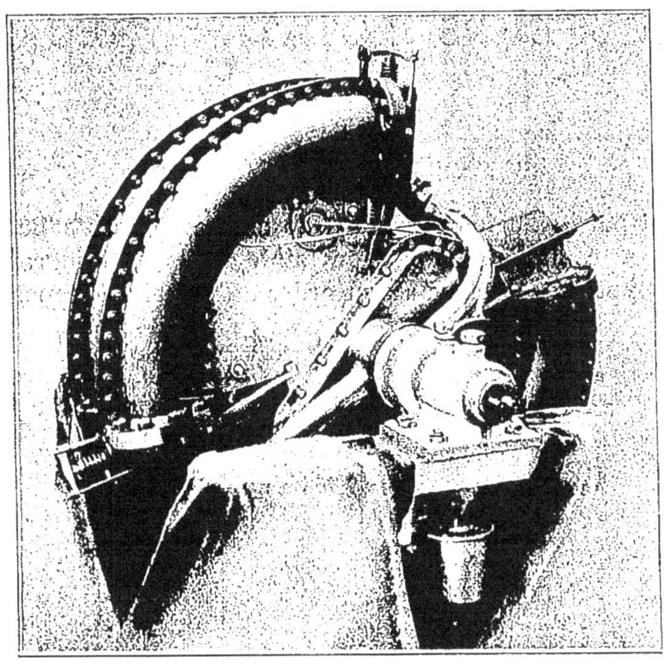

Moteur Beck (Type 1910).

de la vitesse de rotation, qui, suivant les circonstances, peut passer de 90 à 1800. Il est à souhaiter que des expériences suivies permettent de le mettre au point. Notons toutefois que l'usinage des cylindres, des pistons et des segments paraît offrir certaines difficultés qu'il est à peu près impossible d'éliminer.

Dans le modèle 1909, le moteur était formé d'un tore complet dont il occupait toute la périphérie.

Dans le type 1910, le tore unique a été remplacé par deux secteurs de 45° opposés par le centre et formés chacun de deux portions de tores égaux et parallèles. Ce modèle a 100 mm. d'alésage et 140 de course. Il doit donner environ 70 chevaux et pèse 90 kilogrammes.

MOTEURS BERTHAUD

Le type établi en 1910 par M. H. Berthaud est caractérisé

Moteur Berthaud.

par l'absence des bielles, soupapes et de tous organes de
distribution.

Les cylindres sont au nombre de 4 en X et les pistons opposés accouplés d'une façon rigide. L'arbre vilebrequin tourne dans un coussinet à l'intérieur d'une cage centrale d'accouplement. Les deux faces des pistons sont utilisées : la face externe pour le travail moteur et la face interne pour

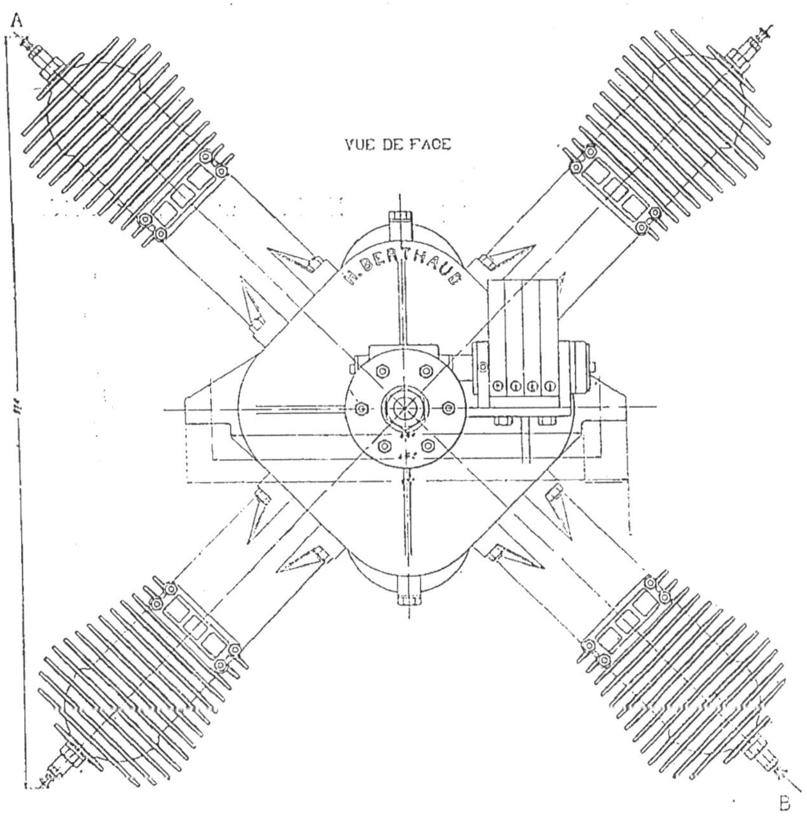

Moteur Berthaud.

l'aspiration et la compression des gaz frais. Quant à l'échappement, il se produit à fond de course, lorsque le piston descendant découvre les lumières d'évacuation. Le carburateur débite dans une capacité ou antichambre, qu'un clapet de retenue isole de la tuyauterie d'aspiration, au moment où le piston comprime les gaz frais.

Le moteur H. Berthaud est indiqué comme fournissant 5o chevaux.

MOTEURS ROTATIFS BRETON

Le moteur Breton est en étoile à trois branches comprenant chacune un groupe de quatre cylindres accouplés deux à deux. Il possède donc en tout douze cylindres.

L'inventeur a cherché à réduire la vitesse de rotation du

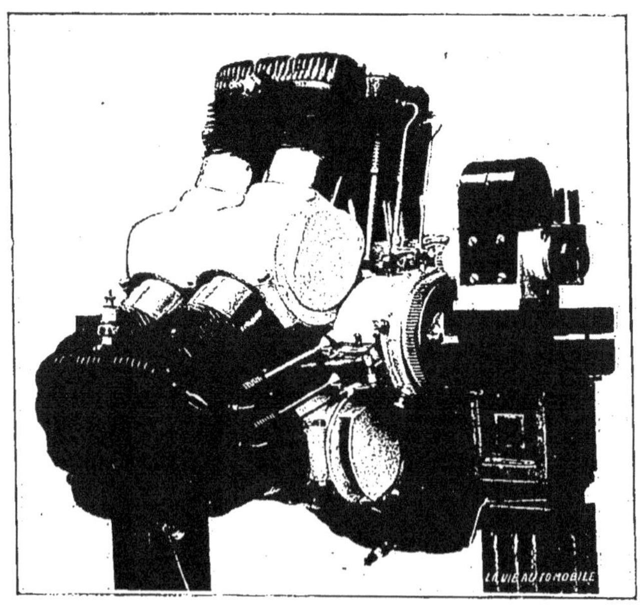

Le moteur Breton.

moteur, tout en conservant de grandes vitesses de piston et un grand nombre d'explosions à la minute, conditions indispensables pour réaliser des puissances élevées et obtenir un bon rendement.

Les trop grandes vitesses présentent de multiples inconvénients dans le cas des moteurs rotatifs. D'une part, les masses

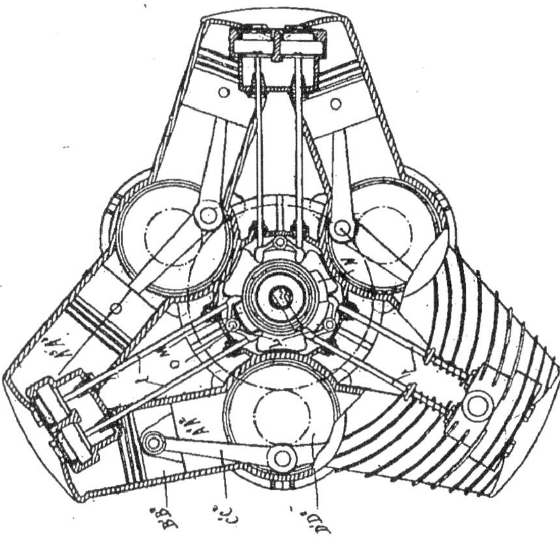

Légende.

—

A_1 A_2 A_3 A_4 cylindres.

B_1 B_2 B_3 B_4 pistons.

C_1 C_2 bielles.

D_1 D_2 plateaux-manivelles.

E_1 arbre d'assemblage de deu
plateaux.

F_1 pignon satellite.

G_1 roue fixe, engrenant avec F_1

H_1 arbre fixe central.

I_1 carter.

l_1 tiges des soupapes.

L_1 leviers oscillants.

M, N, cames.

T_1 prise d'air frais.

T_1 collecteur d'air chaud.

V, V_1 plateaux-manivelles portar
les hélices V et V_1.

Moteur Breton. — Coupe perpendiculaire à l'axe.

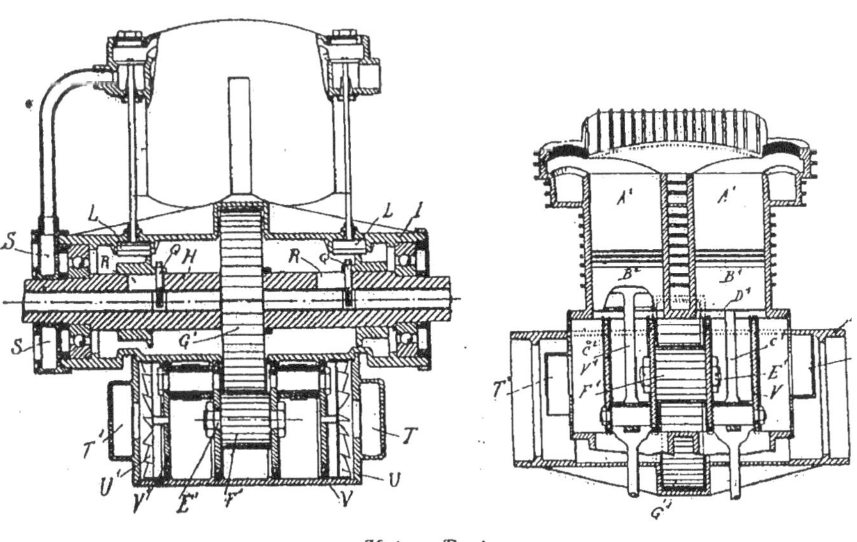

Moteur Breton.

Coupe entre deux groupes de cylindres.   *Coupe par l'axe d'un cylindre.*

en mouvement présentant un poids considérable, les effets de la force centrifuge s'exagèrent et rendent possibles des ruptures dangereuses.

Dans le moteur Breton, les cylindres sont accouplés deux à deux par la culasse : ils ont même chambre d'explosion, et, par suite, une seule soupape d'échappement et une soupape d'admission.

Les deux paires de cylindres jumelés, formant un angle très obtus, actionnent un même arbre monté sur billes qui porte un pignon satellite engrenant avec une grande couronne dentée calée fixe sur l'axe central, fixe aussi, du moteur. Il y a donc trois arbres secondaires et trois pignons satellites, tournant dans les petits carters cylindriques accolés au carter central.

Ces petits pignons portent quatre fois moins de dents que la couronne fixe. Il s'ensuit que si la vitesse normale des arbres auxiliaires est de 1.600 tours, par exemple, correspondant à la vitesse normale des pistons, l'ensemble des cylindres ne tournera autour de l'axe fixe qu'à 400 tours.

Le refroidissement a lieu par l'air; les cylindres sont pourvus d'ailettes venues de fonte avec eux et disposées dans la direction du déplacement.

De plus, des ventilateurs, fixés aux extrémités des arbres auxiliaires (1.600 tours) refoulent l'air à l'intérieur des carters et assurent le refroidissement des organes à mouvements rapides.

L'allumage s'effectue par magnéto tournant six fois plus vite que le moteur, donc, comme dans le cas d'une six cylindres, à 2.400 tours.

Le carburateur est à injection d'essence, avec régulateur par levée variable des soupapes, grâce au déplacement latéral de l'arbre des cames. La proportion d'essence injectée demeure constante, la course du piston de la pompe à essence restant proportionnelle à la levée de la soupape qui actionne ledit piston.

Les cylindres sont fondus en trois groupes de quatre, les culasses sont accolées.

MOTEURS BROC

❧

Établi sur le modèle du moteur d'automobile, le moteur Broc, applicable à l'aviation en raison de sa légèreté, offre un exemple très ingénieux de distribution sans soupapes.

Le piston est divisé en deux parties ; l'une intérieure D, as-

Moteur Broc 4 cylindres.

semblée avec la bielle *h*, possède simplement un mouvement de va-et-vient. La partie extérieure C reçoit en outre un mouvement de rotation, par l'intermédiaire d'un pignon K, calé sur le maneton et tournant avec lui. Ce pignon engrène avec le pignon d'angle *l*, qui forme la base du tube *m* et celui-ci, grâce à la fourche *n* et aux tourillons O à tête sphérique qui s'engagent dans les fentes verticales *q* de la paroi du piston, assure la rotation de ce dernier. La paroi du piston extérieur est creusée d'une rainure qui, sur le cylindre développé, est sinusoïdale. Le sommet de la rainure débouche dans une

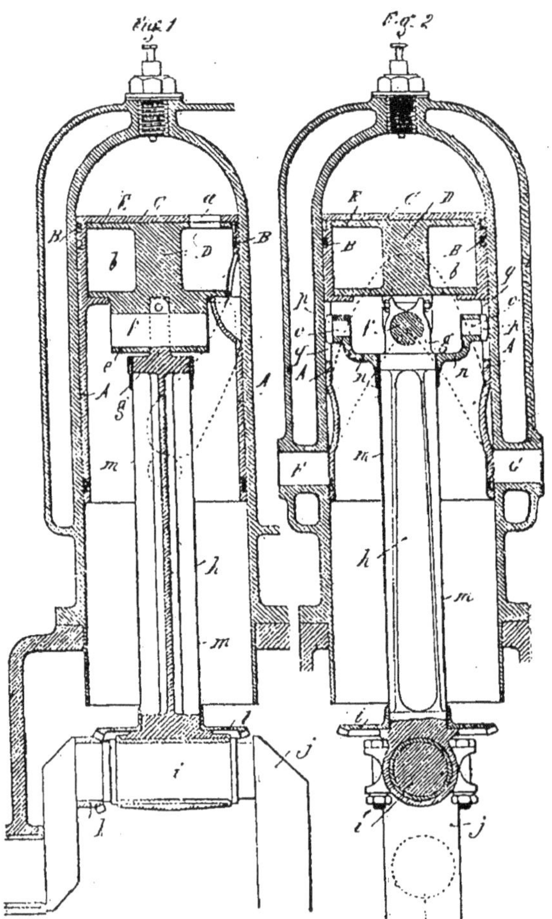

Moteur Broc (Coupe par l'axe des cylindres).

chambre, ménagée dans le haut du piston intérieur, et la rotation du piston extérieur amène à intervalles réguliers en coïncidence deux trous concordants percés dans les fonds des deux pistons. La rotation du piston extérieur fait jouer à celui-ci le rôle d'un véritable tiroir.

On imagine aussitôt que la rainure, ou gorge sinusoïdale est mise par sa base, au moment convenable, en communication avec l'admission ou l'échappement. La tuyauterie d'ali-

mentation est noyée dans le bloc du carter et baigne dans l'e[...]
de refroidissement, ce qui permet d'éviter toute condensatio[...]

Dépourvu de tuyaux, de soupapes, de ressorts et de tous l[...]
accessoires de distribution, le moteur Broc offre un aspe[...]
extrêmement simplifié. Les chambres d'explosion sont hén[...]
sphériques ; la bougie est centrale. Le mouvement du piston q[...]
se meut à peu près comme un boulet dans un canon, puisqu[...]

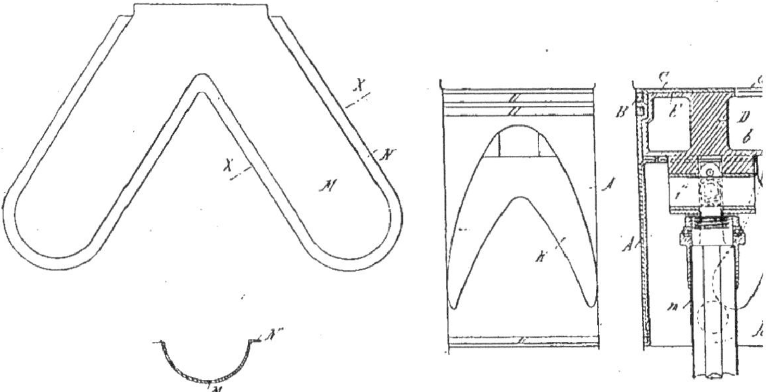

Moteur Broc (La rainure du piston.).

tourne en même temps qu'il coulisse, évite par un rodage c[...]
tinuel l'ovalisation et doit même améliorer le rendement [...]
canique. Le frottement de glissement parallèle entre le cylin[...]
et le piston est ici remplacé par une sorte de glissement obli[...]
qui rend impossible tout coincement. Il faut noter que le pis[...]
extérieur est indépendant du tube qui l'entraîne par les tou[...]
lons et que tout l'effort est supporté par la bielle.

Comme tous les moteurs sans soupapes et à alimentation [...]
tiroirs, le moteur Broc bénéficie d'un réglage facile et c[...]
rendement élevé. D'autre part, le silence en marche y [...]
absolu, ce qui, en aviation, comme en automobilisme, [...]
bientôt une qualité indispensable à tous les moteurs.

MOTEURS BUCHERER

Le moteur Bucherer est un rotatif à deux cylindres opposés, où la transformation du mouvement alternatif des pistons en mouvement circulaire se fait, comme dans le moteur Burlat, au moyen d'un train hypocycloïdal.

A cet effet, les pistons k se déplaçant suivant l'axe des cylindres, les bielles s sont fixées en c sur la circonférence d'un petit pignon b qui engrène intérieurement avec une cou-

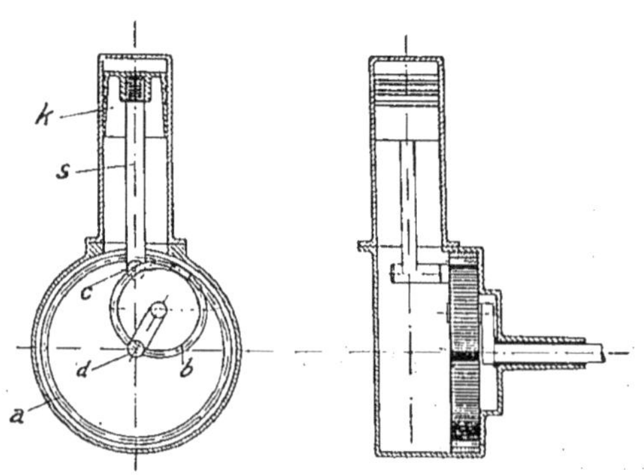

ronne a de diamètre double, solidaire du carter. Le va-et-vient des pistons, pendant la rotation des cylindres, entraîne la rotation de l'arbre à une vitesse double de celle de la couronne. On peut, à volonté, brancher la résistance, soit sur la poulie k, soit sur le volant i, selon la vitesse de rotation que l'on choisit, puisque l'arbre et les cylindres tournent simultanément.

L'alimentation des chambres d'explosion se fait par deux tuyaux entraînés avec le bloc des cylindres et qui demeurent en communication avec l'arrivée centrale des gaz carburés.

L'alésage est de $90\,^m/_m$, la course de $161\,^m/_m$; la compression atteint une valeur élevée : $\dfrac{V_1}{V_0} = 5,3$.

Les cylindres sont en fonte, à ailettes, réunis entre eux par des tiges d'acier, filetées. La vitesse de rotation des cylindres

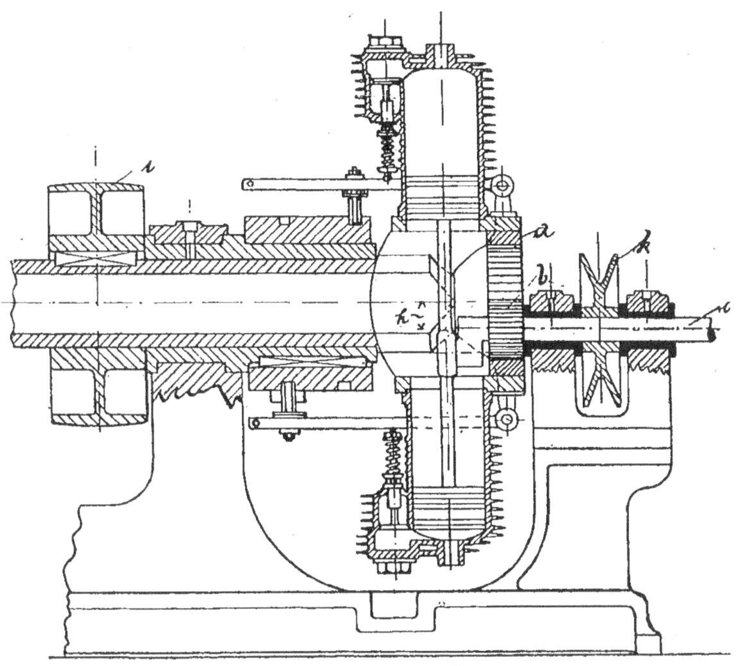

Moteur rotatif Bucherer (Coupe par l'axe du villebrequin).

est de 900 tours environ, soit 1.800 tours pour l'arbre moteur. Le refroidissement est assuré par cette rotation. Quant graissage, la force centrifuge développée par la rotation suf à amener l'huile du centre à la périphérie. Il suffit de la guid par des canaux. L'équilibrage des forces d'inertie est satisf sant.

MOTEURS BULOT

❧

Ce moteur, dû à M. Walter Bulot de Tournai, est caractérisé par l'emploi du cycle à quatre temps.

Les cylindres en nombre pair (4, 6, 8) sont disposés parallèlement à l'arbre central qu'ils entraînent dans le mouvement de rotation. Chacun d'eux renferme un piston très léger et une bielle en acier-nickel qui attaque un petit arbre coudé séparé sur lequel est calé un pignon. Les divers pignons sont calculés de façon à effectuer deux révolutions sur un tour de la couronne dentée qu'ils attaquent. Il s'ensuit que les bielles et les pistons ayant fait deux courses doubles par tour d'arbre central, chacun des cylindres réalise les quatre temps.

Dans un quatre cylindres on aura donc une explosion par quart de tour.

Les soupapes, indéréglables quelle que soit la vitesse, sont commandées par une came unique (la force centrifuge a pour effet de les appliquer sur leurs sièges ; il n'est donc pas besoin d'employer des contrepoids). La course des leviers de commande est des plus faibles (22 millimètres seulement).

Le graissage s'effectue par le centre, entre les satellites, d'où l'huile, sollicitée par la force centrifuge, arrive aux têtes de bielle. Le refroidissement se fait par l'air ; l'allumage, par magnéto. Le poids total du moteur en ordre de marche est de 1.5 kilogrammes environ par cheval.

MOTEURS BURLAT

Ce moteur appartient à la classe des moteurs alterno-rotatifs mais, contrairement à la majorité des modèles de ce genre dans le moteur *Burlat*, les bielles sont rigides, reliées à leurs deux extrémités à deux pistons, dans lesquels elle n'ont aucune articulation et cependant elles actionnent toute

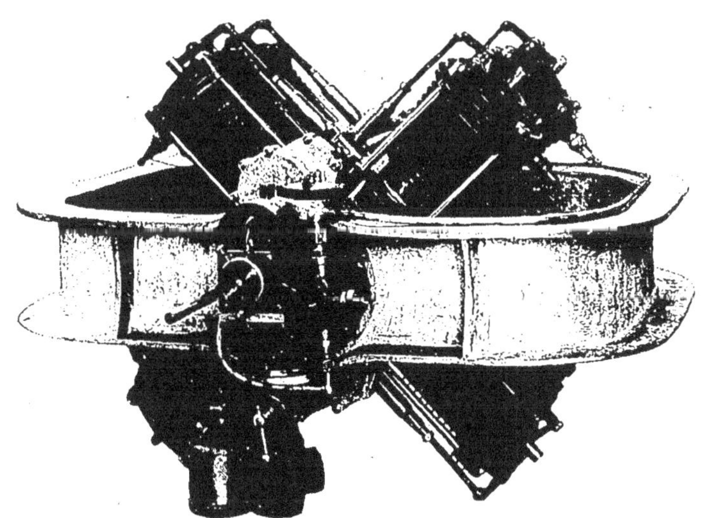

Moteur Burlat.

deux un vilebrequin tournant à grande vitesse. Les cylindr assemblés par leurs bases, près du centre du moteur, so montés deux par deux dans le prolongement l'un de l'aut (une seule bielle servant pour deux pistons) ; ils sont plac en forme de croix, et forment un angle de 90° entre eux, mais ils ne sont pas situés dans le même plan.

Principe. — Il repose sur le théorème de la Hire (1) qui permet la transformation rigoureuse du mouvement rectiligne (piston) en mouvement circulaire (arbre). Dans le moteur Burlat, M est le bouton de manivelle ou maneton et C l'axe du vilebrequin. Quant au bloc des cylindres, il est mobile autour de l'axe O. Si donc nous faisons tourner simultanément les

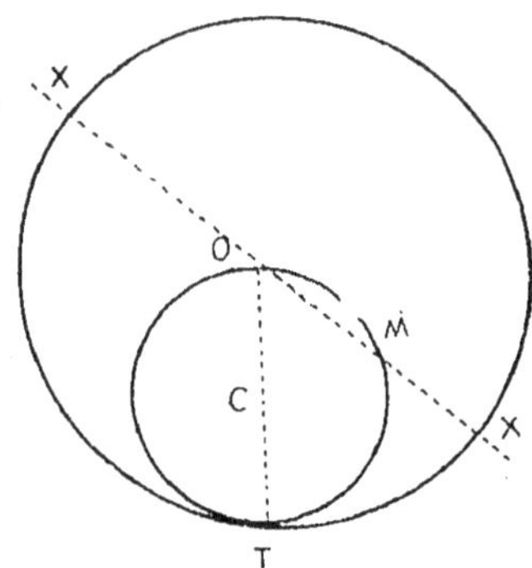

cylindres autour de O et le vilebrequin autour de C, respectivement à n et $2n$ tours par seconde, on voit que le contact des deux cercles aura constamment lieu en T. Mais le point M du petit cercle (c'est-à-dire le maneton) tracera d'un mouvement alternatif la droite OM, de X en X', sur le plan du grand cercle O, pendant que cette droite XX' tournera elle-même avec le grand cercle autour de O comme centre.

Si maintenant on suppose que XX' est une bielle portant deux pistons rigides à chaque extrémité et articulée seulement en M avec le maneton, on voit que, pendant la rotation de l'ensemble, la bielle XX', sous l'effort des pistons, entraînera le maneton M dans un mouvement de va-et-vient suivant sa propre direction, tout en tournant elle-même autour de O, avec les deux cylindres à l'intérieur desquels elle se meut.

---

(1) Tout point M d'un cercle C qui roule dans un cercle O de diamètre double du sien décrit un diamètre du cercle O. — C'est un cas particulier du roulement d'un cercle sur un autre cercle, mouvement dans lequel un point M quelconque du cercle roulant décrit une courbe dite *hypo* ou *épicycloïde*, suivant que le cercle roulant est du même côté ou non que le cercle de base, par rapport à la tangente commune

Nous aurons ainsi, pour une seule bielle, les diverses positions suivantes :

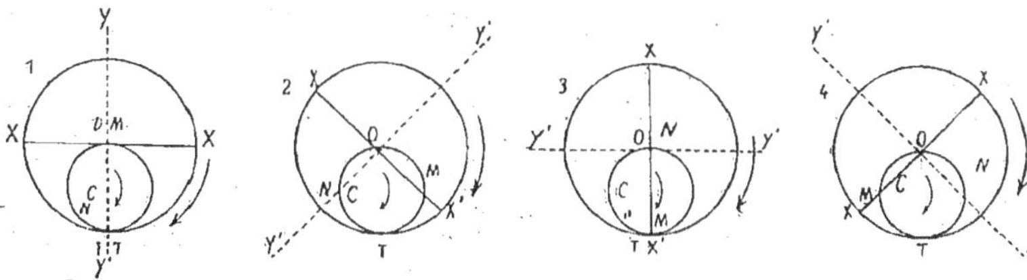

Le va-et-vient total de la bielle sera ainsi égal au diamètre du petit cercle ; mais, dans les cylindres, la course réelle sera égale à deux fois ce diamètre. La position 3 représentera la fin

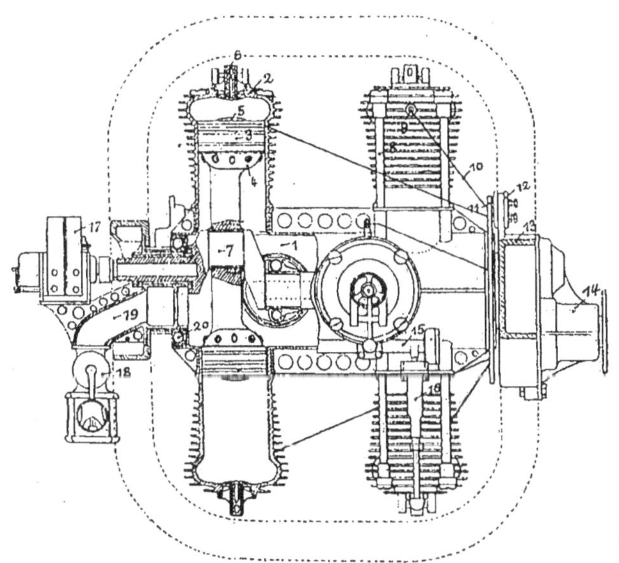

Moteur Burlat (Coupe par l'axe du vilebrequin).

1, carter. — 2, boîte à clapets. — 3, piston. — 4, aspiration. — 5, segments. — 6, clapet d'échappement. — 7, maneton. — 8, tiges de fixation des cylindres. = 9, ailettes — 10, bougie. — 12, distribution d'allumage. — 16, commande de soupape. — 17 magnéto. — 18, carburateur. — 20, roulement.

de l'admission ou de l'explosion pour le cylindre du côté de et la fin de la compression ou de l'échappement pour le cylindre du côté de X'.

Enfin, si nous combinons avec les 2 premiers cylindres r

autre groupe de deux cylindres, réunis par la bielle YY′, ayant même centre de rotation O et articulés en N avec un deuxième maneton, on voit tout de suite que ces nouveaux cylindres seront en avance respectivement de 1 temps sur les premiers.

Les 4 cylindres seront ainsi échelonnés à un temps d'intervalle, comme dans tous les moteurs courants.

Tel est le principe du moteur Burlat.

Disposition générale. — Elle est rendue très visible par les 4 schémas ci-contre, où V est l'axe du vilebrequin et C l'axe de rotation des cylindres.

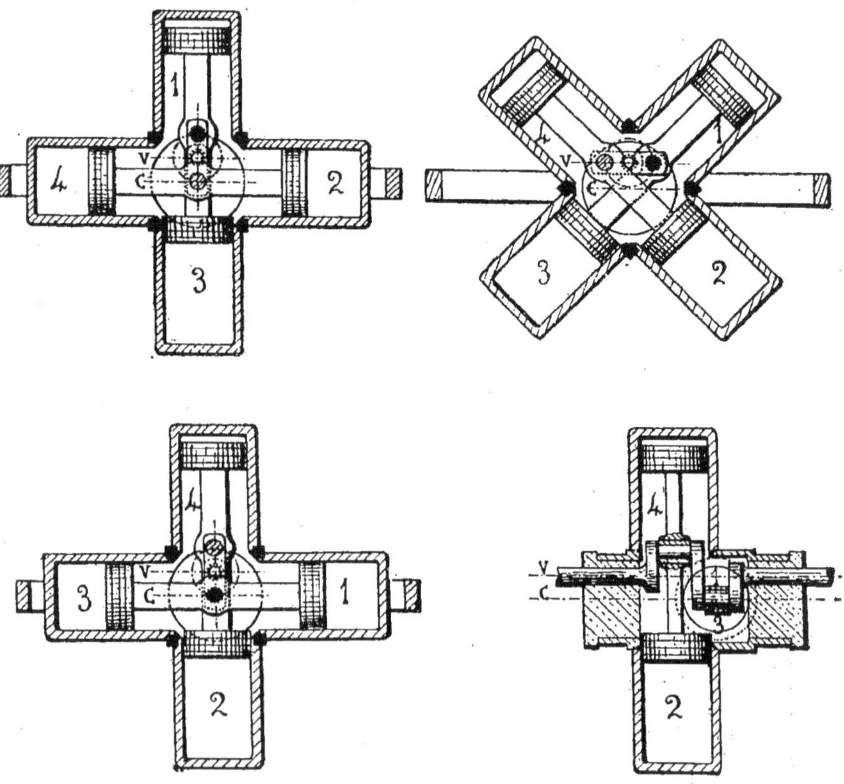

Pratiquement, le moteur d'aviation Burlat est à 8 cylindres, répartis en deux groupes de 4 en croix. L'alésage est de 95 mm., la course de 120 mm. Les cylindres sont en fonte, munis d'ailettes en acier-nickel. Le moteur tout entier tourne sur deux roulements à billes (1); il est porté sur un cadre en aluminium. Les pistons en fonte actionnent, par des coussinets

---

(1) Le mouvement des moteurs rotatifs étant toujours beaucoup moins évident que celui des moteurs fixes, il n'est pas sans intérêt de préciser celui du moteur Burlat, qui est beaucoup moins simple dans la réalité qu'il n'y paraît tout d'abord.

En premier lieu, on voit bien que le mouvement indiqué plus haut est *possible* et que la transformation du va-et-vient des bielles en rotation des cylindres satisfait géométriquement l'esprit. Mais il es nécessaire, pour apprécier la na ture et la grandeur des efforts sup portés par les pièces, de voi *pourquoi* la rotation a lieu. Noton que tout l'ensemble, cylindres e arbre, est porté par deux palier à billes, dont le centre est en O De plus, l'arbre, dont l'axe de meure fixe dans le mouvement d'après ce qui précède, est port par des paliers lisses C.

Voici maintenant comment s produisent les efforts réels :

Supposons une explosion en X elle agit de M vers X' et tend rapprocher ou écarter M de C mais M est assujéti d'autre part demeurer à une distance constant de C, autour duquel il tourne.

La pression MP se décompos donc en deux forces, MT et MN MN est annulée par la résistanc de l'arbre et MT constitue la forc agissante. Elle est appliquée a maneton ; donc, s'il était libre, el

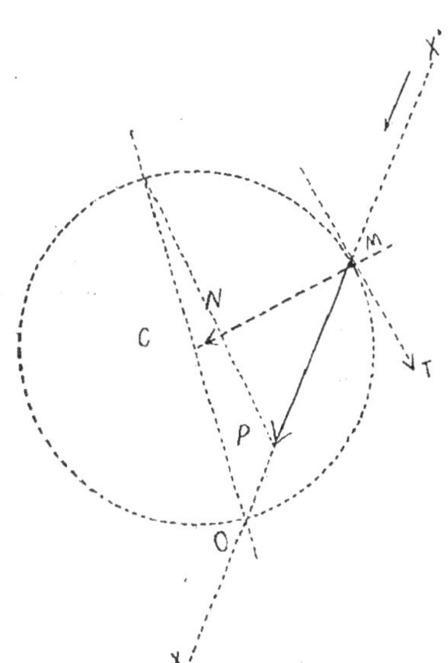

serait tout entière utilisée pour faire tourner l'arbre; mais la tête bielle, dans laquelle tourne le maneton M, fait partie d'une tige rigid la bielle, qui ne peut que tourner autour de O; l'effet de la force M sera donc de faire tourner dans le même sens M autour de C, *effet uti* recueilli sur l'arbre C, et en même temps la bielle XX' au tour de O, *eff nuisible,* dû aux résistances passives des paliers à billes et à la rési tance de l'air à la rotation des cylindres.

En définitive, on voit que, malgré l'ingéniosité de sa conceptic géométrique, le moteur Burlat, pas plus qu'aucun autre d'ailleurs, n' chappe aux réactions obliques, qui tendent à ovaliser les cylindr suivant une génératrice déterminée. On voit même que les biell travaillent en M à la flexion, en ne tenant compte que de l'effort mote et de la réaction des paliers C. Pour être complet, il faudrait ten compte de l'accélération centrifuge, qui se superpose à la force MP. peut arriver naturellement qu'elle soit égale et même supérieure MP (voir moteurs alterno-rotatifs).

en bronze phosphoreux, un vilebrequin en acier-nickel. Les cylindres sont fixés au carter par quatre tiges filetées munies d'écrous.

L'alimentation est centrale, c'est-à-dire que le carburateur débite dans le carter qui forme gazomètre, où les cylindres viennent s'alimenter à travers le piston, par des soupapes automatiques, équilibrées pour la force centrifuge correspondant au régime normal, vers lequel elles tendent ainsi naturel-

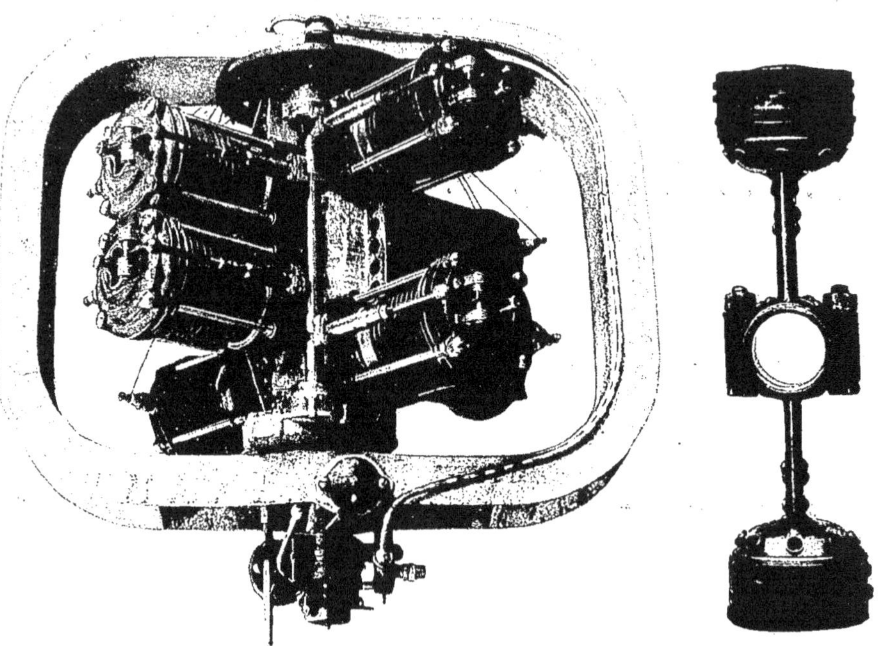

Moteur Burlat vu par-dessous.

Bielles et pistons.

lement. Les soupapes d'échappement sont au sommet des cylindres, commandées par des tiges et à levée réglable pendant la marche.

L'allumage est obtenu par magnéto haute tension, donnant le courant aux cylindres à l'aide d'un distributeur circulaire à plots de cuivre, sur lesquels frotte un charbon.

Le refroidissement est largement assuré par la rotation. Le graissage est réalisé par une pompe à huile, réglable, qui débite sur les portées du vilebrequin, d'où l'huile se répand partout par la force centrifuge.

Le moteur Burlat fait 40 chevaux pour 105 kilogrammes. Il

tourne normalement à 800-1000 tours, soit 1600-2000 tours pour le vilebrequin. Une démultiplication à engrenages ramène la vitesse de l'hélice à 1000 tours.

Les dimensions sont :

Longueur $0^m,750$, avec la démultiplication $0^m,850$

Diamètre $0^m,650$, largeur du bâti $0^m,800$.

MOTEURS BUZIO

Construit par la Maison Brixia-Zust à Brescia, le moteur Buzio, est peut-être le plus léger, à l'heure actuelle. Il pèse en effet 80 kilos pour 70 chevaux effectifs.

Il est à 4 cylindres, de 127 $^m/_m$ d'alésage et 145 $^m/_m$ de course. Les cylindres sont en acier-nickel-chrome, fixés par soudure

Moteur Buzio.

autogène à un carter qui est en même métal, ainsi que l'arbre moteur. Les bielles sont en acier-nickel.

L'allumage est à haute tension, le graissage se fait par pompe centrifuge. Le carburateur est à niveau constant muni d'un gicleur central, ce qui élimine en partie l'influence de l'inclinaison du moteur.

Le refroidissement est assuré par le volant, lequel aspire l'air dans les chemises qui recouvrent les cylindres.

MOTEURS CANDA

Les moteurs L. Canda appartiennent à la classe des rotatifs à 4 temps. Ils sont répartis en trois types dits 60, 80, 150 che-

Moteur Canda.

vaux et comportant les deux premiers 10, le dernier 20 cylindres.

Dans le type 60 chevaux, qui tourne à 1.100 tours, les cylindres de 80/80 millimètres sont en relation avec l'arbre vilebrequin par une came de roulement d'un tracé assez compliqué et par des biellettes attelées aux pistons. La disposition de la came fournit une explosion par tour du moteur dans chaque cylindre. La distribution est assurée au moyen d'un plateau fixe, muni de deux cavités circulaires servant l'une à l'admission, l'autre à l'échappement. Le refroidissement des cylindres est assuré par des ailettes.

Outre la came et l'attelage des pistons, l'originalité propre de ce moteur réside dans la disposition des cylindres, dont les axes sont tangents à une même circonférence, et dans la suppression de tous les organes de distribution.

MOTEUR CHENU

❧

Les moteurs Chenu sont à 4 ou 6 cylindres verticaux, jumelé
et montés sur un carter en aluminium qui contient le réservoi
d'huile et où les engrenages de distribution et les commande

Moteur Chenu.

sont également enfermés. Le refroidissement est obtenu p
circulation d'eau.

Un modèle de 50 chevaux à 4 cylindres de 110/130 millimètr
essayé au laboratoire du Conservatoire des Arts et Métier
Paris, a fourni les indications suivantes, pendant un essai
8 heures :

Puissance moyenne : 52 chx 4 ;
Nombre de tours-minute : 1.309 ;
Poids : 116 kilos.

MOTEURS CLÉMENT-BAYARD

La maison Clément-Bayard a établi deux modèles de moteurs destinés à l'aviation.

Le plus léger est un type horizontal à deux cylindres, qui a été monté sur les Demoiselles de Santos-Dumont et qui a une

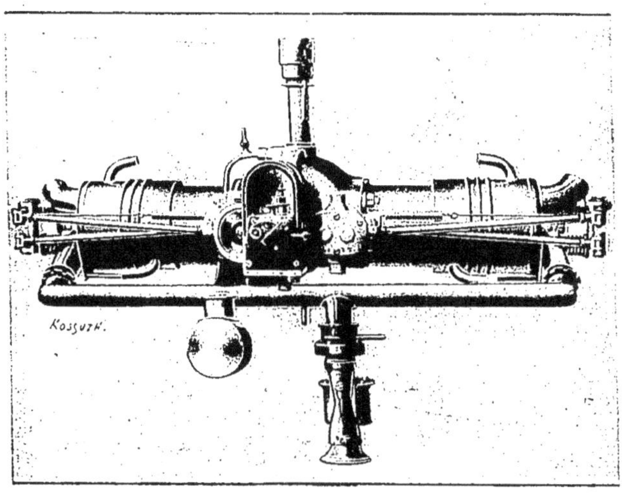

Moteur horizontal Clément-Bayard.

certaine analogie avec le moteur Darracq. Il a 130 $^m/_m$ d'alésage et 120$^m/_m$ de course; c'est donc plutôt un moteur court.

Les cylindres sont en acier forgé, travaillé autour à l'intérieur et à l'extérieur. Les chemises d'eau sont des feuilles de cuivre, munies de plis, pour absorber les dilatations, et soudées sur les cylindres.

Les pistons sont en acier et très légers. Les soupapes, rappelées par des ressorts ordinaires, disposées sur le fond des cylindres, sont placées côte à côte sur des sièges rapportés et

commandées par des culbuteurs. Un court tuyau éloigne de
la soupape d'aspiration les gaz de l'échappement à leur sortie
dans l'air.

Deux arbres à cames distincts commandent, l'un, l'aspiration
l'autre l'échappement. En bout, l'un d'eux actionne la distribution de courant, et l'autre entraîne la pompe à engrenages
qui assure la circulation d'eau et débite dans un radiateur à
tubes plats.

Le carburateur est au-dessous des cylindres, à l'abri du
vent. Un réservoir d'huile est fixé au-dessous du moteur e

Moteur 4 cylindres Clément-Bayard.

alimente une pompe à piston qui graisse les deux paliers
l'arbre moteur. De là, l'huile tombe dans les cuvettes d
carter où plongent les têtes de bielle. Le moteur fait enviro
3o chevaux et pèse, nu, environ 55 kilos.

Le deuxième moteur d'aviation Clément-Bayard, à 4 cylin
dres, fait 43 chevaux environ à 1.500 tours et pèse 120 kilo
Il est du type automobile et n'offre guère que des modific
tions de détail par rapport aux modèles courants.

Les 4 cylindres sont fondus d'un bloc sans chemises d'ea
pour faciliter la fonte et augmenter la qualité du métal. L
soupapes sont toutes du même côté, celles d'aspiration so
contiguës, ce qui simplifie les tuyauteries d'alimentation. L
culasses sont hémisphériques et portent, dans des boucho
ad hoc, les bougies et les robinets de décompression, les p
mières au-dessus des soupapes d'aspiration, les seconds a
dessus des soupapes d'échappement.

Une chemise d'eau en cuivre, emboutie d'une seule pièce, entoure les cylindres. Elle est ridée pour la dilatation et soudée sur les parois de fonte par les méthodes ordinaires.

Les pistons, en acier embouti, sont très légers et ajourés, ainsi que les bielles. Le vilebrequin est porté par trois paliers.

Le graissage est assuré par une pompe qui règle le débit ; les têtes de bielle barbotent dans le bain d'huile au fond du carter. Le carburateur offre quelques particularités, notamment le gicleur au centre de la cuve du niveau constant.

L'allumage est à haute tension, la magnéto du type courant ; les cylindres ont 100 d'alésage et 120 de course.

MOTEURS CLERGET

Type 1909. — Le premier moteur Clerget est du type vertical d'automobile. Il est à 4 cylindres de 110/120 et fait 50 chevaux pour 120 kilogrammes.

Le refroidissement se fait à l'eau, au moyen d'une pompe centrifuge dont l'arbre commande la magnéto, parallèle à la pompe.

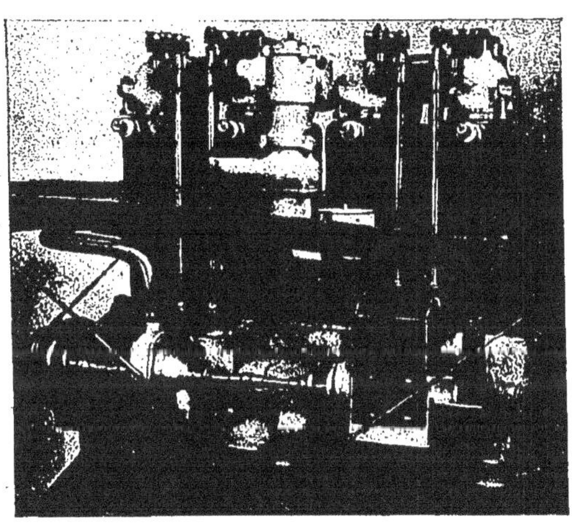

Le moteur Clerget (1909).

La distribution est assurée au moyen d'un arbre à cames qu commande un jeu très spécial de tiges concentriques, un pleine et l'autre tubulaire.

Les culasses sont rapportées et boulonnées sur les fond dés cylindres, les bougies sont placées sur le côté. Les cylindre eux-mêmes sont en fonte, le carter en aluminium.

Ce moteur Clerget, monté sur plusieurs monoplans Hanriot a permis déjà des vols très réussis.

Types 1910. — Les moteurs établis par M. Clerget en 1910 sont un 100 chevaux à 4 cylindres verticaux de 140/160 et un 200 chevaux à 8 cylindres en V (type Antoinette) de 140/160.

Pour les deux modèles, les cylindres sont en acier avec chemise en cuivre ; une pompe à engrenages assure la circulation d'eau.

Le moteur Clerget 100 HP est à 4 cylindres verticaux de 140/160 ; il a les mêmes caractéristiques générales que le 50 HP ;

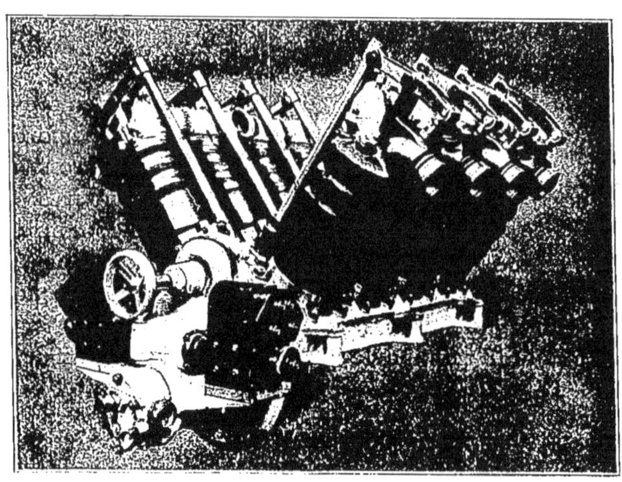

Moteur Clerget 200 chevaux.

la chambre d'explosion est hémisphérique, il pèse 130 kilogrammes.

Le moteur Clerget 200 HP est à 8 cylindres en V de 140/160 ; les caractéristiques générales sont encore les mêmes que pour les moteurs précédents. Un dispositif permet de décaler l'arbre à cames angulairement et de régler ainsi rationnellement la vitesse du moteur. L'allumage est assuré par deux magnétos (d'où un double allumage permettant de partir au contact) ; deux carburateurs alimentent en gaz carburés chaque groupe de 4 cylindres ; on peut ainsi immobiliser l'un des deux groupes et marcher avec 100 HP disponibles.

Le poids est de 180 kilogrammes.

MOTEURS COUDERT

Les moteurs Coudert sont horizontaux, à deux cylindres opposés, à eau ou à ailettes. Les cylindres sont perforés à leur base pour activer l'échappement. Les soupapes sont concentriques et commandées par des culbuteurs ordinaires.

Les données du type 30 chevaux sont : 130 millimètres d'alésage et une course égale. Le poids total du type à ailettes est 62 kilos. Le type à eau a les mêmes caractéristiques, mais il pèse naturellement un peu plus.

Il y a en étude un modèle à 4 cylindres verticaux de 60 chevaux.

MOTEURS DAIMLER

La *Daimler Motoren Gesellschaft* a établi un moteur d'aviation de 115 chevaux, c'est-à-dire le plus puissant vraisemblablement de tous les modèles actuels.

Il est à 4 cylindres, en deux groupes. Chacun des groupes est boulonné sur le haut du carter, qui est boulonné lui-même

Le moteur Daimler.

sur la partie inférieure. Les cylindres sont en fonte grise ; les deux parties du carter en aluminium. Chaque groupe de cylindres est coulé d'un bloc avec les culasses. Les chambres de compression sont sensiblement hémisphériques.

Les soupapes d'aspiration, à axe vertical, sont côte à côte dans chaque paire de cylindres, et placées à la partie supérieure de la culasse ; celles d'échappement sont à gauche et à droite des précédentes.

Toutes les parties mobiles du moteur sont réunies du côt
carburateur. Un arbre à cames unique commande toutes le
soupapes, au moyen de tiges et de leviers oscillants. On peu
agir sur la commande des soupapes d'échappement, afin d
diminuer à volonté la compression. Le carburateur est d
modèle Mercédès; l'allumage par bougies, haute tension.

Le refroidissement est réalisé par une pompe à eau. Le cou
rant arrive à la base des chemises d'eau, les traverse et va a
radiateur muni d'un ventilateur à ailettes.

Daimler construit aussi deux autres moteurs analogues pou
l'aviation, qui font 50 et 75 chevaux, et une série de moteu
de ballons de 30 à 240 chevaux. Ils ont deux arbres à cam
distincts, un pour l'admission, l'autre pour l'échappement. (
dernier est mobile, afin de régler la compression à volonté. (
arrive ainsi à mettre en marche à la main sans danger d
moteurs de 175 mm. d'alésage.

Le carburateur, à air réchauffé par l'échappement, est régl
ble sur cet air même, dont on peut faire varier la températu
à volonté. L'allumage est à rupteurs, du type courant.

Récemment, Daimler a livré deux 8 cylindres pour le di
geable Schütte, construit par Lanz de Mannheim.

MOTEURS DANSETTE ET MUTEL

Le moteur Dansette et Mutel appartient à la catégorie des moteurs dérivés des types légers pour automobiles. Il possède quatre cylindres verticaux en acier, ainsi que les culasses. Les chambres d'explosion sont hémisphériques; les soupapes, disposées l'une à côté de l'autre transversalement par rapport à l'axe longitudinal, sont commandées par des culbuteurs placés au-dessus du moteur. Les tiges de commandes sont faites en tubes d'acier à grande résistance.

Les cylindres sont attachés au carter par l'intermédiaire d'une pièce spéciale en acier, à laquelle ils sont soudés par leur base. Les pistons sont également en acier embouti. Le carter est en aluminium.

Le refroidissement a lieu par circulation d'eau, dans une enveloppe de cuivre de mince épaisseur rapportée autour des cylindres, de manière à ne former qu'une seule chambre d'eau commune à tous les cylindres.

Le graissage est assuré par une pompe automatique. L'allumage s'effectue par magnéto à haute tension.

L'alésage des cylindres est de 120 millimètres, la course des pistons 160 millimètres. Au régime normal de 1.100 tours par minute, ce moteur donne 55 chevaux et pèse, en ordre de marche, 130 kilogrammes.

MOTEURS DARRACQ

Les Usines de Suresnes ont établi divers types de moteur légers pour aviation :

1° Moteur à cylindres horizontaux (25/3o-5o/6o chevaux)

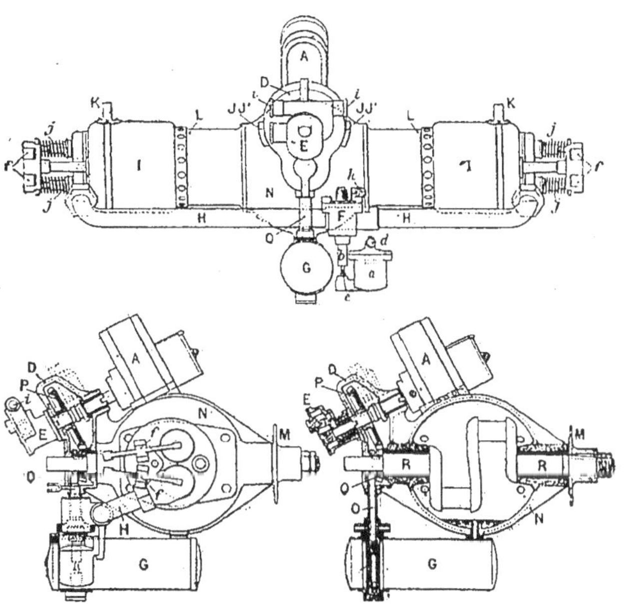

Moteur Darracq à cylindres horizontaux.

A, magnéto Nieuport. — B, réservoir d'huile supérieur. — C, hélice en bois. — D, carl de la roue de distribution. — E, pompe à eau. — F, corps du mélangeur. — réservoir d'huile. — H, tuyauterie d'aspiration. — I, chemises d'eau. — JJ, sorti des tiges de soupapes. — K, sorties d'eau. — L, orifices d'échappement libre. — montage de l'hélice. — N, carter du vilebrequin. — O, arbre de la pompe à huile. P, roue de distribution. — Q, pignon de distribution. — R, vilebrequin. — a, pot flotteur. — b, canal d'entrée d'air. — d, arrivée d'essence au pot du flotteur. — ajutage. — f, culbuteurs. — ii, orifices de la pompe à eau. — jj, ressorts des so papes. — k, manette d'admission. — s, attache de la magnéto.

Les deux cylindres, pris dans une masse d'acier, avec d chemises de cuivre soudées à l'autogène, de 13o d'alésage 12o de course, sont horizontaux et opposés.

Les bielles sont montées sur un vilebrequin central.

D'un côté, ce vilebrequin porte l'hélice, de l'autre, le pignon conique de distribution Q et un collier d'excentrique qui actionne par va-et-vient la pompe aspirante et foulante déterminant la circulation de l'huile du réservoir G. Le pignon Q engrène avec une roue P, de diamètre double, solidaire de l'arbre de distribution qui, à gauche, commande la pompe à eau E et à droite, porte les cames agissant sur les soupapes. Le même arbre actionne également la magnéto.

Ce dispositif permet donc, à l'aide d'un axe et de deux en-

Moteur Darracq.

grenages, de commander simultanément les deux pompes, les soupapes et la magnéto.

Pour 3o chevaux, le poids est de 55 kilogrammes.

En associant deux de ces moteurs, on obtient le type de 5o/6o chevaux.

2" Moteur à cylindres verticaux.

Les moteurs d'aviation Darracq à cylindres verticaux sont analogues aux moteurs d'automobile des mêmes constructeurs.

Pour 5o/6o chevaux, les caractéristiques sont : alésage 120; course 14o ; poids 175 kilogrammes.

Pour 100/120 chevaux : alésage 170 ; course 14o ; poids 25o kilogrammes.

Le moteur employé par Santos-Dumont dans ses premières expériences était un moteur Antoinette de 5o chevaux 8 cylindres. Le poids était de 1^{kg},5 par cheval.

Plus tard, pour son monoplan (Demoiselle), le même aviateur se servit d'un moteur Darracq à cylindres opposés.

MOTEURS DE DION-BOUTON

Le premier moteur d'aviation de la Maison de Dion-Bouton
est un type de 100 chevaux avec 120 d'alésage, 130 de course
Il est à 8 cylindres en deux rangées de 4, fondus deux par
deux et assemblés sur les deux faces d'un carter prismatique
Ses éléments sont absolument analogues à ceux des moteurs

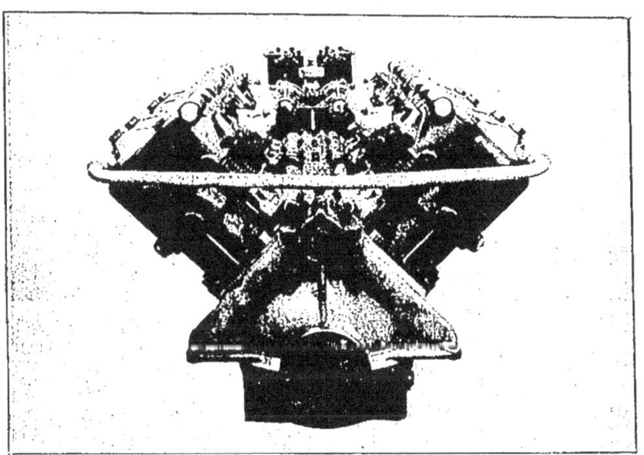

Moteur de Dion-Bouton.

de voiture. Toutefois, il est caractérisé par l'allègement d
divers organes : calotte, bouchons de clapet, tuyauterie, etc.
tout est en aluminium. Le graissage et la circulation d'eau s
font par pompe, le carburateur est du type automatique ord:
naire.

Il n'y a qu'un arbre de distribution, placé entre les deu
rangs de cylindres, un seul jeu de cames actionnant les clapet
placés face à face. Deux magnétos donnent toute sécurité pou
l'allumage et permettent de faire tourner l'induit moins vite.

L'arbre est plan, à 4 coudes maintenus par trois paliers. L

travail des bielles opposées se fait dans le même plan perpendiculaire à l'arbre. A cet effet, l'une d'elles se termine en fourche et l'autre a la forme ordinaire. Mais la première seule

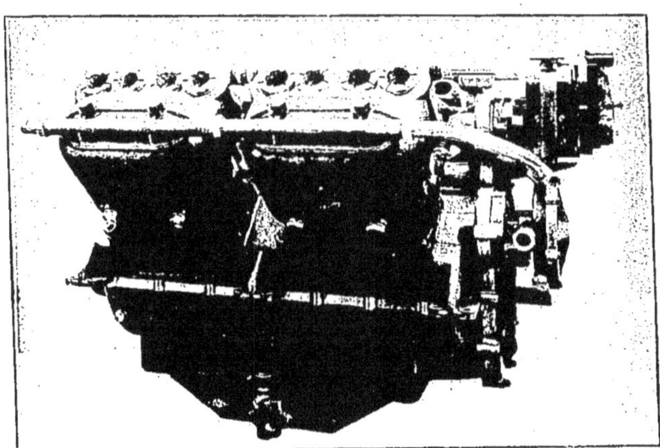

porte un coussinet dans lequel tourne le maneton et ce coussinet est recouvert par une coquille, laquelle vient prendre la tête de la deuxième bielle. D'ailleurs, cette tête, qui a une portée assez réduite, ne tourne que d'un angle assez faible par rapport à la coquille.

MOTEURS DUFAUX

L'idée qui a guidé les inventeurs de ce moteur extra-lége[r] est celle qui avait également permis à M. Esnault-Pelteri[e] d'établir ses moteurs à grande puissance spécifique : obteni[r] un couple moteur aussi constant que possible et faire tra[-] vailler le métal qui constitue les différents organes, non plu[s] seulement pendant une faible fraction du temps, mais pen[-] dant toute la durée du fonctionnement, et ainsi supprimer l[e] volant.

Ces diverses considérations ont permis à MM. Dufau[x] frères d'obtenir pour les pièces soumises à des efforts notable[s] un coefficient de sécurité suffisant, sans recourir à certain[s] artifices qui permettent de diminuer le poids au détrimen[t] de la régularité de fonctionnement. On sait, par exempl[e] que souvent, pour diminuer l'épaisseur des cylindres, o[n] substitue l'acier à la fonte. Or, c'est là sans doute une erreu[r] un cylindre en fonte donnant des résultats bien supérieurs [à] un même cylindre construit en acier. Dans le moteur Dufau[x] de 120 chevaux, les cylindres sont en fonte. Ils travaillent, d[e] même que les autres pièces de fonte à 1,5 kilogramme pa[r] millimètre carré, tandis que les pièces en acier, telles qu[e] l'arbre manivelle, travaillent à 15 kilogrammes par millimèt[re] carré.

Pour obtenir les 120 chevaux avec un poids de 85 kil[o] grammes seulement, MM. Dufaux ont été obligés d'adopter [le] dispositif du moteur à double effet, chaque face du pisto[n] travaillant à son tour : les 20 cylindres donnent ainsi auta[nt] de puissance que 40 cylindres de 3 chevaux.

Voici, d'après les brevets Dufaux, quelles sont les donné[es] caractéristiques de ce moteur ultra-léger.

Il comprend essentiellement 20 cylindres de 100 millimètr[es] d'alésage sur 100 millimètres de course, représentés en [A] et B sur la coupe transversale. Ces 20 cylindres sont di[s] posés en 5 groupes de 4 sur un arbre à manivelle à 5 man[-] tons. Chaque groupe est composé essentiellement : des cylindres A et B, reliés par les culasses K L M, des pistons C D, reliés par leurs tiges H et J, du cylindre formant glissière et de son piston G, et enfin de la bielle F. Comme on le voit, les cylindres sont à double effet et sont assemblés deux par deux en tandem.

Les 5 manetons sont calés à 72°, de telle sorte que dans n'importe quelle position de l'arbre manivelle, il ne se trouvera jamais qu'un seul maneton au point de mort et, par

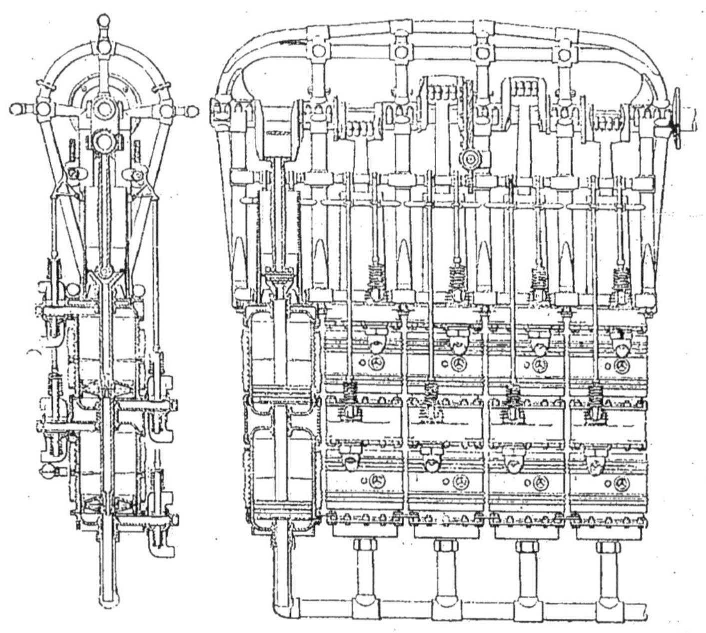

Moteur Dufaux (Élévation et coupe).

contre, 4 manetons en travail. Le nombre de cylindres étant de 20, à n'importe quelle position de l'arbre manivelle, nous avons toujours 4 explosions, et la distribution est réglée de telle façon que, lorsque l'un des manetons supporte un effort de bas en haut, le maneton suivant supporte un effort de haut en bas. Sur les 4 pistons en travail, nous aurons par conséquent toujours 2 pistons exerçant leur effort sur les manetons de bas en haut. De cette façon, les efforts résultant des explosions et de l'inertie des pièces soumises à un mouvement alternatif se trouvent pratiquement équilibrés.

10

Le refroidissement est obtenu par une circulation d'ea
autour des cylindres et des culasses dans des chapes rappo
tées en cuivre. La température devant être répartie régulièr
ment, l'eau est admise au centre des cylindres en T (vue lo
gitudinale), et circule ensuite dans les culasses respective
Les pistons travaillant sur leurs deux faces, il est néce
saire de les refroidir. Dans ce but, une circulation d'air e
établie à leur intérieur; les tiges de piston et les pistons so
creux, et la tubulure W les réunit et leur envoie l'air néce
saire à leur refroidissement. La circulation d'eau et d'air e
assurée par une pompe et un ventilateur à force centrifu
tournant à 5.000 tours à la minute.

Le graissage a été l'objet d'une étude toute spéciale, et il

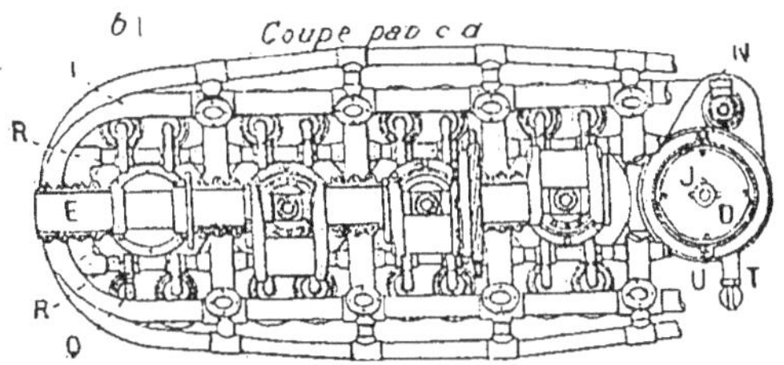

Moteur Dufaux (Coupe horizontale).

été nécessaire de réaliser le dispositif suivant pour obte
une réparttiion rationnelle de l'huile nécessaire à la lubrifi
tion des différents organes. Trois pompes aspirent l'huile d
un réservoir et la refoulent dans les 4 tubes de distributi
Chacun de ces tubes est muni d'un certain nombre de com
gouttes réglables. Chaque pompe est également à cou
réglable. Chacun des compte-gouttes est relié par un tuya
l'organe qu'il doit graisser. Les tubes de graissage sont c
posés de telle sorte que les organes à graisser soient assemb
suivant la pression de gaz qu'ils contiennent (cette condit
est essentielle pour que le débit des compte-gouttes soit ré
lier) ; par exemple, tous les compte-gouttes de l'un des tu
seront reliés aux paliers de l'arbre manivelle et aux têtes
bielle, tandis que les compte-gouttes de l'autre tube ser
reliés aux cylindres.

Les manetons sont munis de disques excentrés, reliés
un tube à la tête de bielle et destinés à assurer le graissag
cette partie par la force centrifuge.

Le châssis d'assemblage des cylindres est formé de tu
d'acier brasés.

Toutes les pièces, telles que le vilebrequin, les bielles, pistons, tiges des soupapes, arbre à cames et les cames sont creuses.

Tous les frottements sont établis en bronze phosphoreux.

Ce moteur est muni d'un double allumage. La distribution du courant secondaire se fait par un tambour fixe, et l'avance à l'allumage est obtenue par le décalage de l'arbre de commande de la came.

Il offre à un examen attentif une complication certaine et, par suite, de nombreuses chances d'arrêt, à moins d'une mise au point nécessairement longue et d'un entretien minutieux. D'autre part, il possède un certain nombre de dispositions tout à fait originales et d'un grand intérêt technique et pratique.

MOTEURS ELBRIDGE

Très répandus en Amérique pour les groupes propulseurs
de bateaux, les moteurs à deux temps sont aussi indiqués pour
les aéroplanes.

Le moteur de la *Elbridge Engine C°* de Rochester est à deux
temps, à deux, trois ou quatre cylindres, refroidis par l'air ou
par l'eau. Comme dans le moteur Grade, chaque cylindre est
ici muni d'un carter distinct, qui sert de corps de pompe d'ali-

Le moteur Eltridge.

mentation. Les gaz frais, provenant d'un carburateur unique
sont introduits par un clapet dans le carter. Le piston l
aspire et ils parviennent ainsi dans le cylindre, à travers

canal découvert par le piston en arrivant au point mort. Quant
aux gaz brûlés, ils se sont échappés par les fentes que le piston
découvre dans les parois du cylindre à partir du deuxième
tiers environ de la course motrice.

Construit en quatre cylindres, ce moteur, qui pèse 165 livres
anglaises, fait environ 20-24 chevaux. Il est d'une simplicité
très grande et d'un fonctionnement aisé à surveiller.

MOTEURS | ELLEHAMMER

Le moteur rappelle les moteurs en étoile d'Esnault-Pelterie.
Dans le modèle qui fait 30 chevaux (à 1.400 tours), les cinq
cylindres de 92 millimètres de diamètre et 112 millimètres de
course sont disposés de manière à former une étoile à cinq
branches. Ils sont en fonte et sont coulés indépendamment

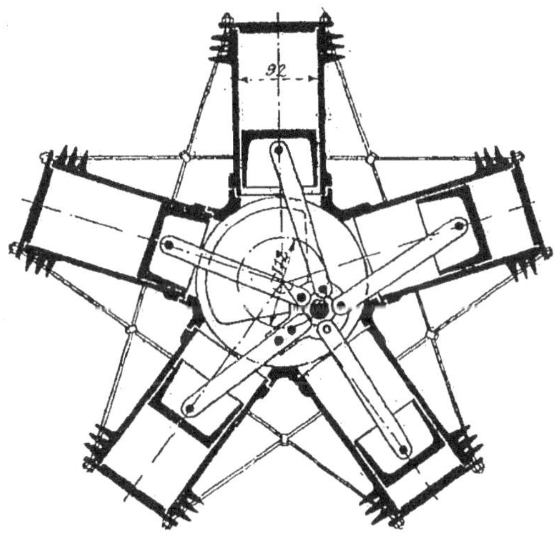

les uns des autres, avec quatre ailettes chacun. Les cylindres
sont reliés deux à deux, en étoile, par des tirants à tendeurs
assurant la rigidité du système. Ils sont munis à leur base
d'orifices d'échappement que le piston découvre à fin de
course, de manière à ménager les soupapes d'échappement,
qui sont seules commandées par l'arbre de distribution, les
soupapes d'admission étant automatiques.

Les pistons sont en fonte, ils sont très courts; leurs bielles plates attaquent toutes une même manivelle, par l'intermédiaire d'une tête rigidement fixée sur l'une d'elles et articulée à toutes les autres bielles. L'arbre est guidé par deux paliers, et les deux bras de sa manivelle sont prolongés de manière à former contrepoids d'équilibrage.

Le carburateur est d'un modèle très particulier ; il ne comporte pas de flotteur, mais une corde sans fin entraînant l'essence. L'allumage a lieu par magnéto à haute tension. Pour éviter l'excès d'huile dans les cylindres inférieurs, les fonds de ces derniers sont pourvus de soupapes automatiques, permettant à l'huile qui s'y amasse de s'échapper au dehors.

Le poids du moteur (3o HP) est de 54 kilogrammes.

Il a été essayé par son inventeur sur un aéroplane, à Kiel, en 1908, sans grand succès d'ailleurs.

MOTEURS E. N. V.

Le moteur E. N. V. appartient au type Antoinette à 8 cylindres en V. L'alésage est de 85 millimètres, la course de 95

Moteur E. N. V.

millimètres; à 1.500 tours, il donne 35 et 70 chevaux avec des poids de 80 et 120 kilogrammes.

Il a été monté sur divers aéroplanes et notamment sur le Blériot, qui a enlevé deux passagers le 3 juin 1909.

Voici les caractéristiques essentielles de ces moteurs :
Le vilebrequin est creux, les manivelles sont remplacées par des plateaux-manivelles à nervures, pour assurer leur rigidité.

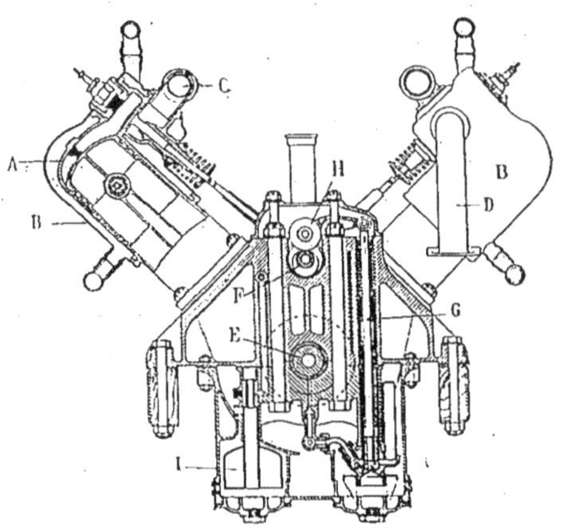

Moteur E. N. V. (Coupe transversale).
A, cylindre. — B, piston. — C, arbre à cames. — D, magnéto. — E, palier central.

L'arbre à came est creux également dans toute sa longueur : il commande les soupapes d'admission et d'échappement —

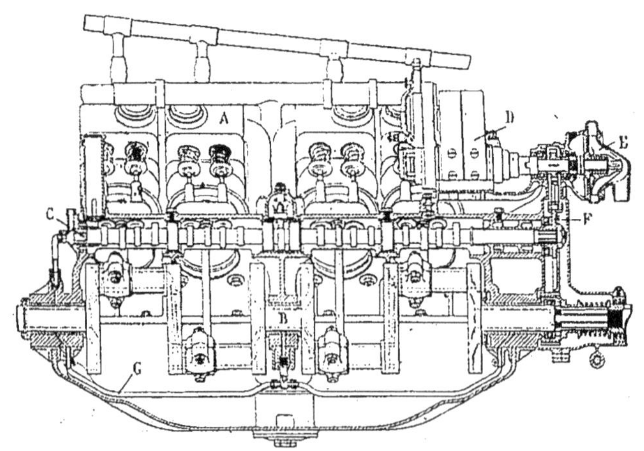

Coupe du moteur E. N. V.
B, chemise. — E, arbre. — F, arbre à cames. — G, tige commandant la pompe à huile. — I, flotteur.

qui sont disposées côte à côte, dans une même boîte à soupapes pour chaque cylindre — par l'intermédiaire d'un poussoir à galet roulant sur le profil de la came correspondante et dont l'axe est monté dans une chape se déplaçant verticalement dans un guide fixé sur le carter.

Le graissage a lieu par circulation d'huile à l'aide d'une pompe actionnée par un basculeur que commande une came spéciale taillée sur l'arbre de distribution. L'huile sous pression est refoulée dans les divers canaux ; les manetons communiquent par les plateaux-manivelles avec les têtes de bielle, dont les tiges sont creuses. L'huile passe dans le canal central, et, de là, dans le tourillon creux du piston qui alimente la surface externe de celui-ci. Le débit de la pompe est réglé par un flotteur à niveau constant placé dans la chambre d'aspiration où plonge la crépine de la pompe.

Le refroidissement s'effectue par circulation d'eau obtenue au moyen d'une petite turbine. Les chemises d'eau sont en cuivre mince.

L'allumage se fait par une magnéto commandée par l'arbre distributeur et par train d'engrenages, la carburation par carburateur Zénith.

Moteur horizontal. — La Maison a construit en 1910 un moteur 35 chevaux horizontal à quatre cylindres analogue au

Moteur E. N. V. horizontal.

moteur Darracq du même type et refroidi par eau au moyen d'un radiateur en deux pièces.

MOTEURS EOLE

Les moteurs Eole sont de deux types différents : l'un à cylindres horizontaux opposés, au nombre de 2, 4 ou 6 pour une ou deux hélices, l'autre à cylindres verticaux.

Moteurs verticaux. — Les moteurs verticaux Eole sont des moteurs d'automobile allégés. Les 4 cylindres y sont séparés, les soupapes sont commandées, le vilebrequin a 5 paliers, la course est de 130 millimètres et l'alésage de 110 et 130 millimètres, suivant la puissance. Le refroidissement est obtenu par circulation d'eau.

Moteurs horizontaux (TYPE 1910). — Ces moteurs, déjà utilisés par Santos-Dumont sur sa " *Demoiselle* ", sont à soupapes

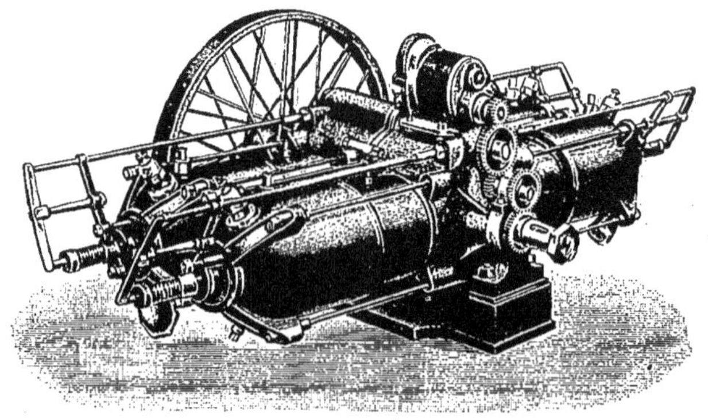

commandées par quatre tiges distinctes. Une pompe centrifuge refroidit les cylindres par une large tubulure. Le graissage a lieu sous pression.

Le vilebrequin a une forme très étudiée afin de diminuer l'entre-axe inévitable des deux cylindres et, par suite, le couple d'oscillation. Le 2 cylindres fait 25 chevaux, le 4 cylindres en fait 50 et le 6 cylindres de ce modèle, 75.

Type 1911. — Les moteurs horizontaux Eole 1911 sont remarquables par un dispositif tout à fait original et qui semble offrir un certain nombre d'avantages. Les cylindres horizontaux sont au nombre de 2, 3 ou 5 et placés au centre du moteur. Ils renferment chacun deux pistons, comme dans le moteur Gobron et chaque piston attaque un arbre vilebrequin distinct. Il y a ainsi deux arbres, un à chaque extrémité du moteur. Ils tournent en sens inverse l'un de l'autre et sont conjugués par un arbre transversal muni de pignons d'angles.

Ces moteurs à très longue course : 165/300 dans le 35 chevaux, sont établis en trois modèles : 35, 50 et 100 chevaux.

Ils ont été conçus pour la commande de deux hélices, soit en prise directe, soit par chaînes sans croisement.

Le refroidissement à l'eau est très largement prévu; les culasses hémisphériques et la grande détente employée sont favorables à la consommation. Comme dans le type précédent, l'allumage se fait par magnéto.

MOTEURS ESCHER

La Maison *Bernhard Escher*, de Chemnitz, a établi un moteur d'aviation à 2 cylindres, qu'elle construit aussi en 4 et 3 cylindres.

Les cylindres sont horizontaux et opposés ; ils sont refroidis par l'air ou par l'eau, suivant le choix de l'acheteur. Dans le

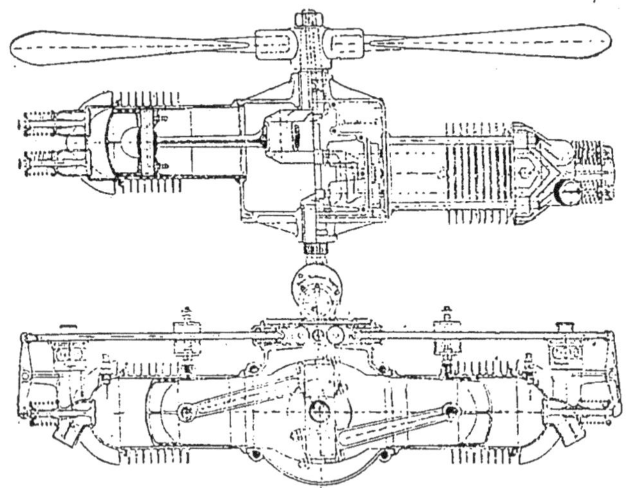

Moteur Escher (Coupes horizontale et verticale).

premier cas, les culasses et les chemises d'eau sont coulées avec le corps du cylindre. Dans l'autre cas, les fonds sont fixés par 4 tiges filetées sur le carter.

Les soupapes sont commandées. Chaque cylindre est alimenté par un carburateur spécial, placé sur la culasse. L'allumage est à bougies, à haute tension. A l'extrémité libre de l'arbre est un volant construit comme une roue de bicyclette, à jante d'acier plein.

Outre ce moteur, *Escher* construit aussi des moteurs de ballon et d'aviation à cylindres verticaux, qui ne diffèrent pas, dans leurs éléments, du moteur précédent. La même pompe à engrenages sert au graissage des deux types.

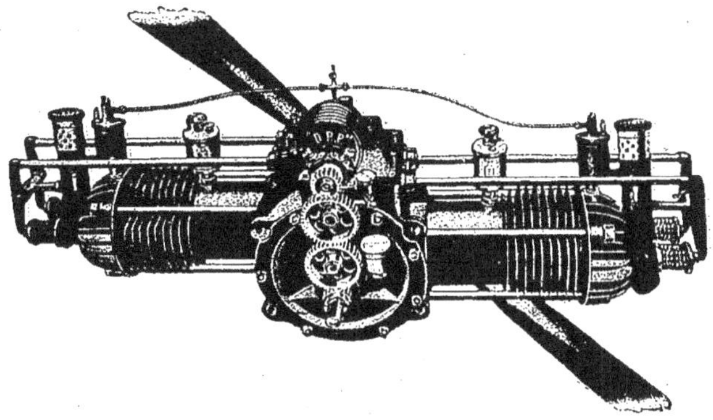

Moteur Escher (Type horizontal).

Le moteur Escher existe *en trois* dimensions, soit :
4 cyl. verticaux 125/120 mm. ; 130 kilos ; 40/50 HP à 1400 tours

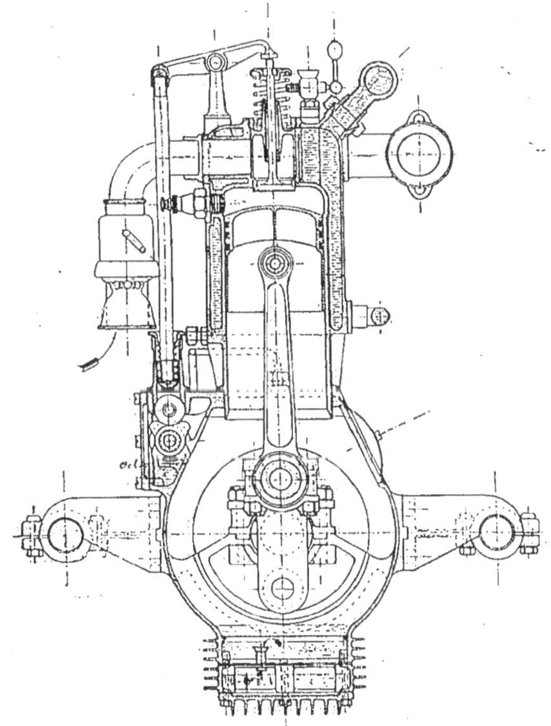

Moteur Escher (Type vertical).

2 cyl. horizontaux 125/120 mm. ; 60 kilos ; 20/24 HP à 1400 tour
4 cyl.   —   125/120 mm. ; 110 kilos ; 40/50 HP à 1400 tour

MOTEURS ESNAULT-PELTERIE

Le moteur R. E. P. est l'un des plus anciens types de moteurs rayonnants. Dès son apparition, qui date de 1907, il a réuni un grand nombre de dispositifs dont la plupart ont été géné-

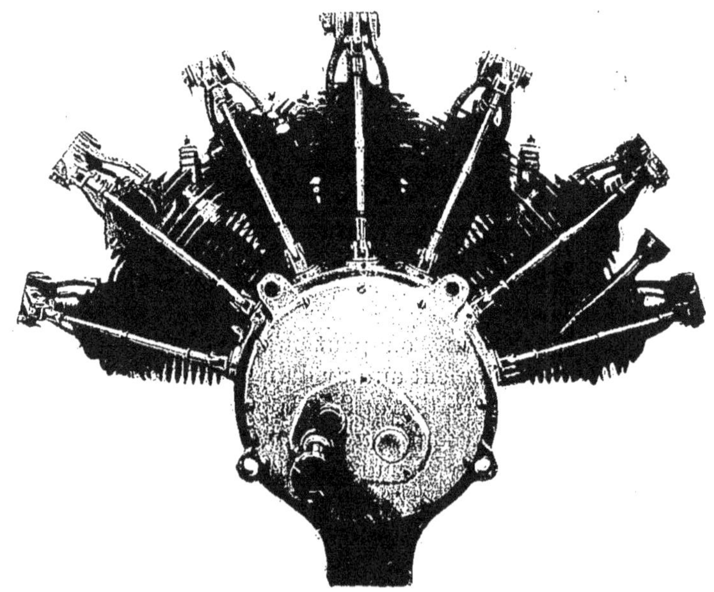

Le moteur R. E. P. 7 cylindres.

ralisés depuis : nombre impair de cylindres rayonnants, ailettes, soupapes concentriques, etc. Il a été établi un grand nombre de modèles à 5 et à 7 cylindres.

Moteur 7 cylindres. — Le moteur à 7 cylindres est divisé en deux groupes de 4 et 3 cylindres disposés l'un devant l'autre, les cylindres du deuxième groupe se trouvant en face des vides laissés par ceux du premier groupe. Cela revient à supposer qu'un moteur à 7 cylindres en étoile a été replié en deux, autour d'un axe perpendiculaire à l'une des branches de l'étoile.

Cette disposition évite l'accumulation de l'huile dans les cylindres inférieurs, réduit le poids et l'encombrement du carter et ne change rien à la théorie du moteur en étoile.

Pour étudier maintenant la distribution, qui s'effectue au moyen d'une came unique, pourvue de trois bossages doubles et tournant en sens inverse à une vitesse six fois moindre que

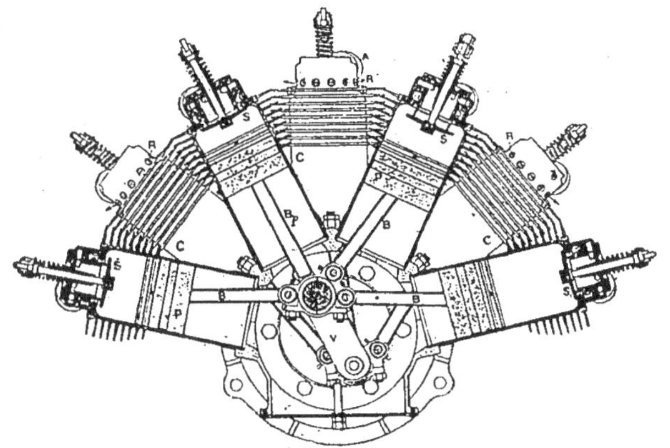

Moteur Esnault-Pelterie 7 cylindres.

celle de l'arbre moteur, on peut supposer que les cylindres sont disposés radialement autour d'un seul maneton.

Ajoutons que l'aspiration et l'échappement s'effectuent, dans les anciens types, par une *soupape unique*, placée au haut des cylindres et actionnée par un système culbuteur, que commande un grand bras de levier, terminé par un galet sous lequel roule la came. Cette came se présente sous l'aspect d'un disque, autour duquel sont distribués trois doubles bossages commandant l'échappement et l'aspiration.

Supposons que la came tourne *en sens inverse* de celui du moteur à 7 cylindres. L'angle de 2 cylindres est de $\dfrac{2\pi}{7}$. Nous savons, d'après la théorie générale des moteurs étoilés à 4 temps, que l'ordre d'allumage des cylindres est 1, 3, 5, 7, 2, 4, 6, 1, etc. Si le point d'échappement est en 1, par exemple, au départ, il viendra en 3, après une rotation de la manivelle de $2 \times \dfrac{2\pi}{7}$, puisque l'on a franchi deux intervalles. Pendant cette fraction de tour du moteur, un bossage a dû parcourir un certain angle pour venir en 3 faire échapper ce cylindre.

Si ce bossage se trouve à une distance angulaire x du premier bossage, on a nécessairement :

$$x = 2 \times \frac{2\pi}{7} + \alpha$$

en appelant α l'angle dont il a tourné. On peut maintenant déterminer α par la condition que, après deux tours du moteur, le deuxième bossage soit en regard du cylindre 1 (1). Cela

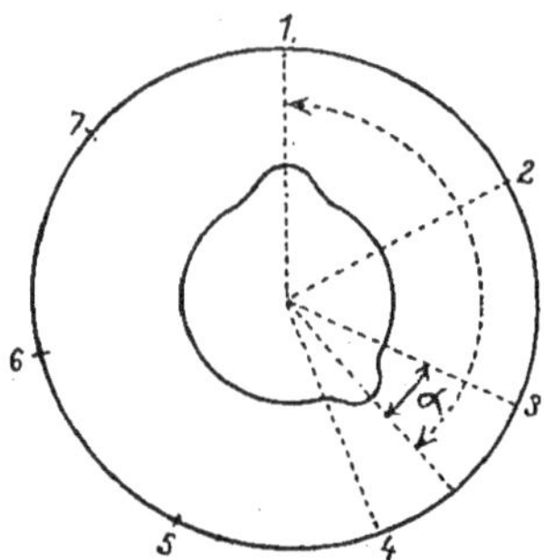

Disposition des cames, dans le moteur R. E. P.

exige, puisque la came tourne de α quand la manivelle tourne de $2 \times \frac{2\pi}{7}$, que l'on ait :

$$\frac{\alpha}{2 \times \frac{2\pi}{7}} = \frac{\alpha + 2 \times \frac{2\pi}{7}}{4\pi}$$

On en déduit :

$$\alpha = \frac{2\pi}{21} \qquad \text{et } x = \frac{4\pi}{7} + \frac{2\pi}{21} = \frac{2\pi}{3}$$

En résumé, le résultat sera atteint si la came porte des bossages de $\frac{2\pi}{3}$ en $\frac{2\pi}{3}$, soit 3 bossages équidistants et tournant en

(1) Cette condition est la plus avantageuse, puisqu'elle exprime que le cycle complet s'écoule pendant que deux bossages consécutifs se succèdent en un point quelconque du cercle qu'ils décrivent.

sens *inverse* du moteur à une vitesse 6 fois moindre, puisqu'elle parcourt $\dfrac{2\pi}{3}$, pendant que le moteur fait 4π. On verrait de même, dans le cas d'une came tournant *dans le sens du moteur* qu'elle aurait 4 bossages, et tournerait 8 fois moins vite que le moteur.

En raisonnant de même, on voit d'une façon générale qu'en appelant N le nombre des cylindres, on obtient pour n, nombre

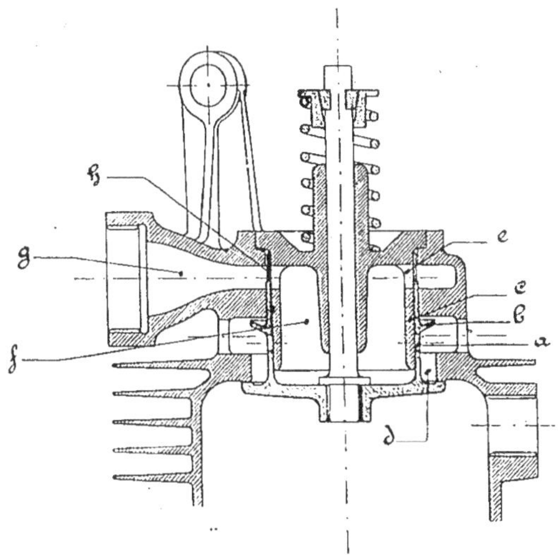

Soupape double Esnault-Pelterie.

a, orifice d'aspiration. — b, collerette. — c, cylindre guide de la soupape. — d, orifice annulaire d'échappement. — e, ouvertures de la chambre intérieure. — f, chambre intérieure. — g, arrivée du carburateur. — h, obturateur d'aspiration.

des bossages des cames, et pour ρ, rapport des vitesses du moteur et des cames :

Premier cas. — Les cames tournent en sens inverse du moteur :

$$n = \frac{N-1}{2} \qquad\qquad \rho = N - 1$$

Deuxième cas. — Les cames tournent dans le sens du moteur :

$$n = \frac{N+1}{2} \qquad\qquad \rho = N + 1$$

Quant à la double soupape, c'est une soupape à tiroir et double levée. Comme l'indique la figure 8, elle repose sur so siège en temps normal, c'est-à-dire pendant les périodes de compression et de travail du cycle.

Lorsque la came amène son premier bossage sous le poussoir du levier de commande d'une des soupapes, la tige est abaissée et entraîne la soupape, qui démasque ses ouvertures annulaires d'échappement d, correspondant aux trous d'échappement. La distance entre la soupape et son siège est d'environ quatre millimètres, les gaz brûlés sont donc facilement expulsés au dehors par cette ouverture annulaire. Cette première fonction étant accomplie, la soupape, au lieu de se fermer est encore poussée plus avant dans le cylindre par l'envoi sous le galet du poussoir du grand bossage de la came;

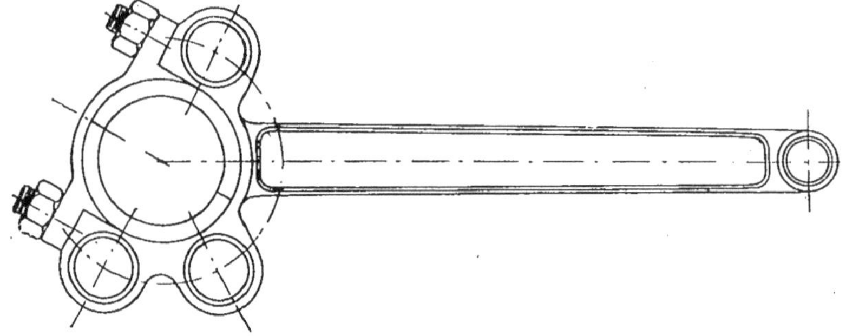

Bielle maîtresse du moteur Esnault-Pelterie.

elle descend de quatre millimètres encore, et la collerette b obture l'ouverture annulaire d, afin d'empêcher le moteur d'aspirer par l'échappement. Mais en même temps que descend la soupape, la partie cylindrique c, qui la constitue, présente ses ouvertures pour mettre le cylindre en communication avec la chambre intérieure f de la soupape, et en même temps celle-ci se trouve dégagée pour permettre, par les trous e, à la dépression de se faire sentir dans la canalisation g venant du carburateur. Les gaz frais pénètrent donc dans le cylindre par g, e, f. A la fin de l'aspiration, la soupape retombe sur son siège, puisque la came ne présente plus de bossages.

Ainsi que le montrent les figures, les cylindres sont à refroidissement par ailettes; ils mesurent dans le type 7 cylindres 85 millimètres d'alésage et la course des pistons est de 90 millimètres; chacun d'eux donne au frein 5 chevaux à 1.500 tours; ils sont faits en fonte et fixés au carter par des boulons. Le carter est en aluminium, d'une seule pièce, et pèse $5^{kg},5$; il est pourvu à sa partie inférieure d'un regard donnant accès au vilebrequin. Les pistons sont pris dans une barre d'acier et débités au tour; le pied de bielle est à double portée en bronze. Chaque piston est pourvu de deux segments et pèse 600 grammes.

Les bielles sont au nombre de deux seulement, une par groupe de cylindres. La figure montre ce dispositif : une seule bielle, pourvue d'une tête, est appliquée sur le maneton ; les autres sont des biellettes articulées sur le pied de la première. Dans le vilebrequin, formé de deux manetons à 180° et aussi rapprochés l'un de l'autre que l'a permis la position respective des deux groupes de cylindres, on a laissé la quantité de métal exactement nécessaire au travail qu'il est appelé

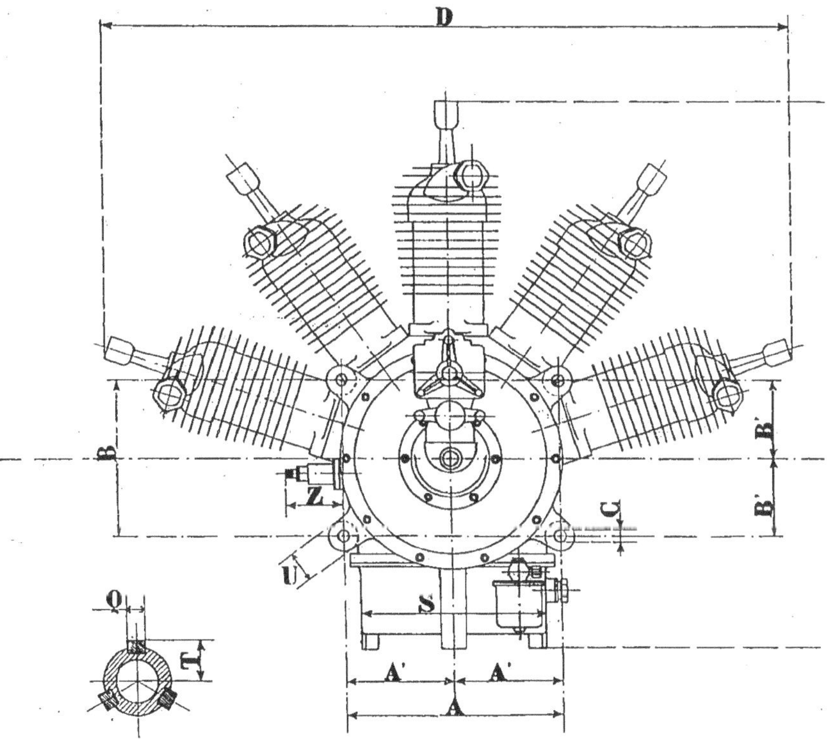

Moteur R. E. P. 5 cylindres (Type 1911).

à fournir et qui varie suivant les points. C'est ainsi que les portions extrêmes sont percées de trous ne laissant que 2^{mm},5 de métal et le bras transversal qui relie les deux manetons est évidé en double T. Dans tous les cas, le métal ne travaille en aucun point à plus de 15 kilogrammes par millimètre carré. L'arbre est fait à la forge en acier chromo-nickel, l'extrémit avant a été allongée, pour lui permettre de recevoir une hélice.

La came de commande des soupapes est placée sur le côté opposé à l'hélice, ainsi que le distributeur du courant d'allumage, constitué par une couronne en ébonite portant sept plots, devant lesquels passe la touche métallique. L'allumage se fait par une bobine à haute tension, dont le trembleur vibre sans interruption ; une batterie d'accumulateurs fournit le courant primaire. Les bornes se suivent, suivant le numérotage adopté pour les cylindres.

Le moteur est pourvu de deux carburateurs Claudel affectés, non à un groupe de cylindres, à cause de la longueur de tuyauterie qu'un semblable dispositif eût exigée, mais aux cylindres de chaque groupe appartenant au même côté du moteur. Deux cylindres avant et deux cylindres arrière aspirent donc par le même carburateur et les trois autres par le deuxième. Enfin, le graissage s'effectue par simple barbotage. Pour éviter les projections exagérées d'huile dans les cylindres, chacun d'eux est fermé par le carter lui-même ; seul, un espace rectangulaire, de dimensions variables avec l'inclinaison du cylindre, permet à l'huile nécessaire de pénétrer dans le cylindre.

Les paliers sont disposés de telle sorte qu'ils prennent appui sur le carter en aluminium par une grande surface ; les coussinets portés par ces derniers ont une dimension telle qu'ils ne fatiguent pas à plus de 57 kilogr. pour l'un et $42^{kg},50$ pour l'autre par cm². Les bielles principales et leur dispositif spécial de liaison avec les biellettes correspondent à chaque cylindre ; les biellettes ne pèsent que 105 gr. pièce et supportent au moment de l'explosion une pression de 1.100 kgs. Les pieds de bielle à doubles surfaces portantes disposées de telle sorte qu'au moment de l'explosion la fatigue des surfaces en contact n'excède pas 180 kgs par cm² ; des cylindres qui sont exactement symétriques autour de leur axe ; un carter, dont la forme n'est pas compliquée, malgré la disposition des cylindres ; des pistons en acier pris dans la masse et dont le fond prend appui sur une collerette intérieure située à mi-rayon ; les soupapes à double levée qui font l'échappement par une première levée et l'admission en s'ouvrant encore davantage ; enfin, des cames, des culbuteurs, et le refroidissement par ailettes : telles sont les caractéristiques générales des moteurs R. E. P.

L'allumage peut être assuré par une bobine en fonctionnement constant et par un distributeur en ébonite tournant deux fois moins vite que le moteur et portant une touche envoyant le courant à haute tension à tous les cylindres successivement dans l'ordre voulu. L'allumage serait également réalisable par une magnéto tournant à une vitesse égale aux 7/4 de celle du moteur.

Type 1911. — M. Esnault-Pelterie a établi récemment un nouveau moteur, très analogue aux modèles antérieurs, mais

Moteur R. E. P. Type 5 cylindres 1911.

qui en diffère pourtant en ce qu'il possède deux soupapes distinctes, unies par le même culbuteur et une pompe à huile.

Le vilebrequin est porté par deux roulements à billes dont un forme butée pour la poussée de l'hélice.

Ce moteur, qui pèse 75 kilogrammes environ, a subi des essais de dix heures à la puissance moyenne de 52 chevaux. Il semble posséder une supériorité notable sur les modèles antérieurs, et avoir bénéficié d'une mise au point complète.

MOTEURS FARCOT

M. A. Farcot a établi successivement de nombreux modèles
de moteurs légers, destinés à l'aviation et procédant tous du
refroidissement par l'air.

Le plus petit modèle est en V à 2 cylindres seulement, à
ailettes, en fonte et muni de la soupape à double corolle, qui

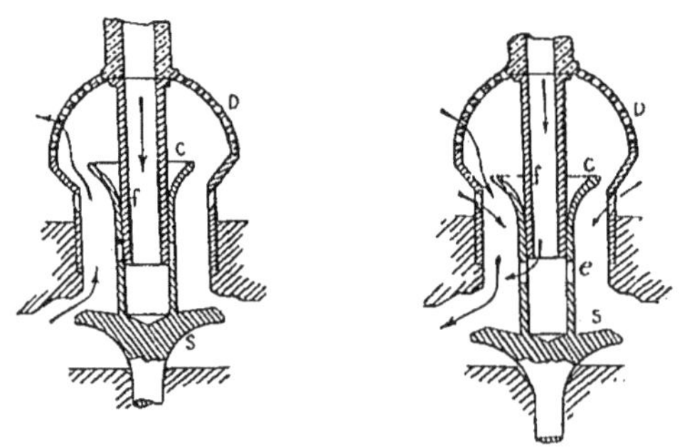

Soupape Farcot :
à gauche, échappement; *à droite,* introduction.

se retrouve dans les suivants. Dans ce type, les deux cylindres
sont légèrement désaxés par rapport à l'arbre commun.

La soupape Farcot est formée d'un clapet ordinaire S, sur-
monté d'un tube évasé en papillon C et perforé en *e*. Dans son
mouvement, suivant la verticale, le clapet est guidé par un tube
f, qui sert d'arrivée aux gaz carburés, D est une calotte per-
forée recouverte d'une toile métallique qui divise les flammes
de l'échappement et les refroidit; la soupape est commandée.

On voit comment, la corolle C jouant le long du tube *f*, les
orifices *e* sont alternativement découverts et obturés. Le petit
bossage de la came assure l'échappement, l'autre l'aspiration.

Le modèle 100 chevaux Farcot est à 8 cylindres en V, du
type connu, avec une enveloppe légère pour réaliser une venti-

lation forcée. Il possède un ventilateur et un démarreur à air comprimé, placé à côté du carburateur. La prise d'air est au milieu des cylindres dont la température normale doit être de 150-180 degrés. Le poids du moteur est environ 200 kilos.

Il existe également un modèle à 8 cylindres horizontaux, disposés en étoile autour d'un même carter, et groupés par 4 dans deux plans parallèles. Pour diminuer la distance verticale de ces deux plans, les têtes de bielle, assemblées par 4 sur un même maneton, sont légèrement déportées en sens contraire dans chaque groupe de quatre.

Le graissage est assuré par une pompe; en outre, l'huile qui se rassemble au fond du carter est brassée par une palette qui parcourt la cuvette où elle s'accumule et lancée ainsi dans le fond des cylindres.

Un tuyau parcourt la périphérie du moteur et met en relation la nourrice d'aspiration avec les cylindres.

La puissance est transmise par un renvoi d'angle à un arbre horizontal qui actionne en même temps le distributeur d'allumage.

En 1910, A. Farcot a créé de nouveaux modèles différents des précédents, entre autres un moteur à deux cylindres opposés 28 chevaux et un 2 cylindres fixe de 35 chevaux, tous deux encore dans la période des essais.

MOTEURS FIAT

Les usines Fiat ont établi deux types de moteurs d'aviation, l'un en 1909, à refroidissement par l'air, l'autre en 1910 à refroidissement par l'eau.

Moteur Fiat (1909).

Le premier type était un 8 cylindres à ailettes, en V, muni d'un ventilateur et d'une enveloppe d'aluminium, pour créer une ventilation forcée autour des parois des cylindres.

Le modèle Fiat 1910 est un 4 cylindres type vertical, qui

est établi en 3 grandeurs. Dans le plus petit des trois, les cylindres sont fondus d'un bloc ; il fait 40/60 HP pour 120 kilos environ, sans l'eau du radiateur. Le modèle suivant fait 65/80 HP pour 150 kilos, et le dernier 100/130 HP pour 230 kilos.

Les quatre cylindres sont fondus par paires dans les deux premiers.

Les soupapes, placées sur les fonds de cylindres, sont com-

Moteur Fiat (1910).

mandées par un arbre horizontal commandé par une tige et un engrenage conique. Le tout est enfermé dans un carter léger. Une pompe centrifuge et une autre à piston assurent la circulation d'eau et le graissage.

L'arbre à cames et les tiges de commande des soupapes sont enfermés dans une enveloppe en tôle mince d'aluminium, à la partie supérieure des cylindres. L'allumage se fait par magnéto à haute tension.

MOTEURS FILTZ

❧

Le moteur Filtz est un 4 temps rotatif où la rotation autour de l'axe fixe est obtenue par une démultiplication. Les cylindres, dont le nombre peut être quelconque, sont assemblés sur un carter circulaire. Dans chacun d'eux se meut un

Le moteur Filtz.

piston qui actionne une manivelle, montée sur le carter. L'arbre de la manivelle porte un pignon droit, qui engrène avec une roue fixe sur l'arbre.

On voit immédiatement que la rotation de la manivelle

est établi en 3 grandeurs. Dans le plus petit des trois, les cylindres sont fondus d'un bloc ; il fait 40/60 HP pour 120 kilos environ, sans l'eau du radiateur. Le modèle suivant fait 65/80 HP pour 150 kilos, et le dernier 100/130 HP pour 230 kilos.

Les quatre cylindres sont fondus par paires dans les deux premiers.

Les soupapes, placées sur les fonds de cylindres, sont com-

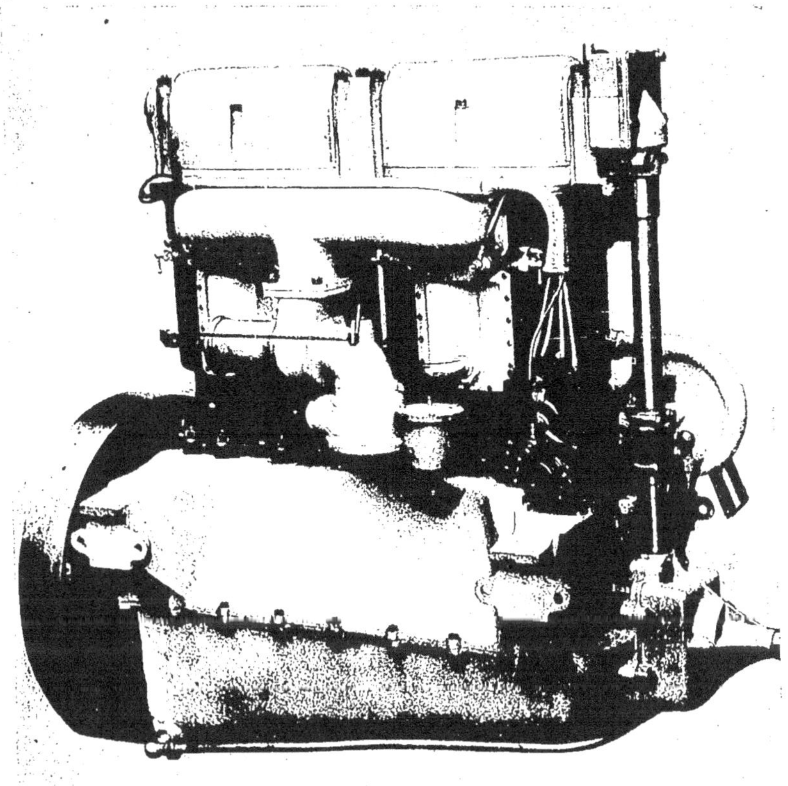

Moteur Fiat (1910).

mandées par un arbre horizontal commandé par une tige et un engrenage conique. Le tout est enfermé dans un carter léger. Une pompe centrifuge et une autre à piston assurent la circulation d'eau et le graissage.

L'arbre à cames et les tiges de commande des soupapes sont enfermés dans une enveloppe en tôle mince d'aluminium, à la partie supérieure des cylindres. L'allumage se fait par magnéto à haute tension.

MOTEURS FILTZ

❧

Le moteur Filtz est un 4 temps rotatif où la rotation autour
de l'axe fixe est obtenue par une démultiplication. Les cylindres, dont le nombre peut être quelconque, sont assemblés
sur un carter circulaire. Dans chacun d'eux se meut un

Le moteur Filtz.

piston qui actionne une manivelle, montée sur le carter. L'arbre
de la manivelle porte un pignon droit, qui engrène avec une
roue fixe sur l'arbre.

On voit immédiatement que la rotation de la manivelle

fait tourner l'ensemble du moteur autour de la roue, c'est-à-dire autour de l'arbre central, quand celui-ci est fixe. Inversement, on peut fixer les cylindres et recueillir la puissance sur l'arbre rendu libre.

Outre ce dispositif d'ensemble, le moteur Filtz présente un certain nombre de particularités. Par exemple, les cylindres sont désaxés par rapport aux manivelles. En vue d'annuler les trépidations, on cale les engrenages intérieurs, de telle sorte que les pièces correspondantes de 2 cylindres opposés soient toujours symétriques par rapport à l'axe.

L'alimentation utilise une sorte de turbine, qui aspire par les orifices de l'arbre fixe les gaz du carburateur. De là, les gaz sont chassés par les pales de la turbine dans les départs, d'où ils vont aux divers cylindres.

La distribution est réalisée par des cames, fixes sur l'arbre et commandant les soupapes d'admission et d'échappement.

Le graissage est assuré sous pression par une pompe, qui refoule l'huile dans un collecteur, d'où elle se rend soit au carter.

Le moteur Filtz présente quelques analogies avec le moteur Breton. Il offre des garanties de sécurité assez grandes, en raison de la faible vitesse de rotation qu'on peut donner aux cylindres.

De plus, possédant un maneton par cylindre, il peut être rigoureusement équilibré avec un nombre pair de cylindres ayant leurs axes confondus et dans lesquels les pièces mobiles ont des mouvements symétriques par rapport au centre.

MOTEURS GILL ET ADELING

L'un des reproches que l'on fait couramment — et à juste titre d'ailleurs — aux moteurs à explosion, est de manquer de souplesse. Ils ralentissent précisément lorsqu'ils devraient fournir le plus d'énergie, la puissance développée étant fonction du nombre d'explosions. Les moteurs électriques et les machines à vapeur sont presque parfaits à ce point de vue. L'aéroplane, plus encore que l'automobile, bénéficierait d'un moteur à vitesse variable, qui lui permettrait de se déplacer à diverses allures par la variation de sa surface portante.

Aussi a-t-on cherché à perfectionner le moteur à explosion, de manière à lui permettre de conserver sensiblement sa même puissance, tout en faisant varier sa vitesse à volonté. Dans le dispositif Gill et Adeling, on a appliqué le principe suivant :

Obtenir une course variable du piston dans le cylindre, tout en gardant une compression invariable.

On obtient ainsi un moteur qui donne toute sa force aussi bien à 600 tours qu'à 2.000 tours, ou, du moins, qui donne une puissance ne variant pas trop entre ces limites de vitesse, la vitesse linéaire du piston restant sensiblement constante.

Ainsi les combinaisons 100 $\times$ 70 et 100 $\times$ 250 peuvent donner la même force maxima, la première à 2.500 tours, la deuxième à 700 tours. Si c'est le même moteur de 100 d'alésage qui peut avoir à volonté 70 à 250 de course, il y aura une valeur « optima » de course pour laquelle le moteur fera son maximum de force, cette valeur optima de la course dépendant principalement de la compression et du diamètre des orifices d'admission et d'échappement. Mais on conçoit que, de part et d'autre de cette course, particulièrement favorable, le moteur puisse encore fonctionner dans de bonnes conditions, pour des valeurs de la course assez différentes.

Le procédé employé pour faire varier la course du moteur, autrement dit le bras du levier avec lequel le piston agit sur l'arbre coudé, est clairement montré par la figure.

Le vilebrequin n'est plus dans l'axe des cylindres, mais déporté d'une quantité assez considérable pour permettre l'installation d'une bielle H horizontale, dont la direction moyenne est à peu près perpendiculaire à la direction de la bielle ordinaire A reliée au piston. Le point d'articulation B des deux bielles A et H ne peut que se déplacer sur un arc de cercle de centre D, étant maintenu à une distance constante de ce point par une troisième bielle C articulée aussi en B. Mais le

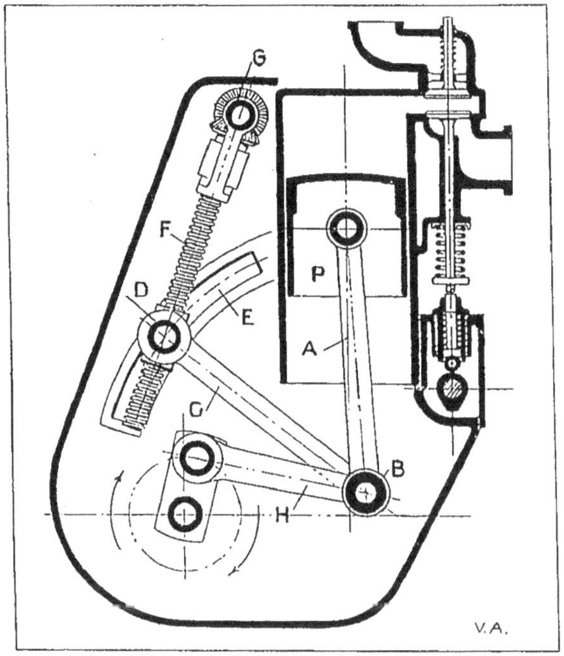

Moteur Gill et Adeling.

point D peut se déplacer, sous l'action d'une commande à main, le long d'un arc de cercle. A cet effet, la bielle C porte en D une tête munie d'un coulisseau qui peut glisser dans la glissière en arc de cercle E, et un écrou traversé par une grosse vis F qui peut être mise en rotation par un renvoi d'angle G. C'est, en somme, assez analogue à une coulisse de Stéphenson.

Plus on déplace le point D vers le haut, plus la bielle H se présente tangentiellement au cercle décrit par l'articulation B, et, par conséquent, plus l'arc décrit par le point B sera faible, ainsi que la course de la bielle A et conséquemment du piston P.

L'épure suivante montre qu'à mesure que la course augmente, le piston remonte de moins en moins haut dans le cylindre, assurant ainsi une compression constante.

Des essais ont été faits avec un moteur de 3 pouces ($76^{mm},2$) d'alésage et dont la course pouvait varier de 1 pouce ($25^{mm},4$) à 3 pouces 1/2 ($88^{mm},9$). On a constaté une puissance maxima qui nous paraît assez faible : 2 chevaux développés aussi bien avec $50^{mm},8$ de course qu'avec $76^{mm},2$ de course à 1.500 tours; d'autre part, le moteur donnait 1 cheval 5 à 2.000 tours avec $38^{mm},1$ ou à 700 tours avec $88^{mm},9$ de course. Ces résultats sont assez intéressants; le rendement médiocre du moteur tenant peut-être à une cause accidentelle, le manque de compression, par exemple.

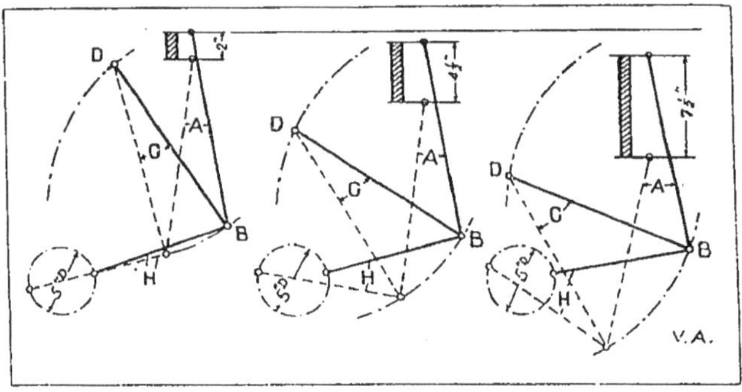

Trois positions de la coulisse dans le moteur Gill et Adeling.

Le rendement mécanique du moteur, sans être avantageux, n'était sans doute pas assez mauvais pour être la cause de ce manque de force assez manifeste. Seuls, des essais sur une plus grande échelle pourraient fixer sur la valeur mécanique du système de transmission. On peut passer, étant donnés les avantages que présente un pareil moteur, sur la complication qu'il entraîne, n'était que les pièces nouvelles, la bielle B, le coulisseau, les glissières travaillent à un taux assez élevé. Par suite, il est à craindre que les articulations ne prennent rapidement du jeu, déréglant le moteur en changeant sa compression, et le mettant rapidement hors de service. Néanmoins, il ne paraît pas impossible de construire ce moteur dans d'assez bonnes conditions pour que son étude soit profitable.

MOTEURS GNOME

I

Nous savons que les forces d'inertie constituent l'une des causes les plus importantes de l'usure et du déréglage rapide

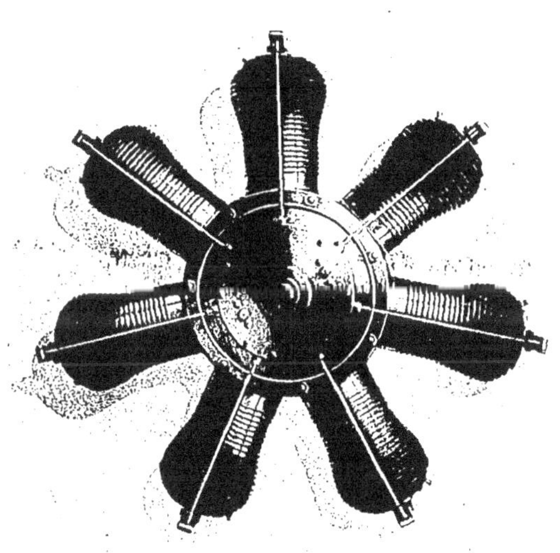

Le moteur Gnôme 50 HP.

des moteurs à explosion, en raison de leur régime rapide et des grandes valeurs que ces forces y atteignent couramment.

La cause des forces d'inertie résidant en somme dans le mouvement rectiligne et alternatif du piston, il est à prévoir qu'elles seront fort atténuées dans les moteurs rotatifs. Ceux-ci, tout en résolvant d'une façon élégante le problème capital du refroidissement, se trouvent donc bénéficier du même coup d'un avantage précieux au point de vue de l'équilibrage des masses mobiles, c'est-à-dire de la régularité du mouvement et de la durée des pièces. Tel est, par exemple, le moteur Gnôme.

II

Le moteur d'aviation Gnôme appartient au type général des moteurs rotatifs, c'est-à-dire que les cylindres y sont mobiles et l'arbre coudé est fixe. C'est donc sur le bloc formé par les cylindres et le carter, lequel tourne avec eux, que l'on recueille la puissance disponible.

L'ensemble des cylindres et du carter, d'une part, l'ensemble des bielles et des pistons, d'autre part, tournent simultanément, chacun d'eux autour d'un centre particulier ; les cylindres, autour de l'axe fixe du moteur, les bielles, autour du coude formé par cet axe. Tout résulte de ce décentrage. Les cylindres, pendant leur rotation, restent à une distance fixe de leur centre, mais ils se rapprochent et s'éloignent alternativement du maneton, tandis que les pistons sont à une distance invariable de ce dernier. Il en résulte que les cylindres glissent nécessairement autour des pistons, comme une bague le long d'un doigt. Comme il n'est pas inutile de préciser les forces réelles qui produisent la rotation, elles ont été étudiées dans un chapitre antérieur (Voir les MOTEURS LÉGERS).

La pression exercée par les gaz au-dessus du piston se décompose en deux forces F_1 et F_2, la première suivant la bielle, la seconde perpendiculaire à la paroi. F_1 est détruite par la rigidité de la bielle, puisque le maneton est fixe. Reste F_2, qui fait tourner le cylindre autour du centre de figure du carter. La face utile du piston est donc la face latérale.

On voit immédiatement que la force F_2 se fait sentir dans tous les moteurs alternatifs ; c'est elle qui ovalise les cylindres, qui tend à appuyer les carters ordinaires sur leurs pattes d'attache et qui fournit le couple de réaction égal au couple moteur. Il n'y a donc rien de changé ici, vis-à-vis des moteurs

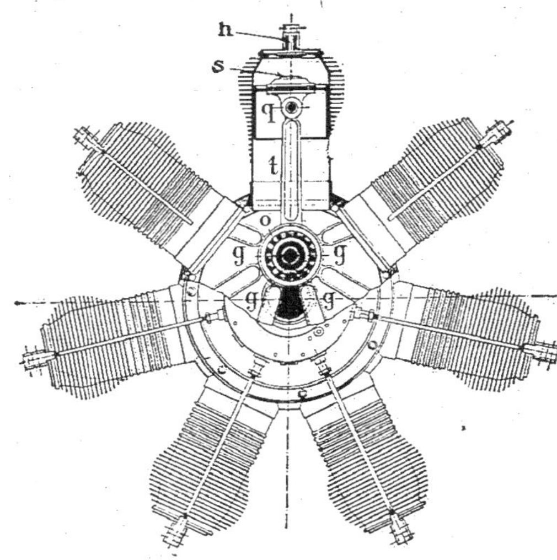

c	Carburateur.		
p	Pompe à huile	q	Piston.
m	Magnéto.	s	Soupape automatique d'aspiration.
ff	Fils d'allumage.	h	Soupape d'échappement commandée.
d	Distributeur de courant.	t	Bielle maîtresse
b	Boîte de butée.	g	Biellettes articulées sur la bielle maîtresse.
r	Roulements à billes de l'avore,	o	Roulements à billes de la bielle maîtresse.
v	Boîte de distribution	u	Contrôleur de graissage.

Coupe et plan du moteur Gnôme 50 HP.

verticaux du modèle courant, ni comme usure, ni comme rendement. Toutefois, le fonctionnement des moteurs rotatifs comporte des conditions spéciales et certains coefficients qu'il faut connaître. En premier lieu, la rotation des cylindres absorbe plusieurs chevaux, 4 ou 5 dans le moteur Gnôme par exemple, de sorte que si l'on enregistre au frein 45 chevaux utiles, le moteur n'en donne pas moins dans ce cas 50 chevaux. En second lieu, les frottements du carter sur les roulements de grand diamètre qui le soutiennent peuvent, s'ils ne sont pas soigneusement prévus, prendre une importance très supérieure à celle d'un arbre vilebrequin du type courant.

On voit sur la coupe ci-contre que chaque cylindre passe successivement à toutes les distances de l'arbre des bielles qui sont comprises entre un maximum et un minimum, et que ces deux positions, éloignées de 180° l'une de l'autre, correspondent aux deux points morts ordinaires. Si l'on suppose, en effet, que la figure tourne de droite à gauche et que l'on considère le cylindre qui est actuellement vertical, le piston y est à fond de course ; c'est, par

Moteur Gnôme (Pistons et bielles).

exemple, le début de la compression (début du 2ᵉ temps). A mesure que l'ensemble tourne vers la gauche, le piston s'enfonce dans le cylindre considéré; il arrivera ainsi au point mort suivant, c'est-à-dire à fond de course (début du 3ᵉ temps) au moment où le cylindre sera redevenu vertical, mais renversé par rapport à sa position première. Lorsque le moteur aura accompli deux tours complets autour de l'arbre, les bielles auront aussi effectué deux révolutions autour du maneton unique qui les porte, et les pistons, deux allées et venues.

La construction des moteurs Gnôme. — Le moteur Gnôme

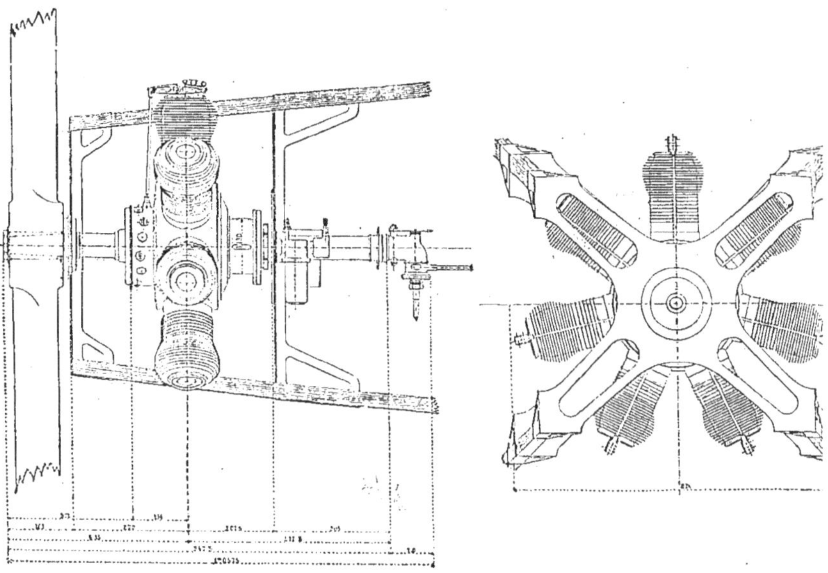

Schéma de montage du moteur 50 HP avec support à l'avant.

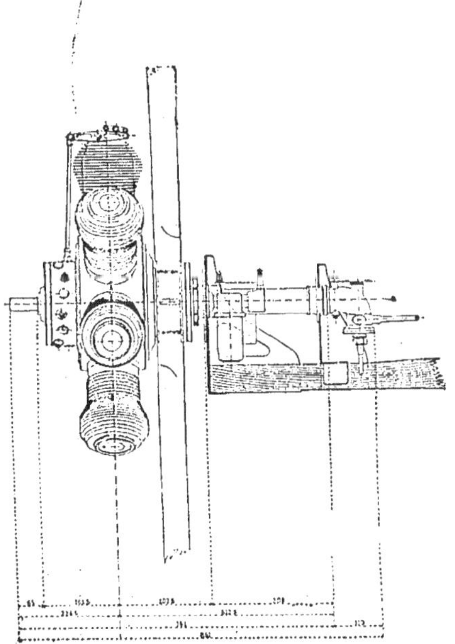

Schéma de montage du moteur 50 HP avec l'hélice à l'arrière.

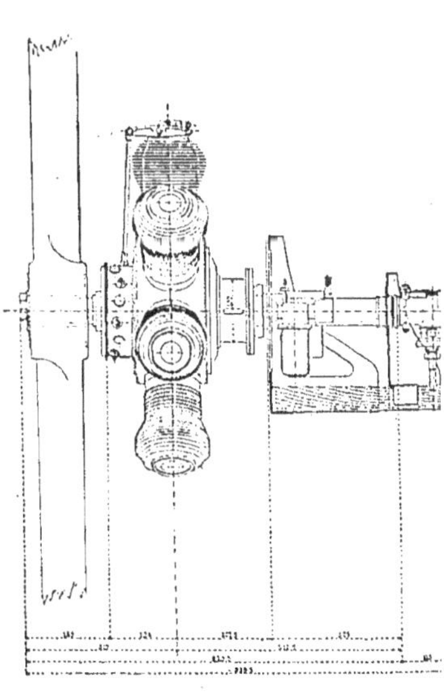

Schéma de montage du moteur 50 HP avec l'hélice en porte-à-faux à l'av...

SCHÉMAS DE MONTAGE

est en acier-nickel et ne contient pas d'aluminium. Le refroidissement y est assuré par la seule rotation des cylindres dans l'air et facilité par des ailettes, dont la disposition a varié plusieurs fois, mais dont on a peu à peu déterminé

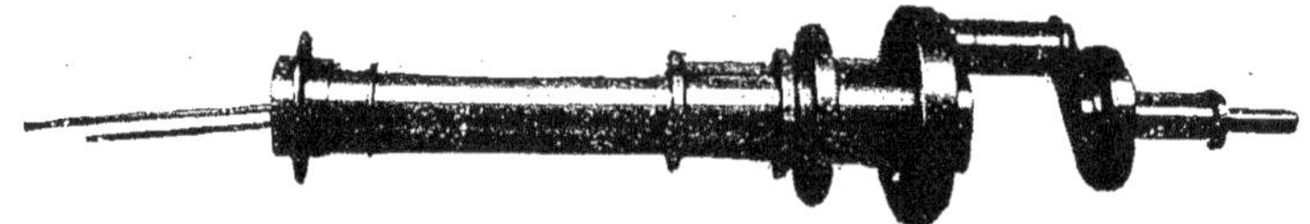

L'arbre fixe du moteur Gnôme.

exactement les dimensions optima. Il n'y a pas de volant, ou plutôt, le moteur tout entier forme volant. Aucune pièce ne possédant de mouvement rectiligne alternatif, les forces

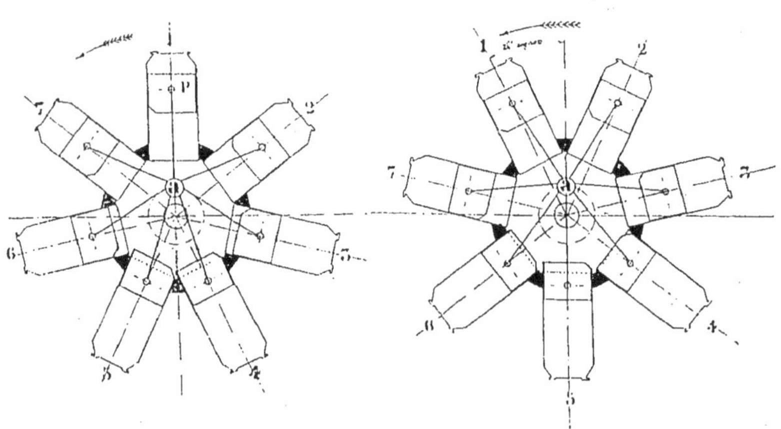

Avances angulaires dans le moteur Gnôme :
à gauche, 6 commence à échapper, 1 s'achève. — *à droite,* 2 allume, 26° avant le point mort.

d'inertie, sans avoir complètement disparu, y sont absolument négligeables (1). L'arbre creux et fixe supporte, par trois roulements de différente grosseur et des butées, l'ensemble des 7 cylindres.

Le carter est une boîte cylindrique fermée sur ses deux bases par deux flasques, dites de butée et de distribution, et

---

(1) Le calcul peut être fait à partir des données suivantes : soient O et M les axes du vilebrequin et du maneton fixe; P un piston. En

percée sur sa surface latérale de 7 pénétrations circulaires, où s'engagent à frottement dur les corps des cylindres.

Une rainure tracée sur leur pourtour reçoit un segment d'acier et l'ensemble est maintenu par une clavette. La force centrifuge tend à appliquer le segment sur le carter et assure l'assemblage.

Les cylindres, en acier-nickel, travaillés entièrement au tour

---

marche, on peut admettre que le mouvement du moteur est une rotation uniforme, vu la masse considérable des pièces en mouvement. En prenant O pour pôle et OM pour axe polaire, la rotation du cylindre contenant le piston P est définie par l'équation :

$$\alpha = A\,t$$

A est une constante égale à $2n\pi$, n étant le nombre de tours dans l'unité de temps.

Le mouvement du piston P lui-même, a lieu autour du point M. En prenant M pour pôle, ce mouvement a pour équation :

$$\rho = K$$
$$\omega = \varphi(t)$$

L'accélération tangentielle du piston dans son mouvement est $mR\dfrac{d\omega}{dt}$.

Il suffit donc, pour l'obtenir, d'expliciter la fonction φ, en exprimant ω en fonction de α et des constantes MP et OM, ce qui se fait très simplement. Mais on peut avoir une idée assez exacte des choses en se bornant à une étude géométrique. C étant un point fictif décrivant une circonférence d'un mouvement uniforme de vitesse angulaire $2n\pi$, la position du piston contenu dans le cylindre d'axe OC est donnée par

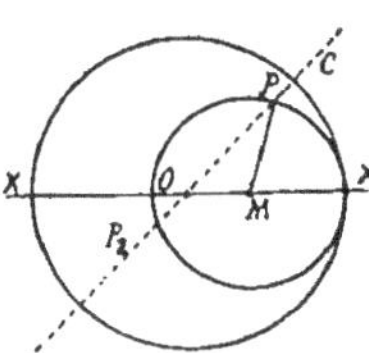

l'intersection avec OC d'une circonférence M de rayon égal à la bielle. On obtient ainsi deux points P_1 et P_2. On voit immédiatement qu'en P_1 le piston tourne *plus vite* que le cylindre et en P_2 *plus lentement*. Les arcs parcourus devenant égaux en X et en X', c'est qu'il y a accélération retardatrice au-dessus de XX' et accélératrice au-dessous. Les points d'accélération nulle pour le piston sont situés de part et d'autre de XX'.

Quant à l'accélération centrifuge, elle passe naturellement par deux valeurs limites ; on vérifie par le calcul que, vu le poids des pistons et leur vitesse de rotation, malgré la pression des gaz, qui a une direction centripète, la force centrifuge l'emporte en général et les bielles du moteur travaillent surtout à la traction. Ce résultat assez inattendu a de sérieuses conséquences sur le profil et le poids des bielles.

dans des lingots massifs, sont percés, au sommet, d'orifices pour les bougies et les soupapes d'échappement.

Les pistons sont du type courant ; cependant ils n'ont pas de segments, l'étanchéité de la chambre d'explosion est assurée par un obturateur en laiton qui fonctionne comme un cuir embouti et qui est maintenu dans sa rainure par un segment de fonte.

Six **bielles** sont articulées sur une septième, dite bielle maî-

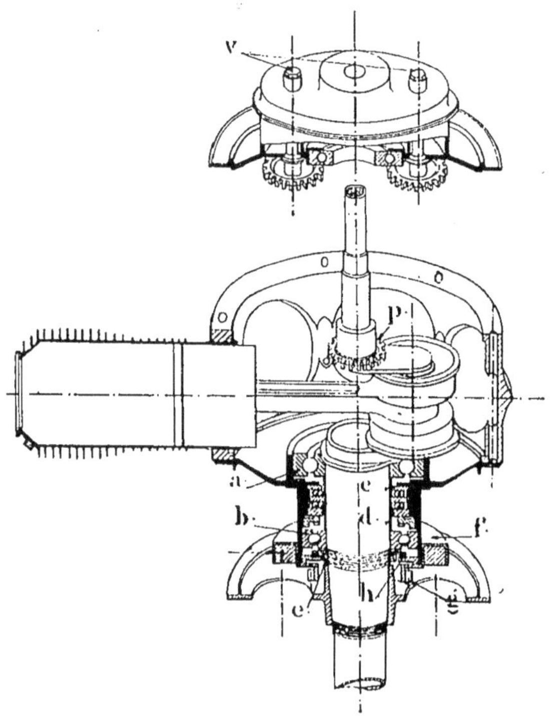

Flasques de butée du moteur Gnôme.

a. b, roulements à billes. — c, arbre. — d, tube entretoise. — f, distributeur de secondaire. P, pignon de distribution.

tresse, qui est portée elle-même par deux roulements à billes fixés sur le maneton.

Un certain jeu est nécessaire entre les bielles, car les angles qu'elles forment entre elles subissent de légères variations, au cours de chaque révolution.

Les pieds de bielle, attelés aux pistons, sont fixés par l'intermédiaire des boîtes des soupapes d'aspiration, qui sont en forme d'écrou.

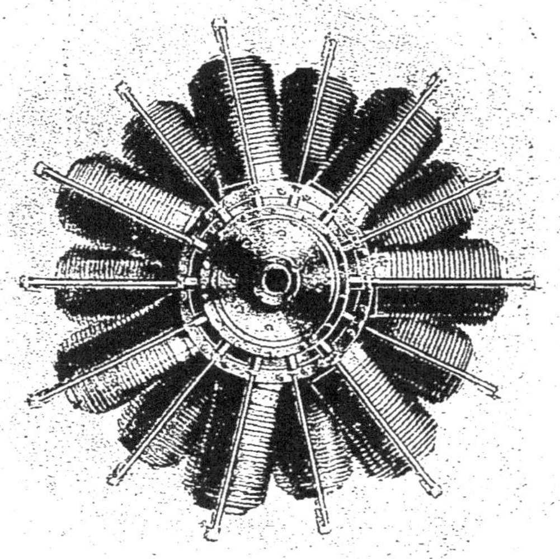

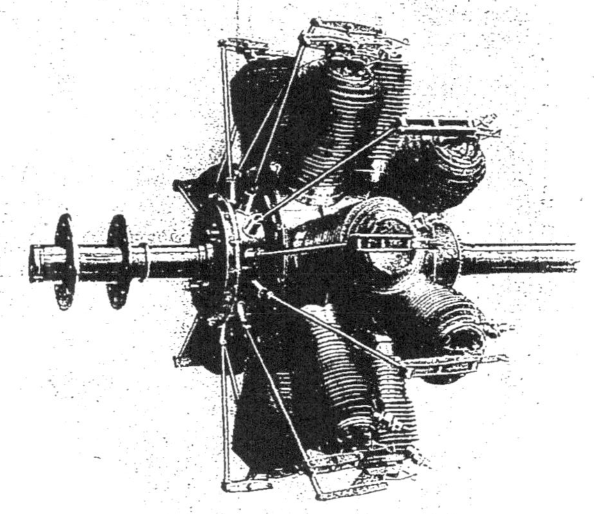

Le moteur Gnome 100 HP.

Les **soupapes d'aspiration**, automatiques, sont préservées, par des contrepoids, des effets de la force centrifuge, qui tendrait à les soulever constamment sur leur siège. Elles sont logées à l'intérieur du piston et graissées par l'excès d'huile des pieds de bielle. L'aspiration se fait donc au sein du carter, lequel forme gazomètre ou régulateur de gaz et dans lequel l'air carburé arrive directement par l'intérieur de l'arbre creux du moteur. Depuis 1909, les moteurs Gnôme sont alimentés par l'injection directe de l'essence dans le carter. Il

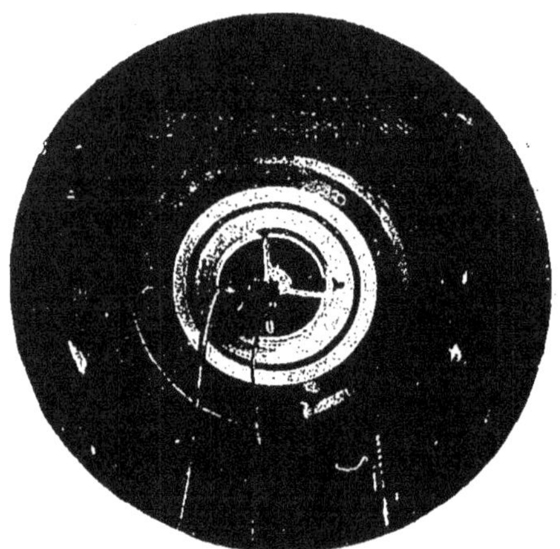

Le moteur Gnôme en marche.

convient de signaler à ce propos que la difficulté de l'alimentation centrale, heureusement résolue ici, réside dans l'échauffement des gaz [frais dans leur va-et-vient sous le piston, au contact des parois chaudes, avant leur admission dans la chambre d'explosion. La dilation des gaz qui est ainsi réalisée tend à diminuer le poids de la cylindrée, c'est-à-dire la puissance du moteur. Il faut donc éloigner les gaz des parois, par exemple, en revêtant l'intérieur du piston d'une chemise métallique d'isolement.

Les **soupapes d'échappement**, actionnées par double culbuteur, sont équilibrées comme les autres contre la force centrifuge. Toutefois, en cas de rupture du ressort de rappel, la force centrifuge assurerait encore le fonctionnement de la soupape.

La **distribution** est portée sur la flasque avant. Sept cames, avec leurs colliers, commandent à la traction les soupapes d'échappement.

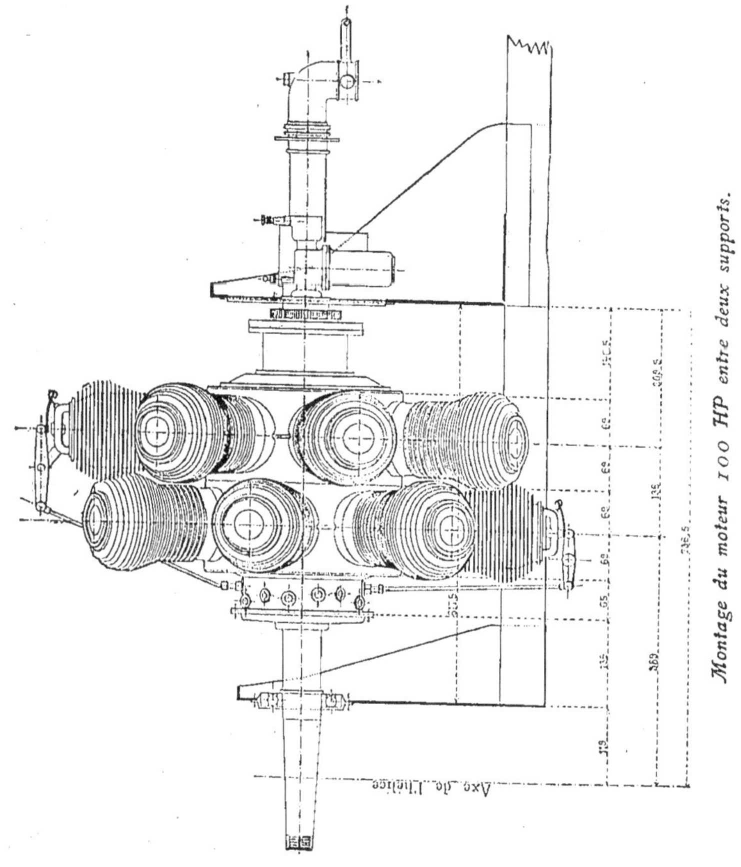

SCHÉMA DE MONTAGE

Un **distributeur** à 7 plots, alimenté par une magnéto, fournit le courant par 7 fils aux bougies.

La **pompe** à huile fonctionne comme un tiroir à vapeur à deux cylindres. Elle débite donc également, quelle que soit la contre-pression dans la tuyauterie et la viscosité de l'huile. Le graissage est assuré par deux canaux qui pénètrent à l'intérieur de l'arbre creux. Ils aboutissent aux divers paliers à billes qui supportent le carter et aux paliers de la bielle maîtresse. De là, l'huile, sous l'action de la force centrifuge, chemine d'un côté à travers les bielles et de l'autre suivant des rainures pratiquées sur les flasques. Elle parvient ainsi, par une double issue, jusqu'aux pistons qu'elle lubrifie intérieurement et extérieurement. En aucun cas, l'huile ne parvient dans la capacité libre du carter, qui est réservée aux gaz frais.

Le moteur Gnôme, dont on connaît les succès sportifs, donne 45/50 HP à 1.200 tours et pèse moins de 80 kilos. C'est aujourd'hui le plus léger des moteurs d'aviation.

Types récents. — Les constructeurs du moteur Gnôme ont établi récemment un type, dit 100 chevaux, formé de deux 50 HP accouplés sur le même arbre et un modèle 50 HP à soupape d'aspiration commandée avec une tuyauterie alimentant séparément chaque cylindre et tournant avec lui.

Les moteurs construits en 1911 comprennent deux séries : une formée de moteurs à 7 cylindres, faisant respectivement 50, 70 et 100 chevaux; l'autre, de moteurs à 14 cylindres, donnant 100, 140 et 200 chevaux.

MOTEUR GOBRON-BRILLIÉ

Le moteur Gobron-Brillié appartient à une classe tout à fait spéciale, qui a joué un rôle à part dans l'histoire du moteur à explosion, sous le nom de *type Gobron*. Ce type est caractérisé par l'existence de deux pistons dans chaque cylindre. Les

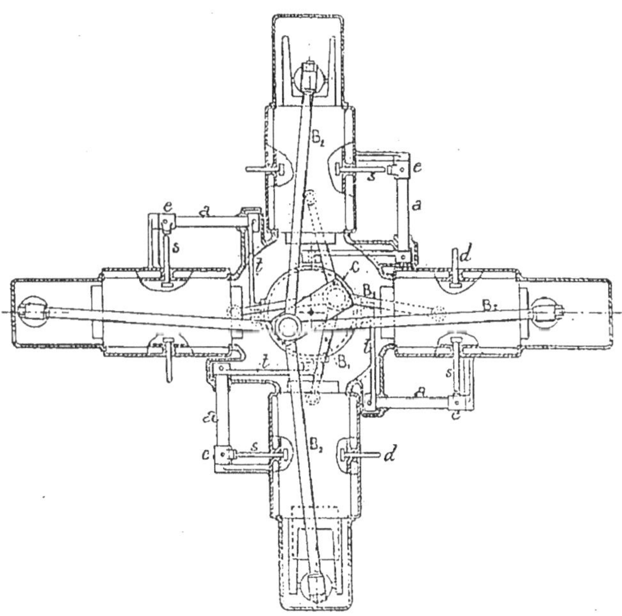

Moteur Gobron en X.

deux pistons attaquent chacun un coude différent de l'arbre vilebrequin; la chambre d'explosion se trouve reportée au milieu des cylindres et, au moment de l'allumage, les pistons s'éloignent l'un de l'autre, le plus voisin de l'arbre agissant par compression sur sa bielle, l'autre exerçant une traction égale sur la sienne.

On a beaucoup étudié, à l'époque de son apparition le pour et le contre de ce dispositif, qui est en usage sur toutes les voitures Gobron-Brillié, et cela, notamment à propos de la réglementation du concours annuel de l'Automobile-Club de France. On a, pendant longtemps, handicapé d'une façon un peu arbitraire les moteurs *type Gobron* dans les courses où un alésage maximum était imposé aux concurrents. Ce maximum était plus petit pour les moteurs Gobron, et l'on a fini par leur appliquer la règle commune.

Le rendement du moteur à double piston a toujours été des meilleurs, en raison sans doute de la détente plus longue qu'une même course de la manivelle assure dans ces moteurs, par rapport aux autres types, Appliqué à l'aviation, le modèle courant a pris la forme d'un moteur à 8 cylindres, réparti en deux groupes de 4, placés l'un à la suite de l'autre et affectant la forme d'un X.

Chaque groupe de 4 renferme 8 pistons, dont les 4 intérieurs K sont attelés par les bielles courtes F sur un maneton de l'arbre moteur D, et les 4 extérieurs L sur l'autre maneton, par les bielles longues H. Une traverse J réunit les deux pistons extérieurs correspondants et les bielles longues de chaque branche de l'X. Le vilebrequin, deux fois coudé, est placé dans un carter central. Le tout forme ainsi quatre groupes de deux cylindres, avec un seul carter et un seul arbre, sur lequel chaque maneton sert à quatre bielles disposées en étoile.

La distribution s'effectue à l'aide d'un dispositif original, qui ne comporte ni engrenage ni came : un double culbuteur qui, à chaque tour de l'arbre, fait ouvrir successivement une des soupapes, est placé sous les soupapes d'échappement de chaque groupe. Ce mouvement résulte de ce que les culbuteurs sont solidaires chacun d'une navette encastrée dans un disque à deux rainures, qui est calé au milieu du vilebrequin. Ces rainures correspondent par un aiguillage, et les navettes sont naturellement guidées de l'une à l'autre en passant ainsi par chacune d'elles tous les deux tours de l'arbre.

De la position de la navette dans les rainures dépend celle du culbuteur correspondant qui fait ainsi, en temps voulu, ouvrir et fermer la soupape de droite ou celle de gauche, suivant que la navette est dans la rainure de gauche ou dans celle de droite.

Les soupapes d'admission sont automatiques et très légères, elles sont facilement accessibles, de même que celles d'échappement.

Le carburateur est du type ordinaire, mais allégé. La tuyauterie d'admission du mélange gazeux est construite de telle sorte que le chemin parcouru par ce mélange, pour arriver du carburateur à la chambre d'explosion, est le même pour chaque cylindre.

L'allumage est produit par deux magnétos placées sur le plateau avant du carter du moteur. Elles sont commandées par un seul engrenage hélicoïdal, calé en bout de l'arbre vilebrequin. Les deux magnétos tournant, l'une à droite, l'autre à gauche, sont symétriquement disposées, par rapport à l'engrenage de commande, auxquelles elles sont reliées par un joint de Oldham.

Le refroidissement est obtenu par une circulation d'eau. Cette circulation est produite par une turbine, calée directement au bout de l'arbre. La chemise d'eau des cylindres est comprise de manière à éviter tout échauffement local : les organes délicats, tels que les bougies et les soupapes, sont noyés dans l'eau de circulation.

Ce mode de refroidissement nécessite un radiateur.

Le graissage s'obtient au moyen d'une petite pompe à huile commandée par engrenage hélicoïdal et une vis sans fin, qui baigne dans l'huile de même que la commande de la magnéto.

Les cylindres sont montés sur un bâti robuste en aluminium. Le moteur fait 55 chevaux et pèse 150 kilos, il tourne à 1.150 tours environ en régime normal.

Au point de vue de l'équilibrage des efforts moteurs, chaque groupe de 4 cylindres en croix est placé dans des conditions assez favorables, puisque les explosions peuvent s'y succéder à des intervalles beaucoup plus rapprochés que dans les moteurs en V, lesquels n'ont que deux pistons accouplés sur le même maneton. Ici, en effet les explosions se succèdent aux intervalles suivants :

$$180^{\circ}\ (1\ \text{à}\ 3),\ 270^{\circ}\ (3\ \text{à}\ 2),\ 180^{\circ}\ (2\ \text{à}\ 4),\ 90^{\circ}\ (4\ \text{à}\ 1),\ \text{etc.}$$

Quant à l'équilibrage des forces d'inertie, il est parfaitement assuré en ce qui concerne les masses des pistons et d'une façon satisfaisante pour celle des bielles. Il est à regretter que le moteur Gobron en X n'ait pas fait l'objet d'essais pratiques soutenus, qui en auraient permis la mise au point et l'amélioration.

MOTEURS GREEN

❧

Le moteur Green est à quatre cylindres verticaux (à 4 temps), en acier coulé d'une seule pièce avec la culasse et les chambres de soupapes verticales placées au-dessus des fonds de cylindres. Le cylindre est tourné également à l'extérieur pour supprimer le métal superflu.

La chemise de circulation d'eau consiste en une mince enveloppe de cuivre poli, obtenue par la pression d'une

Moteur Green (Côté admission).

simple feuille de métal dans une matrice spéciale. La jonction de la chemise au corps du cylindre s'effectue à l'aide d'un anneau de caoutchouc gris de section rectangulaire, inséré dans une rainure que porte l'extrémité inférieure du cylindre.

Le joint obtenu est, paraît-il, complètement étanche et permet sans inconvénient les dilatations du cuivre et de l'acier. C'est là une solution hardie d'un problème délicat entre tous.

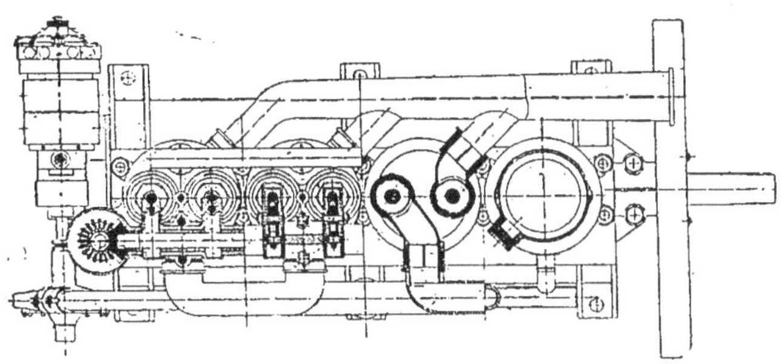

Moteur Green (Distribution).

Les bielles sont en acier forgé et de grande section, à côtes. Les pistons et les cages des soupapes sont en fonte, les sou-

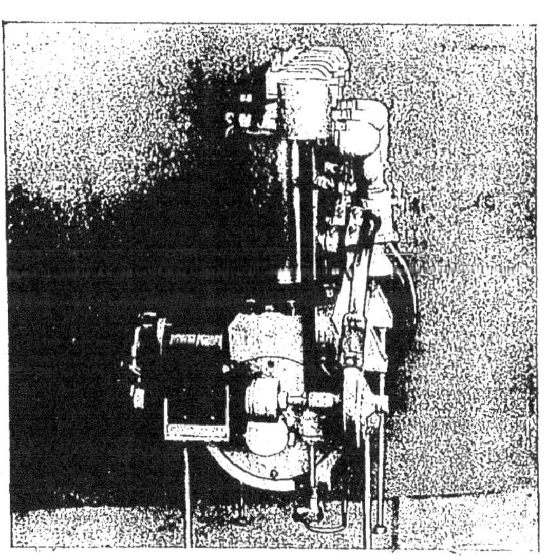

Moteur Green vu de face.

papes elles-mêmes ainsi que leurs tiges sont en acier forgé et tourné.

Tous les coussinets sont en bronze garni de métal blanc.

Le carburateur est d'un modèle spécial, très simplifié par rapport aux types courants.

L'allumage s'effectue par magnéto actionnée par vis sans fin, de même que la pompe à eau.

Le mode de graissage mérite une mention spéciale :

L'huile est lancée à l'aide d'une petite pompe à engrenage dans une conduite fondue d'une seule pièce avec le bâti. Elle passe de là dans des colonnes creuses, où se trouvent les boulons et se rend ensuite aux principales portées et au vilebrequin, qui est creux. La portion centrale des boulons a été suffisamment réduite pour permettre la circulation de l'huile qui se rend également aux bielles et aux cylindres.

Les moteurs Green se font en deux types principaux : 3o/35 et 5o/6o chevaux.

MOTEURS GRÉGOIRE-GYP

Ces moteurs sont à 4 cylindres verticaux, du type courant

Moteur Grégoire-Gyp.

et établis en 4 modèles, 25/30, 40/45, 60/70 et 120/140 chevaux.
Ils sont classés en deux séries, la série normale et la série

inversée, dans laquelle les cylindres sont au-dessous de l'arbre moteur.

Les cylindres sont groupés par paires ; ils sont en acier moulé. Les pistons sont en fonte, l'arbre en chrome-nickel, porté par 3 paliers à billes.

Le carter est en aluminium, muni d'un avant-bec pour porter l'hélice.

Une pompe montée au bout du vilebrequin fait circuler l'eau

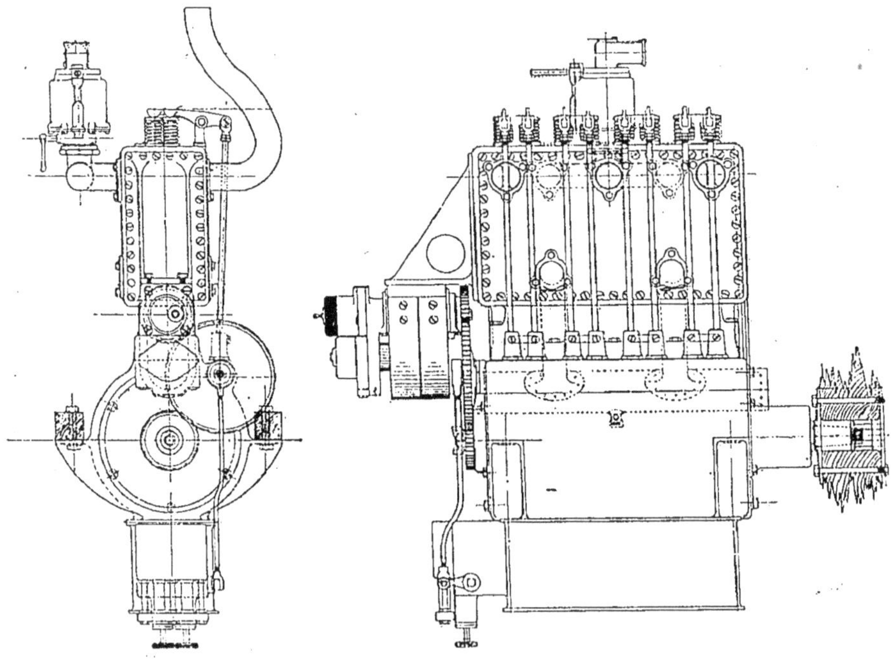

de refroidissement dans les chemises d'eau en cuivre rapporté par électrolyse.

Le type 90/100 chevaux a 130/150 millimètres.

Le type 40/45 chevaux a 92/140 millimètres.

Le régime normal de ces moteurs est de 1.300-1.400 tours.

MOTEURS GRÉGOIRE-GYP

Ces moteurs sont à 4 cylindres verticaux, du type courant

Moteur Grégoire-Gyp.

et établis en 4 modèles, 25/30, 40/45, 60/70 et 120/140 chevaux.
Ils sont classés en deux séries, la série normale et la série

inversée, dans laquelle les cylindres sont au-dessous de l'arbre moteur.

Les cylindres sont groupés par paires ; ils sont en acier moulé. Les pistons sont en fonte, l'arbre en chrome-nickel, porté par 3 paliers à billes.

Le carter est en aluminium, muni d'un avant-bec pour porter l'hélice.

Une pompe montée au bout du vilebrequin fait circuler l'eau

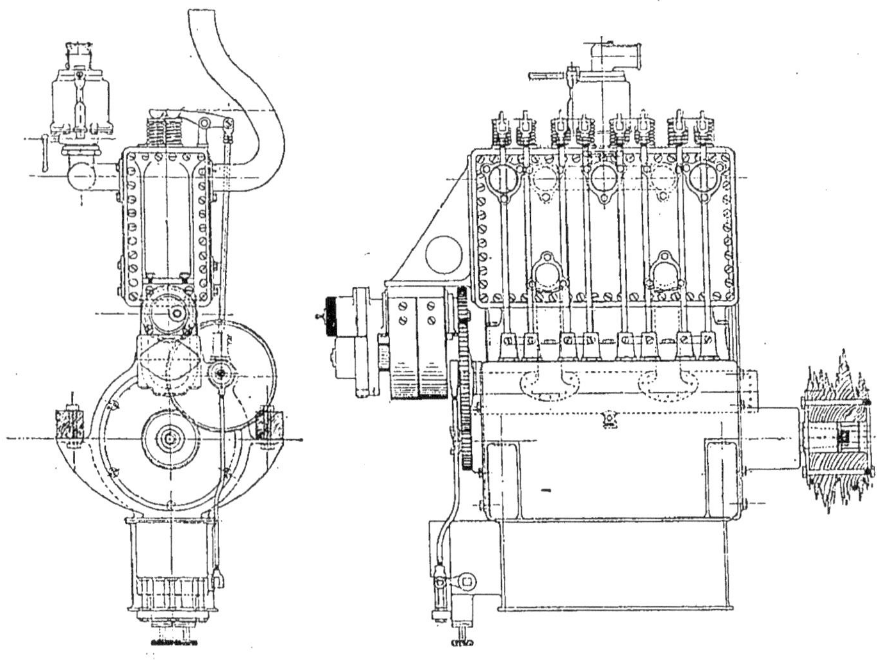

de refroidissement dans les chemises d'eau en cuivre rapporté par électrolyse.

Le type 90/100 chevaux a 130/150 millimètres.

Le type 40/45 chevaux a 92/140 millimètres.

Le régime normal de ces moteurs est de 1.300-1.400 tours.

MOTEURS HUTH

❧

Le moteur du D‍ʳ Huth est du type étoilé, à 6 cylindres. Il a 110 d'alésage et 110 de course ; il fait 50 chevaux à 1.200 tours pour un poids de 90 kilos, soit 1ᵏ,8 par cheval. Les cylindres

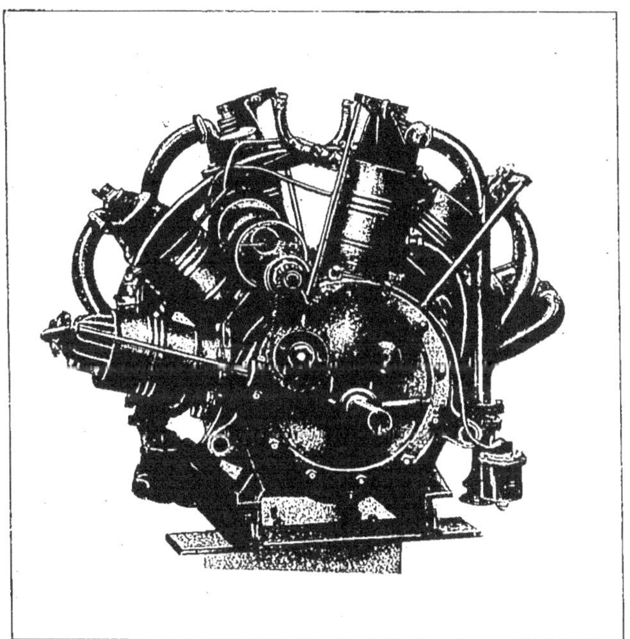

Moteur Huth.

sont venus de fonte avec les boîtes à clapets et entourés par des chemises de laitons. Les deux soupapes sont concentriques et disposées sur les fonds de cylindre.

Le moteur est divisé en deux groupes de trois, disposés dans deux plans parallèles. Il y a deux carburateurs distincts.

qui alimentent chacun trois cylindres. L'allumage des cylindres a lieu dans l'ordre 1, 4, 3, 6, 5, 2; les espacements sont
90°, puis 150°. Cependant, l'allumage est assuré par une seule
magnéto, commandée par chaîne et placée à l'avant du carter.
L'équilibrage des masses est à peu près exact et les vibrations
latérales insensibles.

Le taux de travail du vilebrequin, qui est creux, est de
5 kilos, soit la moitié du taux analogue dans les 4 cylindres
du type courant. D'autre part, il y a une certaine complication
dans la dissymétrie des tiges de commande des soupapes;
dans la tuyauterie d'alimentation, qui favorise nettement un
des cylindres aux dépens des autres dans chaque groupe de
trois; dans la commande de la magnéto, etc.

Les résultats pratiques de ce moteur sont encore inconnus.
On peut le rapprocher du moteur français Lemasson.

MOTEURS ISOTTA-FRASCHINI

La maison Isotta-Fraschini a créé un moteur d'aviation qui rappelle assez fidèlement le modèle établi par de Dion-Bouton. Il est à 8 cylindres fondus par groupes de 2 et disposés en V sur un carter d'aluminium. Le vilebrequin est plan, à 4 coudes.

Moteur Isotta-Fraschini.

Les soupapes sont commandées, celles d'aspiration placées au haut des cylindres.

L'arbre à cames porte un cardan qui sert à actionner l'hélice. Il tourne à demi-vitesse de l'arbre principal, dont le régime est de 1.500 tours pour 60/70 HP. Le cardan a pour but de permettre les mouvements accidentels de l'hélice hors de son plan de rotation normal (effets gyroscopiques dans les virages).

Le refroidissement se fait par l'eau, au moyen d'un radiateur, d'un ventilateur et d'une pompe centrifuge. Le graissage est forcé, lui aussi.

Le poids en ordre de marche est de 140 kilos, sans radiateur, ni eau de refroidissement.

Outre ce modèle, Isotta-Fraschini construit un moteur 40 HP à 4 cylindres verticaux qui pèse environ 100 kilos. Les cylindres sont fondus par paires. Le carburateur est à dosage constant, insensible à toute inclinaison. Le régime du moteur est de 1400 à 1500 tours et l'hélice peut être démultipliée comme dans le modèle précédent.

MOTEURS ITALA

Le moteur d'aviation Itala de 65 chevaux est à 4 cylindres

Moteur Itala.

verticaux avec chemise d'eau en aluminium. Les soupapes
commandées sont en haut des cylindres.

L'ensemble est entièrement analogue aux moteurs de voitures de la même usine. Le carburateur est à air automatique; le graissage et le refroidissement se font par pompe. Le régime normal est de 1.500 tours-minute.

Le poids total est de 180 kilos, avec le volant et un réducteur de vitesse qui tourne à 1.000 tours.

MOTEURS IXION

Le moteur Ixion est un moteur à deux temps et sans soupapes.

Inventé par Léon Cordonnier, de Lille, il présente la particularité que la chasse à travers le cylindre, vers la fin de la course motrice de détente qui, dans les moteurs à deux temps, remplace les temps d'échappement et d'aspiration de la charge fraîche, est réalisée, dans ce moteur, d'une manière simple et ingénieuse. La distribution s'opère sans aucune pièce mobile spéciale, et uniquement par le mouvement du piston et par la rotation de l'arbre. Cet effet s'obtient grâce à des lumières pratiquées dans les parois du cylindre, démasquées en temps voulu par le piston pour l'échappement des gaz brûlés et l'introduction subséquente des gaz frais qui arrivent dans le carter par l'arbre vilebrequin lequel est creux et percé d'une lumière.

La succession des opérations est la suivante :

1° Au premier temps, le piston monte ; le mélange tonnant est aspiré dans le carter par la lumière de l'arbre vilebrequin ; en même temps, le gaz admis à la course précédente est comprimé dans le cylindre ;

2° Au deuxième temps, le piston étant arrivé à la fin de sa course ascendante, l'étincelle électrique enflamme le mélange comprimé ; l'explosion chasse le piston. Quand celui-ci est arrivé vers le bas de sa course, il découvre l'orifice par lequel s'échappe le gaz brûlé. Immédiatement après, le piston découvre une autre lumière par où pénètre dans le cylindre le mélange de gaz frais admis dans le carter au premier temps et comprimé dans ce carter pendant toute la descente du piston.

Ces moteurs se construisent avec un, deux ou quatre cylindres. Ils sont très simples, et possèdent une consommation modérée, surtout étant donné les pertes de gaz inévitables dans les types à deux temps. Ils ont déjà reçu de nombreuses applications, aussi bien pour actionner les appareils agricoles que les motocycles ou les automobiles.

MOTEURS KÖRTING

Le moteur Körting actionne les dirigeables Gross, M I, etc.
Il est à huit cylindres, disposés suivant le type Antoinette et
fondus en un métal dont la résistance approche celle de l'acier,
les chemises sont en cuivre.

Ce moteur donne 75 chevaux à 1.450 tours et pèse environ

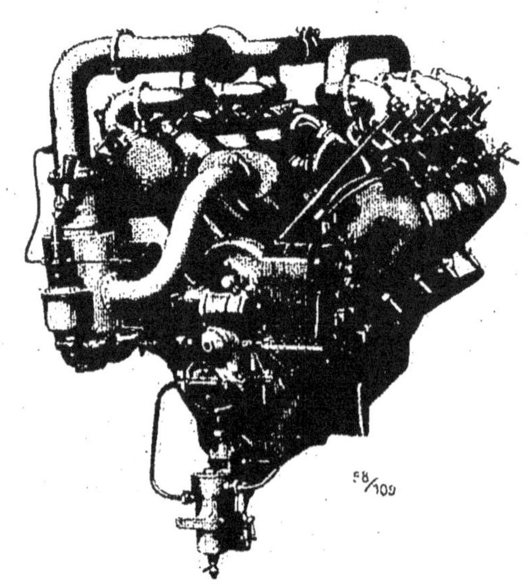

Moteur Korting.

200 kilogrammes, tout compris. Les cylindres, en fonte, sont
fondus isolément, avec leurs bossages et leur boîte à soupapes
et munis d'enveloppes en cuivre. Ils ont 116 millimètres d'alésage et 126 millimètres de course. Les soupapes d'admission et
d'échappement sont toutes commandées par un seul arbre à

cames et placées sur le côté, dans une chambre spéciale. La soupape d'échappement est attaquée directement, celle d'aspiration au moyen d'un levier de renvoi.

L'arbre est en acier-nickel, très résistant et possédant un grand allongement; il est creux sur toute sa longueur.

Le carter d'aluminium porte les coussinets en bronze du vilebrequin; les roulements de l'arbre et des bielles sont lisses.

L'arbre à cames est d'une seule pièce avec les cames des paliers à billes.

Un seul carburateur alimente tous les cylindres. Il est du type Grouvelle-Arquembourg, avec réglage d'air automatique.

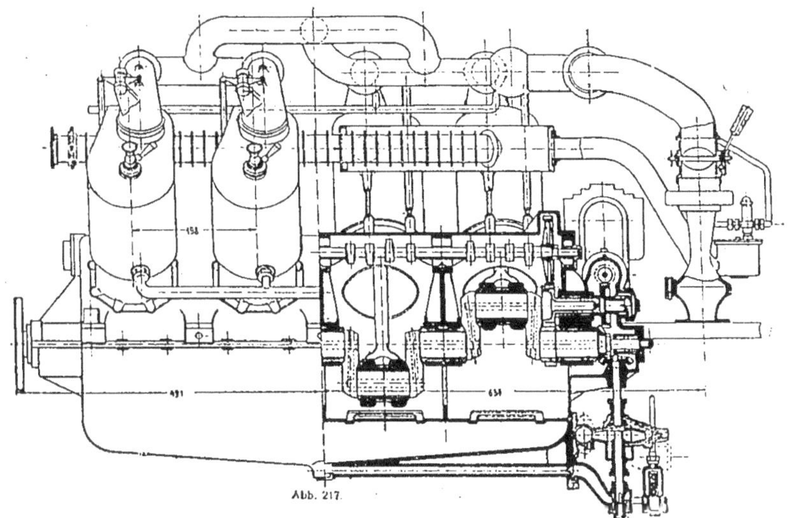

Moteur Koerting (Élévation latérale et coupe).

Le trajet des gaz a la même longueur, c'est-à-dire à peu près la même perte de charge, pour tous les cylindres.

Le refroidissement a lieu par circulation d'eau, obtenue à l'aide d'une pompe actionnée par une chaîne entraînée par une roue dentée calée sur l'arbre à manivelles.

Un double allumage effectué par deux magnétos se suppléant l'une l'autre et débrayables permet de parer aux pannes. Le carburateur est fixé au moteur lui-même : il peut être réchauffé par les gaz d'échappement.

Outre le modèle précédent, qui est établi en deux grandeurs, Körting construit un 4 cylindres d'aviation du type automobile. Ce moteur a été employé par Oertz à Hambourg, Jatho à Hanovre et par le bataillon d'aérostiers russes à Pétersbourg, pour son ballon d'étude.

MOTEURS LABOR-AVIATION

Les moteurs Labor-Aviation existent en deux types : le 40 chevaux de 90/150 millimètres et le 70 chevaux de 100/210 millimètres. Ils appartiennent donc à la catégorie des moteurs

Moteur Labor-Aviation.

à longue course qui ont fait leur apparition dans ces dernières années.

Les cylindres sont fondus d'un bloc. Deux arbres à cames sont placés de part et d'autre du carter. Le vilebrequin à trois paliers, perforé, commande l'hélice et les engrenages de distribution.

Le graissage est obtenu par barbotage et pompe distribuant l'huile dans une rampe *ad hoc*.

Quant aux cylindres, ils sont graissés par une rampe spéciale.

Le régime des moteurs est de 1.200-1.400 tours, ce qui, vu la détente très longue que possèdent les cylindres, assure une bonne utilisation du combustible. Le type 90/150 sans volant pèse 85 kilos ; le modèle 100/210, 137 kilos.

MOTEUR LAVIATOR

Le moteur Laviator est un moteur rotatif à deux temps.

Il a trois cylindres de 120/130 et tourne à 1.100 tours en régime normal. La constance du couple moteur est la même

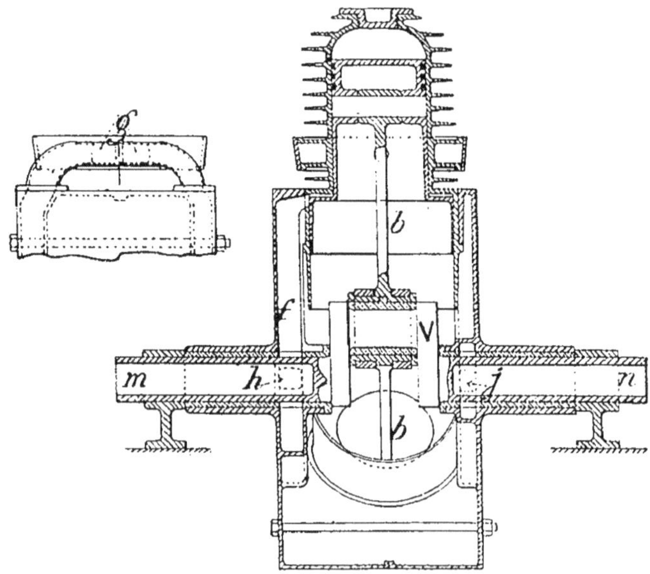

que dans un 6 cylindres ordinaire, puisqu'il y a ici 3 explosions par tour.

L'arbre est fixe et les trois bielles sont assemblées sur un coude unique par un montage Brotherood.

Le carter est en aluminium, les cylindres en acier-nickel, l'arbre en nickel-chrome.

La distribution, qui est obtenue sans l'emploi de soupapes,

constitue l'un des principaux avantages du moteur. Elle est réalisée par le dispositif suivant.

Les cylindres et les pistons, comme dans beaucoup de moteurs à 2 temps, sont à deux compartiments d'alésage différent. La base du piston aspire et comprime dans la chambre à grand diamètre des gaz frais qui sont envoyés sous pression dans la chambre d'explosion du cylindre voisin. L'arrivée des gaz se fait par des lumières percées dans la paroi de l'arbre qui est

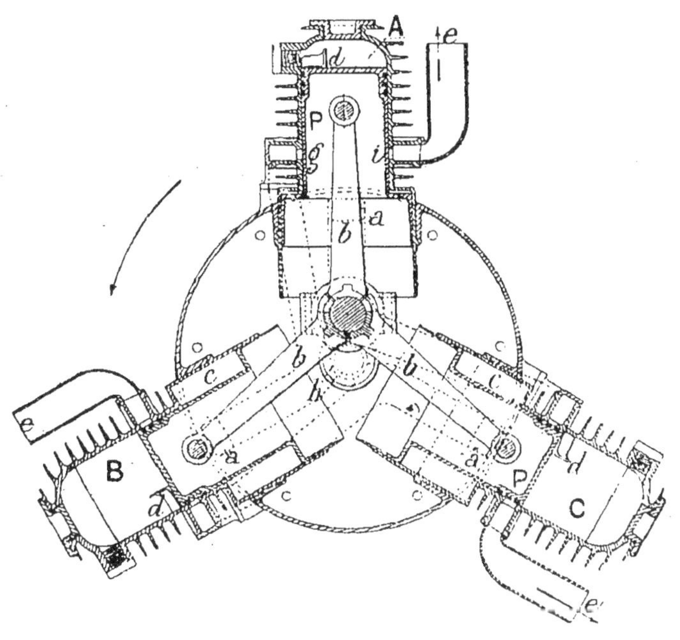

creux et divisé en deux par une cloison verticale à une extrémité. L'une des lumières fournit l'air carburé, l'autre l'air additionnel. Un guide placé sur le piston dévie les gaz frais vers le fond des cylindres, afin d'éviter le mélange avec les gaz brûlés.

Lorsque la bielle descend, le gros piston aspire par des lumières, d'abord l'air pur, puis des gaz carburés qui cheminent dans cet ordre dans la tuyauterie correspondante. Quand le maneton est au point mort, l'échappement a lieu dans le petit cylindre par l'ouverture des lumières *ad hoc*. A ce moment, la bielle remonte; par la rotation de l'arbre, les lumières d'alimentation se ferment pour ce cylindre; le gros piston comprime les deux charges qui pénètrent l'une après l'autre dans le petit cylindre précédent. L'air pur y arrive vers la fin de l'échappement et contribue à faire la vidange du cylindre qu'il refroidit en même temps. Puis, les lumières d'échappement étant obturées, c'est le gaz carburé qui pénètre à son tour, chassé par le gros piston du premier cylindre. Ainsi s'opère l'alimentation du moteur. En somme, par ce procédé, le moteur Laviator supprime, avec les soupapes, un grand nombre d'inconvénients inhérents aux cames, ressorts et autres accessoires qu'elles entraînent.

L'alimentation est régulière et complète, puisqu'elle s'effectue sous pression. Elle diminue très notablement les chances de panne et permet, au prix d'un réglage précis, d'espérer de ce moteur un bon rendement et une puissance massique élevée en raison tant du cycle adopté que du petit nombre des organes.

MOTEUR LEGROS

Ce moteur est à deux temps ; il est caractérisé par la disposition du piston qui, tout en se déplaçant dans le cylindre, à la manière d'un piston ordinaire, va et vient vis-à-vis d'un piston fixe, qui est en somme l'organe essentiel et particulier auquel ce moteur doit son fonctionnement et sa compacité. Ce piston fixe empêche toute communication avec le carter des manivelles, il se trouve relié au carburateur par un canal spécial.

Le piston mobile remplit donc une double fonction : sa face supérieure reçoit la poussée motrice de l'explosion, tandis que sa face interne opposée est utilisée, en même temps, comme pompe d'aspiration et de refoulement, à rendement réellement efficace.

Le moteur ne comporte *aucune soupape*, aucun ressort, ni pièce fragile, ou délicate, susceptible de déréglage.

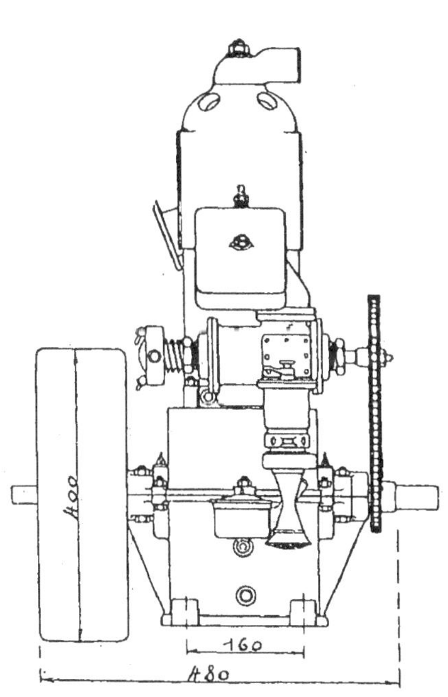

Moteur René Legros.

Son fonctionnement s'explique de lui-même, par la coupe schématique ci-après.

Un volet-butoir *r*, venu de fonte avec le piston mobile P, dirige les gaz frais vers le sommet du cylindre où se trouve la bougie *b* pendant que les gaz brûlés détendus achèvent de s'échapper dans l'atmosphère par E.

En O sont les lumières d'échappement que découvre le piston à fond de course, et qui débitent directement dans E, collecteur-tubulure des gaz brûlés (modèle spécial dit à « auto-éjection »).

Le moteur René Legros est, historiquement, l'un des pre-

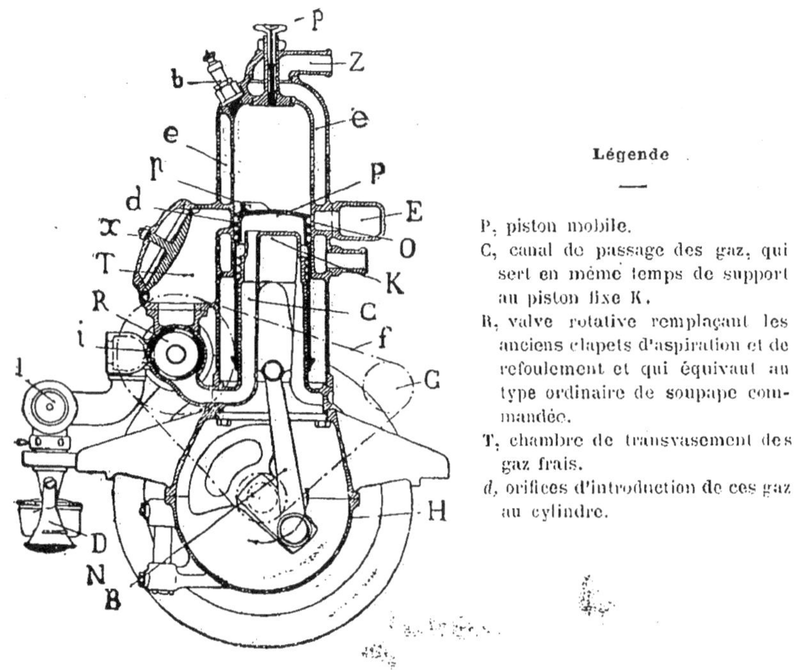

Légende

P, piston mobile.

C, canal de passage des gaz, qui sert en même temps de support au piston fixe K.

R, valve rotative remplaçant les anciens clapets d'aspiration et de refoulement et qui équivaut au type ordinaire de soupape commandée.

T, chambre de transvasement des gaz frais.

d, orifices d'introduction de ces gaz au cylindre.

miers moteurs à deux temps. La plupart des problèmes propres à ce type de moteurs, et qui rendent si difficile la séparation des gaz brûlés et des gaz frais ont été abordés et résolus d'une façon déjà satisfaisante dans le moteur R. Legros. Il est juste d'observer que ces problèmes sont encore à l'étude aujourd'hui et que les solutions récentes ne sont souvent que des variantes et des perfectionnements des solutions primitives.

Quoique le moteur R. Legros ne soit pas à proprement parler un moteur d'aéroplane, il méritait une place ici, comme prototype des moteurs à deux temps établis spécialement pour l'aviation.

MOTEUR LEMALE

Le moteur Lemâle, engagé au concours de l'Automobile-Club de France en avril 1910, a les caractéristiques suivantes :

Moteur Lemâle.

4 cylindres verticaux de 110/115 millimètres ; régime normal, 1.200 tours.

Il offre la disposition courante des moteurs d'automobile et possède des bielles désaxées. Deux tubes de fixation traversent le carter en aluminium en deux pièces.

L'essai officiel a donné 24 ch. 8 pour un poids d'environ 90 kilos.

MOTEURS LEMASSON

Formé de la juxtaposition de deux groupes de trois cylindres, ce moteur, du type dit en éventail, offre une disposition

Moteur Lemasson.

spéciale, quant à la distance angulaire des cylindres. Tous ceux-ci sont placés au-dessus d'un plan horizontal passant par l'arbre vilebrequin, afin d'assurer un graissage uniforme. Ils sont en fonte douce spéciale, et au nombre de six, disposés en

2 plans parallèles, 3 dans chaque plan. Les angles entre deux cylindres consécutifs vus de face sont de 30° et, dans chaque groupe de 3, deux cylindres sont à 30° et le troisième à 90° du second.

Sur la figure, les 3 cylindres 1, 6, 3, sont dans un plan et les 3 autres 5, 2, 4 dans un plan parallèle.

Par cette disposition, les explosions, qui ont lieu dans

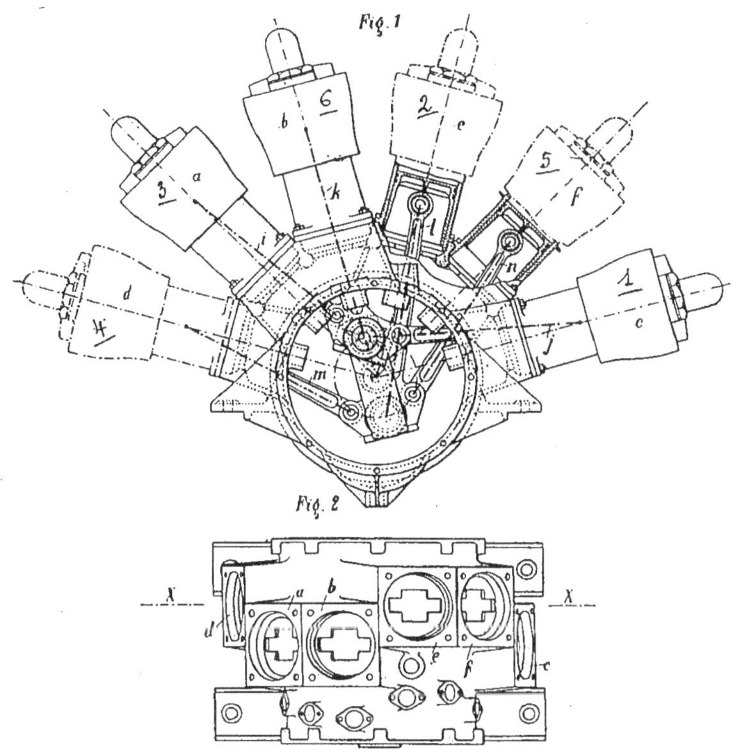

Moteur Lémasson :

en haut, élévation et coupe. — *en bas,* plan du carter et des pénétrations des cylindres.

l'ordre 1, 2, 3, 4, 5, 6, sont espacées d'intervalles angulaires successifs de 120°, 120°, 150°, 120°, 120° et 90°. En effet, le vilebrequin est à 2 coudes, qui font entre eux un angle de 180° et la rotation a lieu dans le sens direct des aiguilles d'une montre.

La régularité cyclique est ainsi presque parfaite et supérieure à celle d'un 6 cylindres en étoile ou en V, les deux décalages (30°) étant le 1/4 des intervalles précédents.

Il existe 2 groupes de 3 bielles. Dans chaque groupe, une bielle maîtresse embrasse l'un des coudes du vilebrequin, 2 autres biellettes viennent s'articuler sur la tête de bielle maîtresse; les bielles sont en acier au nickel. Les efforts maxima qu'elles supportent sont de 15 kilos par millimètre carré, charge faible qui procure un coefficient de sécurité élevé. Le vilebrequin en acier-nickel-chrome ne travaille, lui aussi, qu'à 16 kilos par millimètre carré, tant à la flexion qu'à la torsion.

La compression $\dfrac{V + v}{v} = 5$; la chambre est tronconique; les soupapes sont placées au-dessus du cylindre. La soupape d'admission est automatique.

L'admission des gaz carburés se fait par un collecteur central placé derrière le moteur, de façon à réchauffer les tuyauteries et éviter les condensations de vapeurs d'essence. Les soupapes d'échappement sont placées à l'avant des cylindres, de sorte que leur refroidissement soit mieux assuré.

Le graissage est du type à circulation sous pression. Une pompe puise l'huile dans un réservoir et l'envoie par deux conduits dans l'intérieur du vilebrequin foré à cet effet; l'huile est distribuée ensuite aux portées, têtes de bielle, cylindres, pignons, cames, etc. L'huile qui tombe au fond du carter va au réservoir, s'y décante, filtre et est refroidie avant de rentrer en circulation.

L'allumage du moteur se fait par 2 magnétos, et au besoin par une seule, d'où grande sécurité d'allumage. Le carburateur est du type ordinaire.

MOTEURS LIGEZ

Le moteur Ligez est un rotatif à 3 cylindres avec démultiplication à l'intérieur du carter.

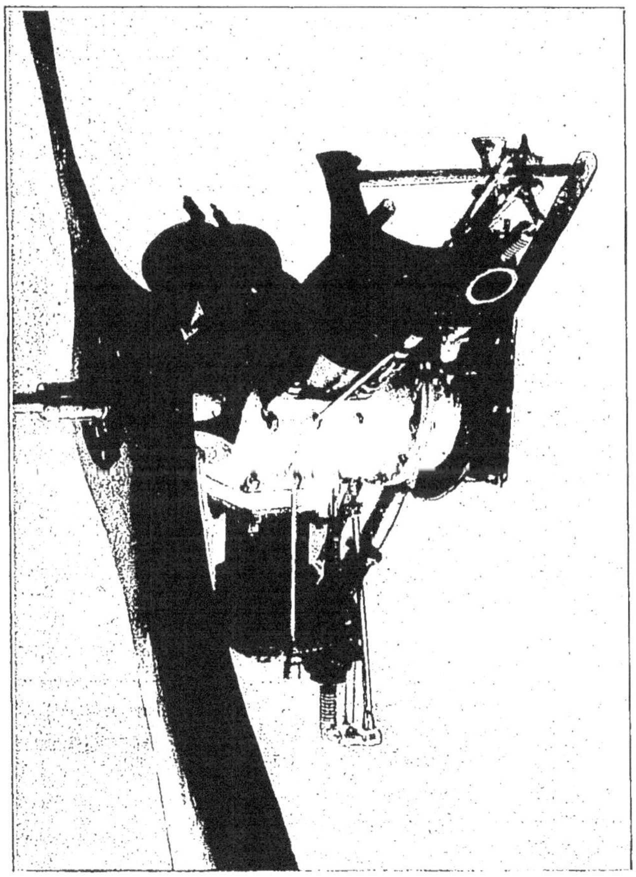

Moteur Ligez.

Dans ce moteur, on a cherché à obvier aux inconvénients

des rotatifs simples, en conservant leurs qualités et en leur adjoignant celles d'un bon moteur d'automobile.

L'ensemble des cylindres est animé d'un mouvement de rotation dans un sens, à la vitesse de 400 tours par minute, et l'arbre vilebrequin, sur lequel se trouve calée l'hélice possède un mouvement de rotation en sens inverse à la vitesse de 1.200 tours à la minute, grâce à un dispositif intérieur de transmission.

Par ces deux mouvements inversés, dont les vitesses ont été judicieusement calculées, on atténue les couples perturbateurs dus aux effets gyroscopiques dans les moteurs rotatifs simples.

Les cylindres sont en fonte, l'emploi de cette matière laissant à la vitesse maximum un coefficient de sécurité de 10.

Les pistons et segments sont également en fonte.

En résumé, les trois organes ne sont pas soumis à des efforts anormaux, provoquant des usures rapides et sont établis en une matière dont les qualités de frottement sont bien connues.

Les cylindres sont fixés sur le carter au moyen de goujons, comme dans le moteur Burlat, avec lequel celui-ci offre quelques analogies.

Le démontage et la mise à nu des cylindres, soupapes, pistons, segments peut se faire très rapidement et par n'importe quel mécanicien au courant du moteur ordinaire.

Les soupapes sont commandées, l'échappement des gaz brûlés se faisant tangentiellement et à l'opposé de la rotation des cylindres.

Un graissage sous pression assure la parfaite lubrification de tous les organes.

Ce moteur pèse environ 70 kilogrammes pour 35 chevaux indiqués.

MOTEURS MERCÉDÈS

Le moteur d'aviation Mercédès appartient au type des moteurs d'automobiles allégés (quatre cylindres fondus par paires).

Moteur d'aviation Mercédès.

L'alésage des cylindres est de 110 millimètres, la course 140 millimètres.

Les dimensions sont 86 × 53 × 80 centimètres.

La vitesse de rotation 1.200 à 1.300 tours par minute.

Le refroidissement a lieu par l'eau : les cylindres sont fondus avec leurs chemises d'eau ; la pompe est mue par engrenages.

Le carter, en aluminium, est en deux pièces ; il supporte le vilebrequin par trois paliers.

Les soupapes sont commandées par un arbre à cames.

La magnéto est commandée par le même arbre que la pompe.

Le carburateur est du type normal à gicleur, analogue à celui des voitures Mercédès.

Le graissage s'obtient par circulation d'huile, la pompe est commandée par un renvoi de mouvement pris sur l'arbre à cames. L'huile sous pression est refoulée dans une série de conduits, qui se rendent à un manomètre, puis aux trois paliers du moteur. De là, elle arrive dans les têtes de bielle, le vilebrequin étant perforé pour permettre son passage.

Le poids du moteur est de 120 kilogrammes pour 60 HP à 1.300 tours par minute. En comptant 15 kilogrammes pour le ventilateur, 15 kilogrammes pour l'eau, et 15 kilogrammes pour le radiateur, etc., on arrive à 180 kilogrammes comme poids total.

MOTEURS MILLER

Le moteur Miller de 35 chevaux est du type rayonnant ; mais, contrairement à la majorité des moteurs de ce genre, il est à 4 cylindres seulement, de 100/130 et pourvus d'ailettes.

Moteur Miller (Côté admission).

Le tout est monté sur un carter formé de deux flasques assemblées par boulons.

L'angle des cylindres est de 50° ; ils allument dans l'ordre 1, 3, 2, 4, et l'équilibrage est à peu près équivalent à celui d'un quatre cylindres en V, au point de vue de la répartition angulaire des efforts moteurs.

L'aspiration est automatique ; les soupapes sont dans le fond des cylindres. L'échappement est commandé par culbuteur.

Il y a 3 bielles secondaires assemblées sur une bielle principale qui tourne sur le bouton de manivelle. L'arbre est formé de deux plateaux-volants, pesant en tout 20 kilogrammes et tournant sur des paliers à billes.

Le carburateur est placé très bas. Ce moteur pèse 60 kilos, en ordre de marche.

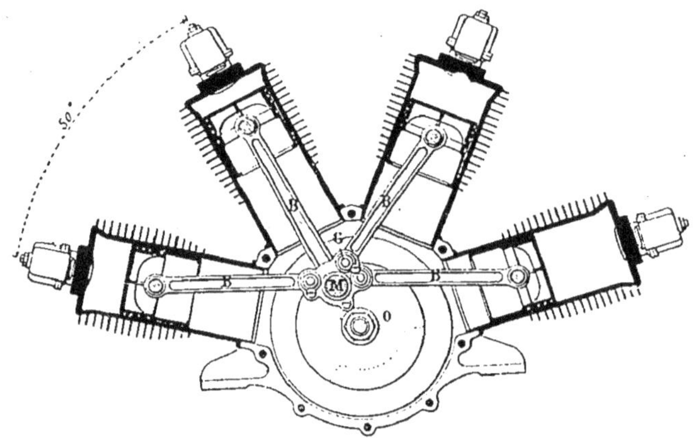

Coupe verticale du moteur Miller.

B, bielles. — M, maneton de la bielle principale. — C, articulation de la biellette. O, arbre.

La maison Miller construit aussi des moteurs d'aviation verticaux de 50 chevaux (4 cylindres) et des moteurs rayonnants de 70 et 100 chevaux.

MOTEURS MORS

Le moteur Mors est à 4 cylindres, du modèle en V aujourd'hui classique. Toutefois, les axes des cylindres y forment un angle exceptionnellement aigu. Les chemises d'eau sont fondues avec les cylindres eux-mêmes et portent de larges

Moteur Mors d'aviation.

regards pour faciliter la coulée et qu'on ferme ensuite avec des plaques d'aluminium.

Les soupapes sont au-dessus l'une de l'autre, à grand diamètre et placées aux deux bouts du moteur, dans le sens de

l'arbre. Leur accès est ainsi facile et cette disposition permet
de fermer sensiblement le V, ce qui serait inadmissible avec
la disposition ordinaire. Le clapet d'aspiration est placé sous
une cloche en fonte fixée par un étrier de serrage sur le fond

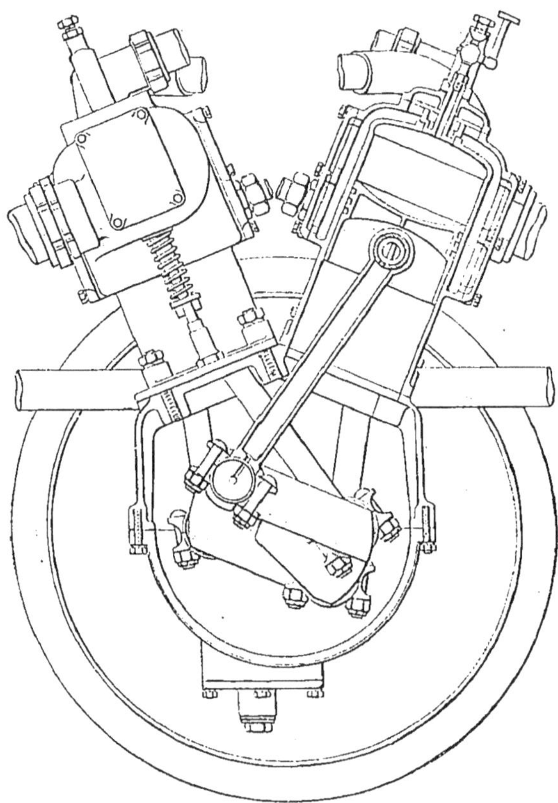

Moteur Mors (Coupe transversale).

de cylindre ; il suffit de desserrer l'étrier pour démonter la
cloche et le clapet.

Le carburateur est à l'avant et la tuyauterie d'alimentation
arrive à la partie supérieure des cylindres. Un arbre à cames
est placé à chaque extrémité du moteur, pour commander
chaque groupe de soupapes.

Le refroidissement est assuré par une pompe actionnée par
le même arbre que la magnéto. Le graissage est réalisé sous
pression par une pompe à piston commandée par une came.

L'alésage du moteur Mors est de $110^m/_m$; la course de $130^m/_m$.
Il fait 45 chevaux et pèse 120 kilos avec l'eau de refroidissement.

MOTEURS N. A. G.

La *Neue Automobil-Gesellschaft* construit les moteurs de ballons destinés au type Parseval.

Le moteur des Parseval est à 6 cylindres de 150/130 mm. en

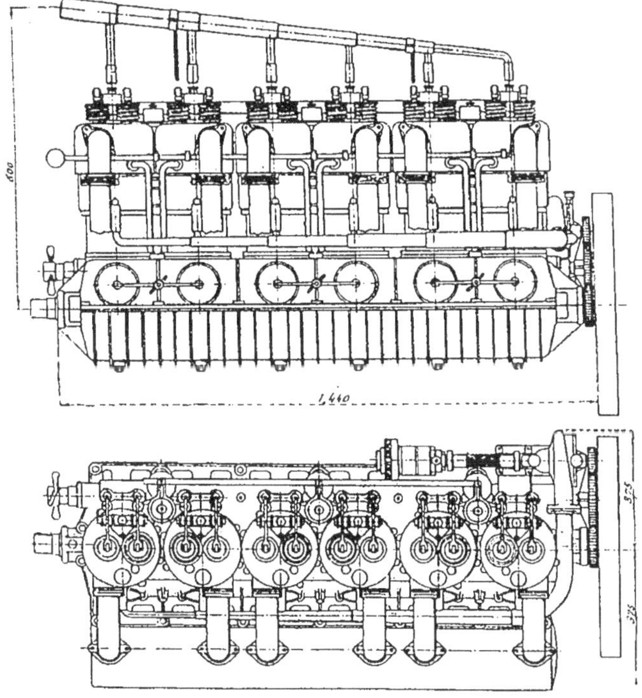

Moteur N. A. G. des « Parseval ».

une seule rangée; il donne 120 chevaux à 1500 tours. Le vilebrequin est à trois plans espacés de 120°; le moteur peut se passer de volant, cependant, il est monté avec un volant de 600 mm. de diamètre.

La construction des cylindres est remarquable. Ils sont faits
en trois parties, assemblées sur un corps cylindrique tourné
dans un bloc d'acier. Au-dessus de ce corps, est boulonnée la
culasse d'acier coulé, l'obturation étant assurée par un anneau
de cuivre. La chemise d'eau, formée d'un tube de cuivre, est
fixée ensuite par en haut sur la culasse et entrée à forcement
sur un flanc du corps de cylindre. Enfin, les deux soupapes

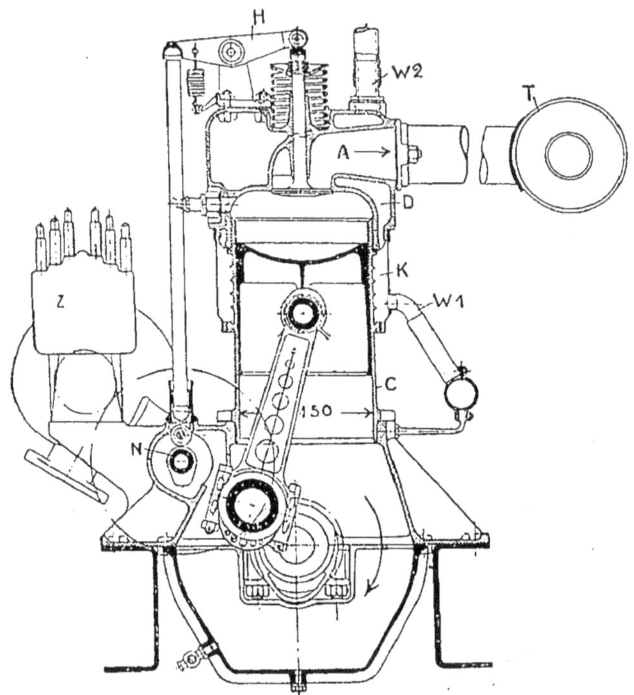

A, échappement. — D, enveloppe d'eau. — C, cylindre. — W₁, W₂, tubes d'eau.
H, balancier. — N, arbre à cames.

sont disposées sur le fond de la culasse, à côté l'une de l'autre.
Les cylindres sont désaxés, ce qui permet de raccourcir les
bielles sans craindre l'ovalisation des cylindres, par suite de la
moindre obliquité des efforts et des réactions des pistons.

Les soupapes sont commandées toutes deux, chacune par un
levier indépendant. Le siège et le guidage de la soupape d'échappement font bloc avec la culasse; le tout est ainsi très abon-
damment refroidi par l'eau qui baigne les fonds de cylindre.
La soupape d'admission, vissée avec son guidage dans la
culasse, est visitable et amovible. L'ensemble est très acces-
sible et d'un démontage aisé, en raison du diamètre des orifices.

Le carter est en aluminium; il porte sept paliers pour l'arbre vilebrequin. Du côté de l'échappement, on a ménagé des clapets de visite faciles à ouvrir.

L'arbre, qui est maintenu par deux paliers de part et d'autre de chaque bielle, est à roulements lisses et métal antifriction. Les six manetons, calés à 120° les uns des autres, sont symétriquement disposés par rapport au milieu. L'arbre est en acier chrome-nickel, entièrement évidé. L'arbre à cames porte les cames venues de coulée avec lui, il est équipé sur des roulements à billes, ainsi que l'arbre qui commande la pompe et la magnéto et qui tourne 3/2 fois plus vite que l'arbre moteur. L'accouplement de la magnéto et de la pompe est d'un démontage rapide. Il y a trois carburateurs, un pour chaque groupe de deux cylindres.

Le carter, qui n'est fixé au moteur qu'aux deux extrémités de l'arbre, peut être changé sans démontage du moteur fixé sur un support. Le graissage est assuré par une pompe à huile, commandée par une vis sans fin.

La Société N. A. G. garantit 250 grammes d'essence par cheval-heure. Le poids total du moteur, eau comprise, est de 350 kilos, soit 3 kilos par cheval.

MOTEURS OERLIKON

La Société Oerlikon, de Zürich, a exposé au Salon de l'Aéronautique (Paris 1910) un moteur horizontal à 4 cylindres opposés deux à deux dont les caractéristiques sont les suivantes :

Puissance indiquée, 50-70 chevaux ; poids, 75 kilos.

Ce moteur possède un vilebrequin courbe, d'une forme tout
à fait spéciale. Les cylindres, perforés à leur base, sont assem-

Moteur Oerlikon.

blés sur un carter rectangulaire ; chaque groupe de deux étant
déporté par rapport à l'autre et soutenu par une tôlerie qui
sert à fixer le tout au fuselage. L'ensemble du moteur est
rendu rigide par un système triangulé de bielles et de vergues
fixées au carter.

Le refroidissement se fait par circulation d'eau, au moyen
d'une pompe centrifuge. Les bougies sont implantées dans la

paroi des cylindres à la partie supérieure. Deux carburateurs alimentent chacun un groupe de deux cylindres contigus ;

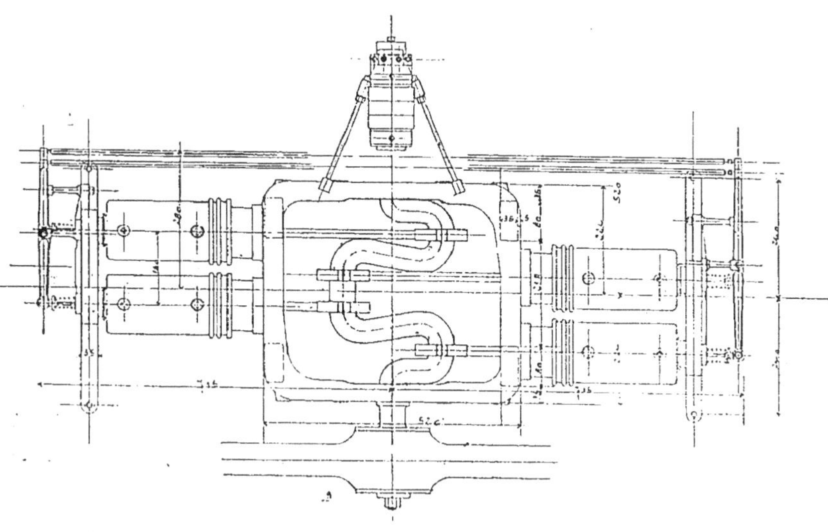

enfin, les soupapes concentriques sont commandées par des culbuteurs.

L'encombrement des moteurs Oerlikon est de 1^m,400 en largeur, ce qui, à bord des aéroplanes, peut offrir des inconvénients.

MOTEUR PALOUS ET BEUSE

Types 1909. — La maison *Palous et Beuse*, de Berlin-Rixdorf, construit deux types de moteurs d'aviation, en 4 et 8 cylindres, ce dernier en V.

Ces moteurs sont caractérisés par la disposition des soupapes qui sont intérieures l'une à l'autre et fonctionnent à peu près comme celles du moteur d'aviation Panhard et Levassor. Il y a un carburateur par cylindre; ce carburateur n'a pas de flot-

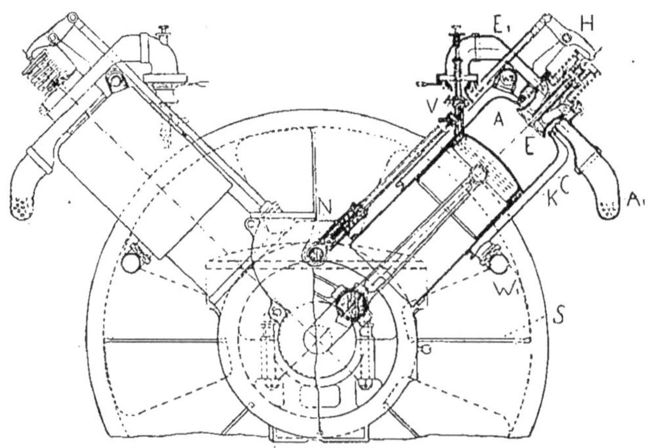

Moteur Palous et Beuse.

A, clapet d'aspiration. — E, clapet d'échappement. — H, culbuteur. — F, arrivée des gaz frais. — A, échappement. — V, carburateur. — W, arrivée d'eau. — K, chemise. — C, cylindre. — N, arbre à cames. — S, volant et ventilateur.

teur. L'entrée de l'essence est réglée par une membrane mue par la dépression d'aspiration et rappelée par un ressort réglable.

Le moteur est en acier et aluminium exclusivement. Pour les cylindres, sur un tube d'acier on soude à l'autogène une culasse d'acier et un anneau d'acier fixant les chemises d'eau. Ce procédé réduit de moitié le poids des cylindres. Le tout s'est très bien comporté jusqu'ici.

Les types précédents se font en trois modèles tournant tous trois à 1200 tours, ce sont :

Le 25/30 HP, 4 cylindres de 100/130 mm. ; 75 kilos.

Le 40/50 HP, 4 cylindres de 120/140 mm. ; 85 kilos.

Le 80/100 HP, 8 cylindres de 120/140 mm. ; 155 kilos.

Les poids s'entendent avec le carburateur et l'allumage sans radiateur.

Types 1910. — Le dernier moteur d'aviation établi par Palous et Beuse est un rotatif à 4 cylindres, en croix, à deux temps, sans soupapes, dont l'organisation intérieure est intéressante.

Les cylindres, assemblés sur un carter d'aluminium, tournent

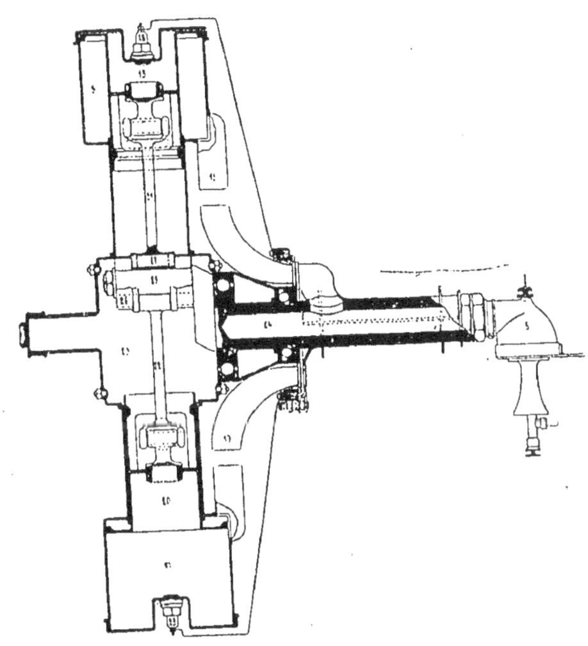

en porte-à-faux sur un arbre à un seul coude, qui les soutient par deux roulements à billes. Chaque piston est double ; il aspire et comprime les gaz frais dans un cylindre annulaire qui coiffe le cylindre principal, à la façon des chemises d'eau. Cette disposition semble, en admettant qu'elle ne nuise pas au refroidissement, favoriser le remplissage des cylindrées.

Les cylindres ont 150 millimètres d'alésage ; la course est de 140 millimètres. Le moteur fait 40-50 chevaux.

MOTEURS
PANHARD ET LEVASSOR

Après deux années d'expériences, une sélection inévitable a commencé à s'opérer entre tous les moteurs qui ont été pro-

Le moteur d'aviation Panhard et Levassor.

posés et utilisés pour la propulsion des aéroplanes. On avait fondé d'abord beaucoup d'espoir dans les constructeurs d'automobiles, tout désignés semblait-il pour étudier et pour

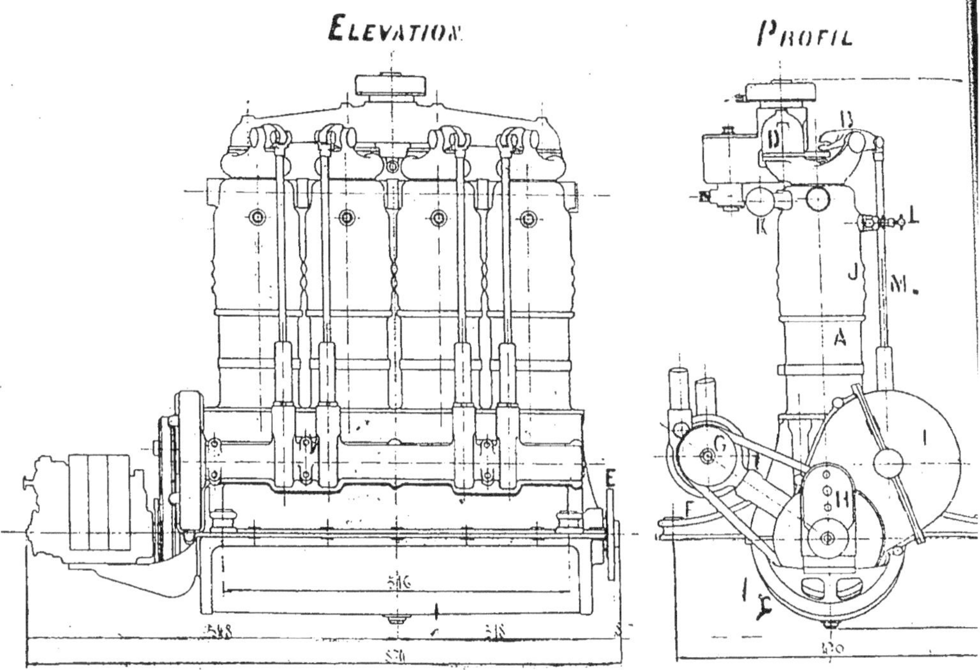

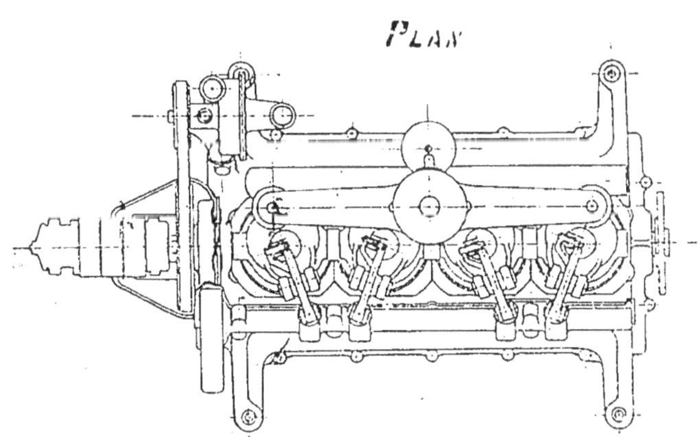

Moteur Panhard et Levassor 4 cylindres.

A, cylindres. — B, balancier commandant les soupapes doubles. — C, carter. — D, carburateur et collecteur d'aspiration. — E, plateau de vilebrequin. — F, pattes d'attache. — G, pompe de circulation d'eau. — H, magnéto. — I, couvre-arbre à cames. — J, chemises en cuivre. — K, collecteur d'échappement. — L, bougies électriques. — M, tringles de commande des soupapes.

réaliser les types réclamés par les besoins nouveaux de l'aviation. Ils n'ont répondu à cette attente qu'avec une circonspection qui est facilement explicable, mais qui n'en a pas moins nui énormément au développement des sports aériens. Timidement, l'une après l'autre, quelques puissantes maisons françaises se sont pourtant risquées à aborder le problème dont Levavasseur avait déjà fourni, dès 1906, la première solution acceptable.

Parmi ces grandes marques, Panhard et Levassor est digne d'une mention spéciale, tant par les succès antérieurs remportés par ses moteurs de ballons, que par la mise au point qui a fait la réputation universelle de sa construction.

Dispositions générales. — Le moteur d'aviation PANHARD ET LEVASSOR est à 4 ou 6 cylindres verticaux séparés, de 110 millimètres d'alésage et 140 millimètres de course. Le poids total, sans eau, pour le 4 cylindres, est de 95 kilogrammes et sa puissance de 35 à 40 chevaux. Il se classe donc, au seul point de vue de la puissance massique, parmi les plus légers, entre le GNOME, qui fait 45-50 HP, pour 80 kilogrammes, et le RENAULT, qui en fait 65 pour 170 kilogrammes.

Du reste, il ne faut pas attacher à un classement de ce genre une valeur excessive, la régularité de marche, la consommation, la durée des moteurs d'aéroplane étant des éléments aussi importants que leur légèreté.

Moteur 4 cylindres. — L'aspect d'ensemble est celui des moteurs de voitures. Les cylindres sont assemblés sur un carter d'aluminium, dont la largeur est de 0 m. 470 entre les boulons des pattes d'attache. La longueur totale du moteur est de 0 m. 874 et sa hauteur de 0 m. 826. L'ensemble est donc plutôt *étroit* et *haut*; ce caractère a son importance, tant au point de vue de la fixation du moteur sur les fuselages des aéroplanes, qui doivent s'effiler vers l'avant, qu'en vue de la situation du centre de gravité de l'appareil.

Le rapport de la course à l'alésage est plutôt élevé, ce qui est favorable à un bon rendement thermique et conforme à l'expérience des dernières années. Bien des constructeurs, on l'a vu, ont établi des moteurs à grand rendement où la course atteignait et dépassait parfois le double de l'alésage; tels sont Sizaire et Naudin, de Dion-Bouton, Peugeot, etc. Dans la coupe des voiturettes de 1910 par exemple, la course a été disputée par des moteurs-canons de 65 m/m d'alésage et de 180, 200, 250 m/m de course (voir au chapitre *Le Rendement*).

Distribution. — La distribution est obtenue comme il suit. La magnéto est calée sur l'arbre moteur, à l'opposé du plateau d'assemblage de l'hélice. De part et d'autre, commandés l'un par un pignon droit, l'autre par courroie, se trouvent l'arbre à cames et la pompe.

Les chemises d'eau, en cuivre, sont rapportées et soudées à l'argent sur les cylindres en acier.

Les bougies sont disposées latéralement aux cylindres, dont

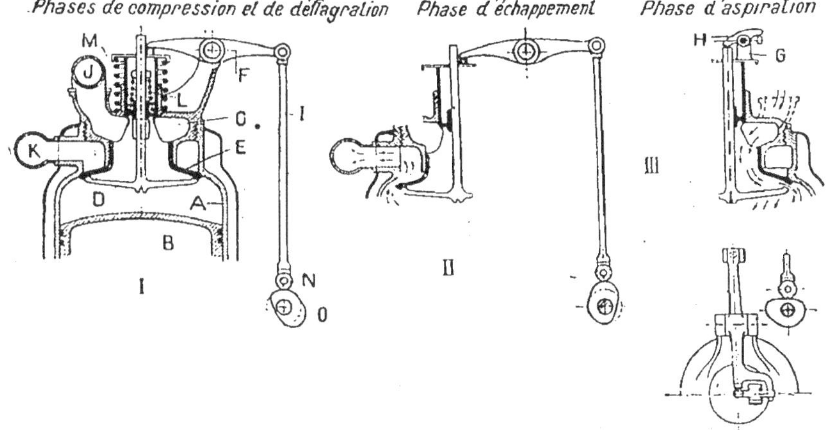

Moteur d'aviation Panhard et Levassor (Détail des clapets).

A, cylindre. — B, piston. — C, culotte de distribution. — D, soupape d'aspiration. — E, soupape d'échappement. — F, grand culbuteur. — G, support du petit culbuteur. — H, petit culbuteur. — I, tige de soulèvement des culbuteurs. — J, collecteur d'aspiration. — K, collecteur d'échappement. — L, ressort de rappel de la soupape d'aspiration. — M, ressort de rappel de la soupape d'échappement. — N, galet. — O, came unique pour chaque cylindre.

le fond est occupé par les deux soupapes concentriques d'admission et d'échappement.

Le conduit d'aspiration est disposé au-dessus des cylindres, et le carburateur, très simplifié, est situé au milieu du collecteur. Le canal d'arrivée d'air forme la clé du robinet, dont le boisseau occupe le centre du collecteur; il suffit de tourner la clé pour faire varier la puissance à volonté.

Le régime normal est de 1.000 à 1.100 tours.

Aspiration et échappement. — Il faut noter ici un certain nombre de dispositifs, qui permettent de supprimer plusieurs organes de commande, qu'on emploie dans les moteurs ordinaires d'automobile.

Les soupapes d'aspiration et d'échappement, concentriques,

sont commandées par une seule tige soulevée par une came à double profil.

La soupape d'échappement E coulisse à frottement doux

La culasse et les clapets.

dans la culasse vissée sur le fond du cylindre. Elle a l'aspect d'un tube, terminé à sa partie inférieure par un pavillon dont

Organes de commande des soupapes.

le bord s'applique hermétiquement sur la paroi du cylindre. L'extrémité supérieure de ce tube se termine par une embase plane, sur laquelle s'appuie le ressort M, qui, comprimé entre

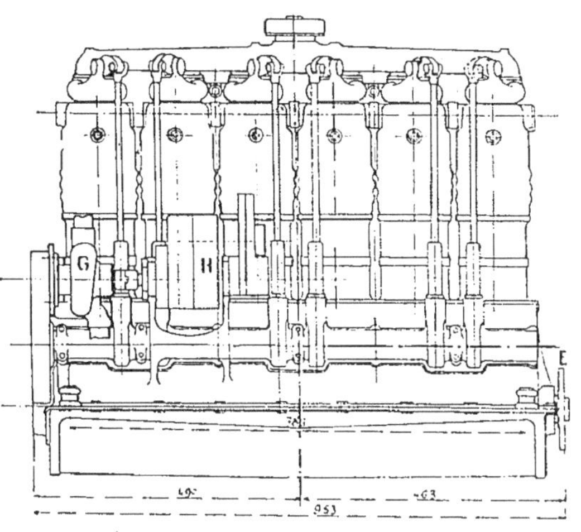

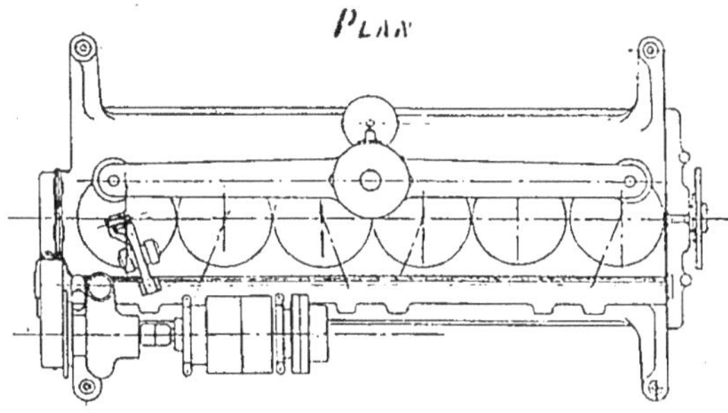

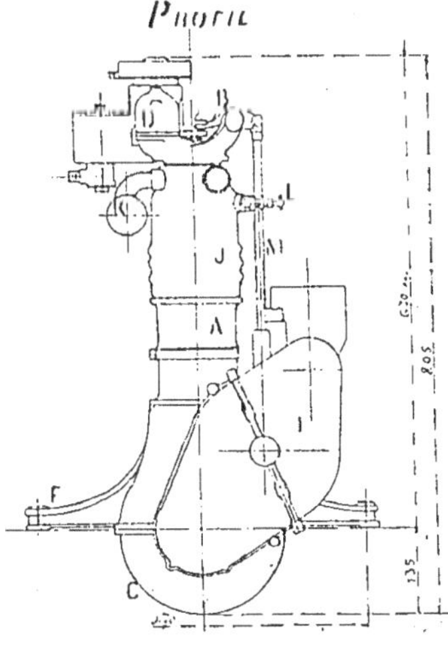

Moteur Panhard et Levassor 6 cylindres.

A, cylindres. — B, balancier commandant les soupapes doubles. — C, carter. — D, carburateur et collecteur d'aspiration. — E, plateau de vilebrequin. — F, pattes d'attache. — G, pompe de circulation d'eau. — H, magnéto. — I, couvre-arbre à cames. — J, chemises en cuivre. — K, collecteur d'échappement. — L, bougies électriques. — M, tringles de commande des soupapes.

cette embase et la culasse, tend à soulever la soupape et l'applique ainsi fortement sur son siège.

La soupape d'aspiration D a l'aspect ordinaire des clapets d'automobile. Sa tige porte deux renflements, dont l'un limite son mouvement vers le haut en butant contre la soupape d'échappement et l'autre, situé au-dessus du précédent, sert d'appui au ressort de rappel L, qui tend également à soulever la soupape vers le haut.

Les deux clapets sont ainsi suspendus l'un et l'autre à des ressorts, qui tendent à les soulever de bas en haut.

Il est facile de comprendre maintenant qu'en appuyant sur l'embase de la soupape d'échappement on fera descendre d'un bloc les deux soupapes, ce qui correspond à la phase d'échappement. Au contraire, si l'on appuie seulement sur la tige du clapet d'aspiration, on comprime simplement le ressort L et l'aspiration est possible.

Ce double résultat est obtenu par l'intermédiaire d'une tige porte-galet, qui est soulevée par la came correspondant au cylindre considéré et qu'un ressort de rappel maintient en contact avec cette came. La tige est articulée avec un balancier, qui se termine par une sorte de fourche à bras inégaux. Quand la tige se soulève, elle appuie le petit bras du balancier sur le clapet d'échappement. Les deux soupapes descendent, l'échappement s'ouvre, l'aspiration reste fermée. Quand la tige redescend dans le creux de la came, sous l'action du ressort de rappel, le balancier se soulève, le grand bras vient prendre alors par-dessous le petit culbuteur H et appuie le talon de ce culbuteur sur la tige du clapet d'aspiration qui descend seul, parce que le support G est précisément fixé sur l'embase de la soupape d'échappement, et, par suite, tend à soulever celle-ci et à l'appuyer sur son siège.

Tel est le renvoi par lequel on a réalisé ici le mouvement indépendant des deux soupapes concentriques.

Comme on peut le voir sur les figures, ces soupapes ne sont pas refroidies, mais, grâce à leur situation respective, les gaz frais venant du carburateur refroidissent la soupape d'échappement d'une façon suffisante.

Tel qu'il se présente, le moteur PANHARD ET LEVASSOR n'offre, en somme, aucune innovation réelle. Les organes décrits plus haut, quoique inusités sur les moteurs de voitures, appartiennent à la classe des artifices innombrables, par où s'affirme sans cesse l'ingéniosité des mécaniciens. L'essentiel, pour l'aviation, c'est que chacun d'eux ait prouvé par une longue expérience au banc d'essai qu'il est au point et qu'on peut lui

faire confiance. En matière d'aviation surtout, on connaît
l'importance de l'expérimentation et de la mise au point.
Il ne faut donc pas rechercher *par principe* des nouveautés,
puisque chacune d'elles devra, avant d'être utilisable, subir
de longues épreuves, qui lui imposeront des additions et des
transformations successives.

C'est pourquoi, précisément, beaucoup de spécialistes ont

cru longtemps et uniquement au triomphe en aviation du
moteur d'automobile allégé, dont le 35/40 HP Panhard et
Levassor est un exemple très réussi.

Beaucoup d'efforts et beaucoup de modifications ont précédé
l'établissement des moteurs d'automobile, sous la forme que
nous leur connaissons. Des épreuves du même ordre ont été
imposées à chacun des dispositifs spéciaux du moteur d'aviation
Panhard et Levassor. On sait que l'aviateur Émile Dubonnet,
sur son monoplan Tellier, a réussi avec lui des voyages de
longue durée à travers la France (Prix de la Nature, Juvisy à
Saint-Aubin (Loiret).

Moteurs de ballons. — Outre le moteur d'aviation décrit plus haut, la maison Panhard et Levassor construit depuis plusieurs années des moteurs de ballon qui ont été adoptés par l'armée française et l'armée russe. Les ballons *Patrie*, *République*, *Liberté* notamment, ont été équipés avec des moteurs de ce type, qui est représenté ci-contre.

MOTEURS PIPE

Le moteur Pipe est à 8 cylindres en V, de 100 millimètres
d'alésage et 100 millimètres de course. Le vilebrequin est monté

Le moteur Pipe.

sur roulement à billes, de même que l'arbre à cames, en acier
spécial extra-dur, qui est d'une seule pièce.

Les soupapes d'aspiration et d'échappement sont concentriques et commandées par deux culbuteurs agissant séparément à l'intérieur de l'autre.

Le refroidissement a lieu par l'air aspiré par une turbine

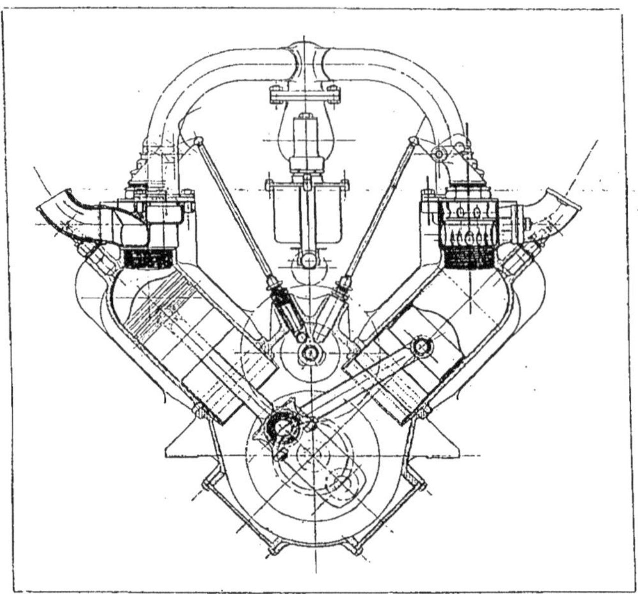

Moteur Pipe (Coupe transversale).

qui l'envoie contre les cylindres enfermés à cet effet dans un carter en feuilles d'aluminium très minces.

L'allumage s'opère par magnéto à haute tension, avec un dispositif permettant l'avance variable.

Le carburateur est automatique : le gicleur est placé au milieu d'un flotteur, de forme annulaire.

La puissance est de 70 HP à 1.950 tours et de 50 HP à 1.200 tours et le poids de 131 kilogrammes en ordre de marche.

Les différentes vitesses s'obtiennent par déplacement d'un boisseau agissant sur l'admission d'air secondaire et d'air additionnel.

La maison Pipe a surtout porté son effort sur les moteurs de ballon.

Il faut noter que l'une des premières, elle a adopté les chambres de compression hémisphériques, qui ont été depuis reconnues si favorables à un rendement élevé et appliquées sur les moteurs de dirigeables Pipe, dont la description détaillée ne peut trouver place ici.

MOTEURS PRIMAT

Dans le moteur *Primat*, les quatre cylindres sont groupés dans un tore de révolution; les pistons de ces quatre cylindres sont reliés ensemble par un système oscillant et fonctionnent l'un après l'autre. Ils parcourent chacun une fraction du tore

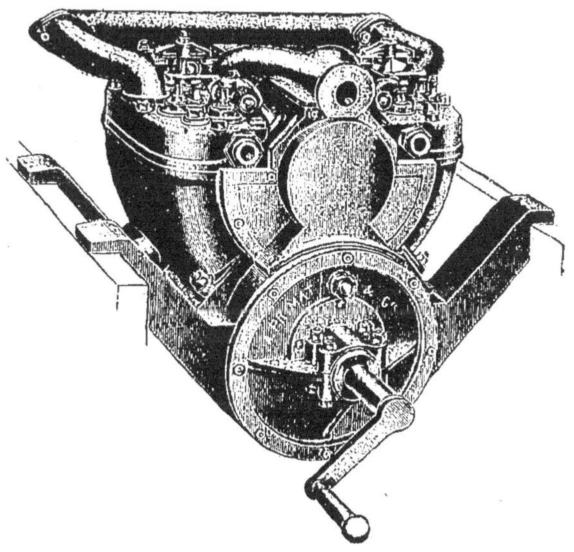

Moteur Primat.

d'un mouvement alternatif et ce mouvement est transformé sur l'arbre qui est à la partie inférieure. La distribution se fait par une des faces du tore, d'où partent les canalisations de gaz. Les bougies sont placées sur la face plane supérieure du bloc moteur pour les cylindres du haut et sur les côtés pour les deux autres. A partir d'une certaine puissance, le moteur est construit à huit cylindres, c'est-à-dire deux tores dans deux

plans parallèles et fondus d'une seule pièce ; il y a alors deux
bielles et deux coudes à l'arbre moteur. Ce moteur s'établit de

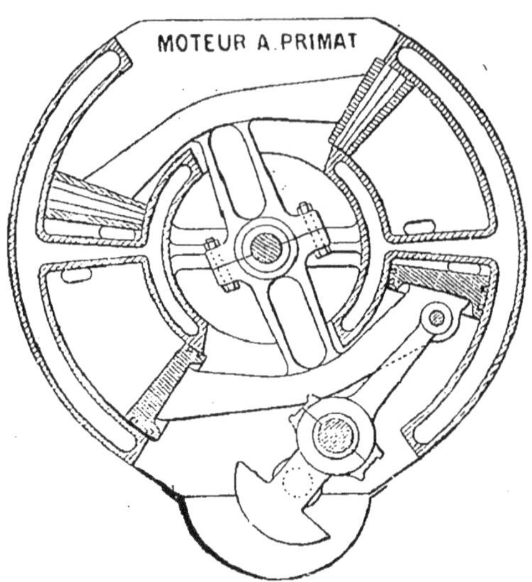

10 à 400 HP et le poids n'est guère que de 2 kilogrammes
par HP.

MOTEURS PRINI ET BERTHAUD

Le moteur Prini et Berthaud a été établi d'après une licence Côte. Ce moteur appartient au type à deux temps : la course de détente occupe la plus grande partie du *premier temps*. L'échappement se produit à fond de course par des lumières de dimensions déterminées, ménagées sur les parois du cylindre.

Dans le *deuxième temps*, l'admission des gaz se produit par d'autres ouvertures latérales et au début de la course. Les gaz

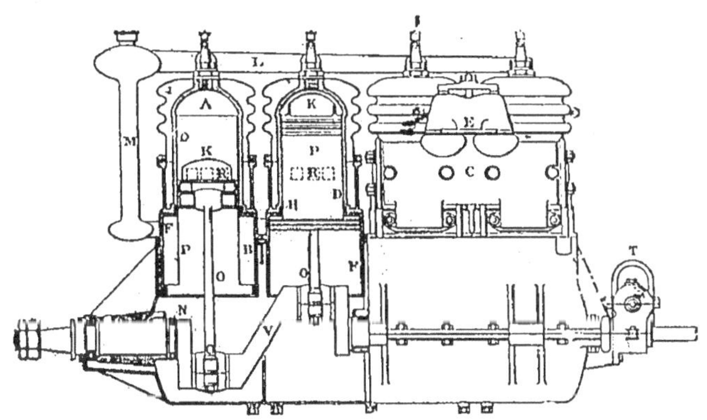

A, chambre d'explosion. — K, piston et écran-guide pour éviter le mélange des gaz frais et des gaz brûlés. — C, carburateur. — R, échappement.

d'échappement qui n'ont pas été évacués au premier temps, achèvent de sortir, tandis que le cylindre se remplit de gaz frais. Dès que le piston a recouvert les lumières qui servent à l'admission, la compression se produit, suivie de l'inflammation et de l'explosion.

Comme la plupart des moteurs à deux temps, le moteur Prini et Berthaud ne comporte aucun organe de distribution, ni clapets, ni soupapes, ce qui permet non seulement d'obtenir un fonctionnement sûr, mais également une économie assez importante en ce qui concerne le prix de revient et le poids de l'ensemble.

Les cylindres sont en fonte; les culasses ont la forme hémisphérique; la partie inférieure, qui n'est pas soumise à la température d'explosion, communique avec le carburateur et avec la partie supérieure par des lumières convenablement

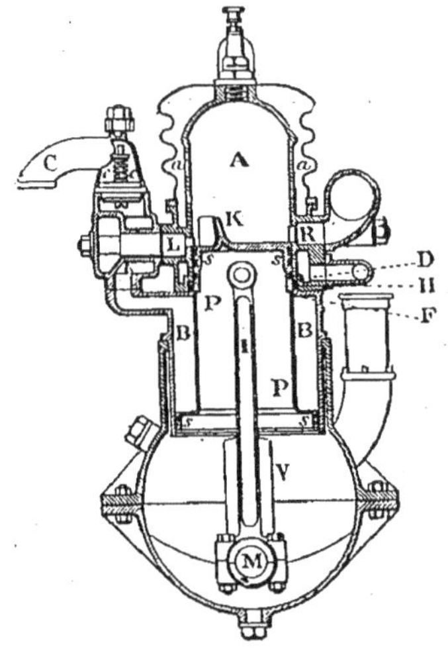

Moteur Prini et Berthaud

(1909)

A, chambre.

K, guide.

C, carburateur (tuyau du).

c, c, clapets d'aspiration.

L, lumières d'admission.

R, lumières d'échappement.

a, a, chambres d'eau.

s, s, segments.

B, B, conduits reliant le haut et le bas des cylindres.

disposées. Le vilebrequin est absolument le même que dans un moteur d'automobile; il repose sur trois paliers, les portées étant suffisamment longues pour conserver de la rigidité.

Le graissage a lieu par simple barbotage, avec dispositif spécial pour le haut des cylindres. Le refroidissement s'effectue par circulation d'eau. L'enveloppe est en cuivre, avec de larges nervures, pour permettre la dilatation sous l'effet de la chaleur. Elle n'intéresse que la partie supérieure, la partie inférieure n'ayant pas besoin de refroidissement.

Le haut des cylindres communique avec le bas, à l'aide de conduits extérieurs de diamètre suffisant.

Dans l'un des moteurs étudié au Laboratoire de l'Automobile-Club de France (moteurs à 2 cylindres), la puissance constatée a été de 25,4 chevaux pour des vitesses de 1.044 à 1.464 tours par minute, ce qui correspond pour le 4 cylindres à 50,8 chevaux. L'alésage était de 100 millimètres, la course des pistons 110 millimètres et leur vitesse de 3^m,80 à 5^m,40. Le poids du moteur, en ordre de marche, était de 95 kilogrammes environ.

MM. Prini et Berthaud ont construit également des 4 cylindres 110/110 étudiés spécialement en vue de l'aviation.

MOTEUR ADIANOMIQUE
CHARLES RENARD

Sous le nom de moteur adianomique, le colonel Ch. Renard

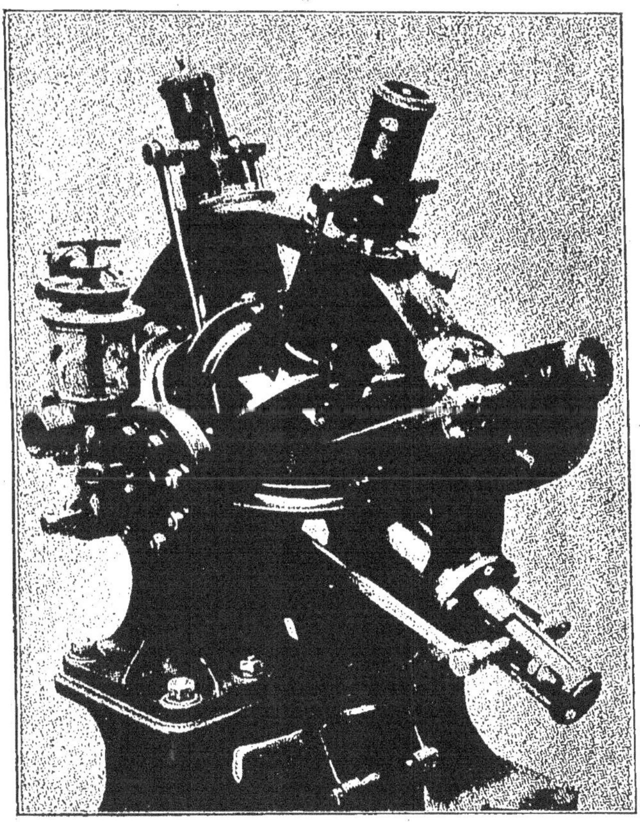

Moteur Ch. Renard.

a donné, il y a plus de vingt ans, un modèle très remarquable pour l'époque, de moteur polycylindrique à un seul plan. Il était prévu pour fonctionner par la vapeur, mais il n'en présente pas moins une analogie étrange avec les moteurs en étoile à explosion qui n'ont paru qu'après 1900.

En se reportant au schéma ci-joint, on voit que le moteur est à 8 cylindres, attelés pour ainsi dire en série sur un seul maneton et recevant successivement la vapeur admise dans les divers cylindres.

La course des pistons est réglée de telle sorte que chacun d'eux sert de tiroir pour celui qui le suit. Le premier

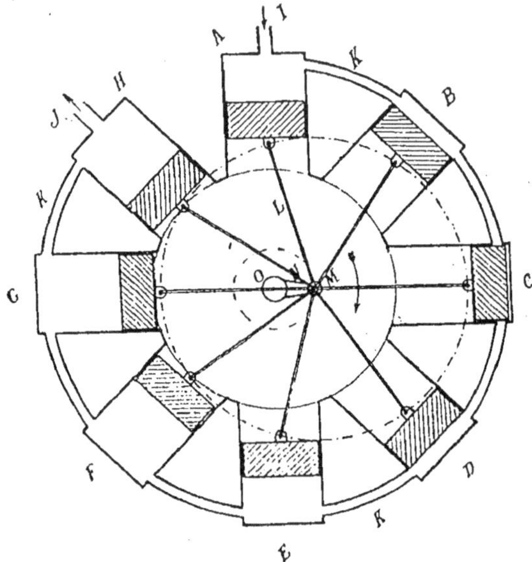

Distribution dans le moteur à vapeur Ch. Renard.

cylindre A communique avec l'arrivée de vapeur I et le dernier H avec l'échappement J.

Après chaque huitième de tour, un cylindre nouveau reçoit la vapeur et un autre est en relation avec le condenseur. L'unique point mort correspond au cas où le premier cylindre est à fond de course.

Pour l'établissement de ce moteur, le colonel Ch. Renard avait imaginé plusieurs dispositifs qui sont aujourd'hui d'un usage courant, notamment l'emploi d'une seule bielle principale attelée sur la manivelle et recevant elle-même l'effort des 7 autres.

Le moteur adianomique n'a pas reçu d'applications industrielles, mais il constitue un document des plus curieux pour l'histoire du moteur léger.

MOTEURS RENAULT

❧

Les usines Renault ont établi une série de moteurs légers,
dont deux 4 cylindres verticaux, l'un refroidi par l'air, l'autre

Moteur Renault 8 cylindres.

par l'eau, et une série de moteurs en V, un 4, et surtout un 8
cylindres beaucoup plus connu que nous décrirons.

Le moteur Renault est un des premiers modèles de moteurs
légers qui aient fourni des résultats pratiques satisfaisants. Il
offre des analogies très grandes avec l'Antoinette, à qui il est
postérieur ; toutefois, il s'en distingue par le refroidissement,
qui est assuré par un ventilateur puissant, forçant l'air à cir-

culer entre les cylindres, et par sa démultiplication spéciale. La puissance est recueillie sur l'arbre des cames, lequel tourne à demi vitesse du moteur, soit à 900 tours en moyenne.

Type 8 cylindres. — Le moteur est à huit cylindres en V de 90 millimètres d'alésage et de 120 millimètres de course. Il développe 60 ch. à 1.800 tours pour un poids de 170 kg. sans réservoir d'essence. Dans ce poids sont compris le réservoir d'huile, le ventilateur et sa commande, dont le poids total est de 12.6^{kg} et qui absorbe 4 chevaux environ, soit près de 8 o/o environ de la puissance disponible.

Comme dans les moteurs analogues, on a supprimé le volant. Les pistons, bien que sensiblement allégés, sont du même modèle que ceux des moteurs de voitures, c'est-à-dire qu'ils portent à leur base une gorge circulaire percée de trous qui empêche l'huile du carter de pénétrer dans les chambres d'explosion.

Les soupapes sont commandées par un arbre unique à cames prises dans la masse. Celles d'échappement, disposées au dessous des soupapes d'admission, sont commandées par un renvoi. Les bougies sont placées entre les deux soupapes. Les différentes parties du moteur sont graissées automatiquement par projection et canalisation d'huile aux divers points de frottement.

L'allumage a lieu par une magnéto à distributeur séparé.

Le refroidissement se fait par une circulation d'air assurée par deux ventilateurs très légers qui font aspiration dans une chambre constituée par un carter en tôle recouvrant le moteur. L'air extérieur, obligé de pénétrer dans cette chambre, passe à travers les ailettes des cylindres et, les entourant complètement, les refroidit sur toute leur surface.

Le moteur Renault a une consommation très réduite, surtout en huile. Il est au nombre des moteurs d'aviation assez anciens déjà pour que la mise au point ait pu être achevée et qui présentent une sécurité de marche à peu près complète.

MOTEURS ROSSEL-PEUGEOT

Les moteurs d'aviation Rossel-Peugeot comprennent plusieurs types dont un 7 cylindres rotatif à 4 temps, indiqué comme fournissant 40-50 chevaux pour un poids de 65 kilos.

L'aspect général du moteur Rossel-Peugeot est celui de tous

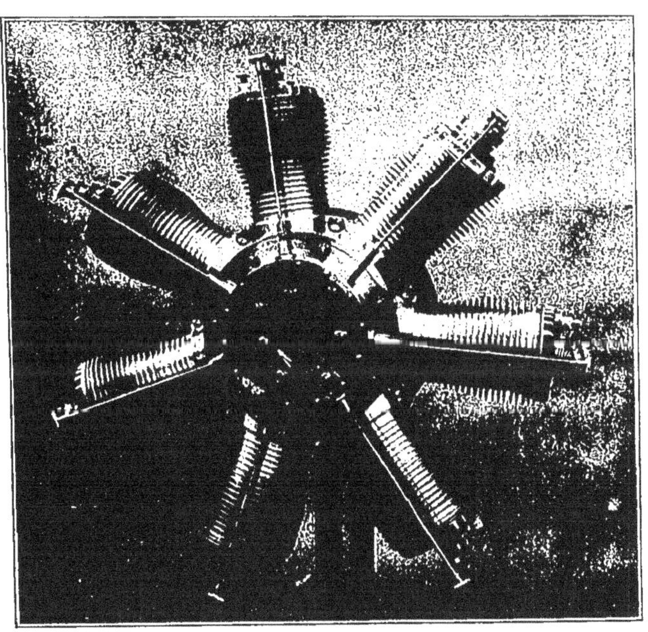

Moteur Rossel-Peugeot.

les moteurs rayonnants. Il possède en propre un certain nombre de particularités.

Les cylindres en acier, à ailettes, portent une culasse rapportée et vissée. Le carter est divisé en deux moitiés par le plan des bielles ; ces deux moitiés, une fois rapprochées et maintenues par 7 boulons, emprisonnent les collerettes dont sont munies les bases des cylindres dans une rainure ménagée dans le carter. Un ergot empêche les cylindres ainsi fixés de tourner autour de leur axe.

L'arbre vilebrequin porte un demi-coude seulement, sur lequel sont assemblées les bielles ; le moteur repose ainsi tout

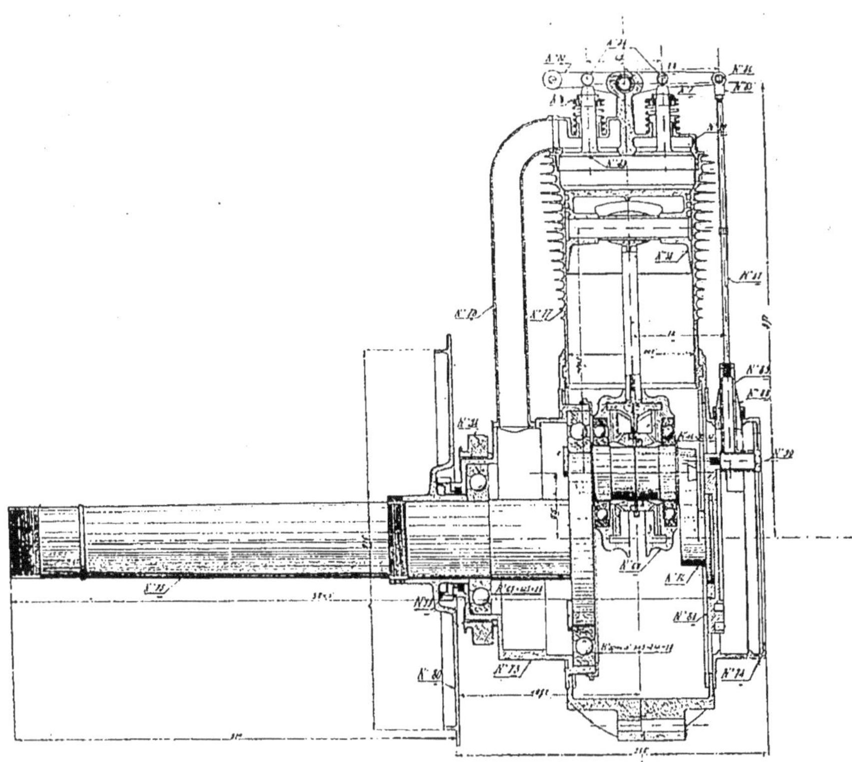

Moteur Rossel-Peugeot (Coupe par l'axe du vilebrequin).

entier en porte-à-faux sur les deux roulements à billes dont les bagues intérieures sont fixées sur l'arbre de part et d'autre de la distribution.

L'assemblage des bielles avec le coude du vilebrequin est réalisé d'une façon simple par le dispositif suivant. Les têtes de bielle sont formées de bagues entourant complètement le corps cylindrique du coussinet central. Dans chaque bielle, le plan de la bague est plus ou moins déporté par rapport au plan contenant tous les axes des bielles. De cette façon, les 7 bagues sont enfilées et juxtaposées sur le coussinet, mais les axes des tiges de bielles demeurent dans un plan unique, où elles tournent. Quant au coussinet, il comporte, outre le corps cylindrique, deux flasques assemblées à chaque base du cylindre et munies chacune d'un logement destiné à recevoir un roulement à billes. En résumé, le centrage de toutes les bielles est assuré d'une façon normale et le réglage des cylindres pour l'avance à l'allumage et l'échappement est uniforme dans chacun d'eux.

La distribution est réalisée par des navettes circulant dans la double rainure d'une came commune. Les navettes agissent par traction sur un balancier unique, qui commande les deux soupapes d'admission et d'échappement, dispositif simple et de plus en plus répandu. L'arrivée des gaz se fait par 7 tubes, dont chacun met en relation le carter et la pipe qui recouvre l'une des soupapes d'aspiration. Les gaz frais arrivent dans le carter par le vilebrequin qui est creux, et dans lequel débite directement le carburateur.

La Société Rossel-Peugeot construit deux autres modèles de moteurs rotatifs d'aviation, un type 2 cylindres à deux temps de 25-30 HP et un autre à 10 cylindres, deux temps, de 100 HP (tous deux licence Farcot d'Albaret).

Enfin, il existe en préparation un modèle rotatif à 3 cylindres, quatre temps, 25-30 HP, analogue au type 50 HP, décrit plus haut.

MOTEURS RUMPLER

Le moteur Rumpler dérive du type Antoinette (8 cyl. en V).
Il développe une puissance de 52 HP. à 1.500 tours par minute.
Les cylindres ont 105 millimètres d'alésage et 100 millimètres
de course. Le refroidissement est double; il se fait simultanément par circulation d'eau et circulation d'air, à l'aide de deux

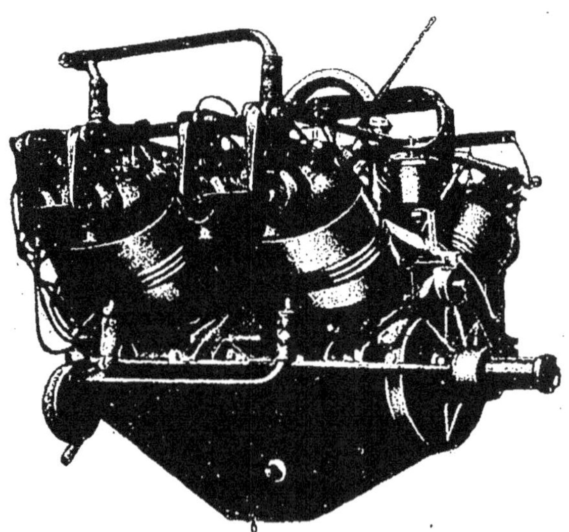

Moteur Rumpler.

ventilateurs qui refoulent l'air le long des enveloppes. Le carter
est en deux pièces, toutes deux d'aluminium. La moitié supérieure est coulée, l'autre est en tôle d'aluminium, soutenue
par une carcasse. Le moteur nu (sans radiateur, batterie d'allumage et réservoir à essence), pèse 100 kilogrammes.

Les soupapes sont à 45 degrés par rapport à l'axe de chaque
cylindre en sorte que celle d'échappement est horizontale et
celle d'admission verticale. Toutes deux sont commandées par

un même levier et la chambre qui les contient se prolonge par
une feuille mince qui a une grande surface de refroidissement.
Les cylindres sont en nickel-chrome ou en fonte spéciale, ainsi
que les pistons. Le vilebrequin est en nickel-chrome fondu,
creux, maintenu par trois paliers. Celui du milieu porte un
renvoi par engrenage conique, lequel actionne l'arbre vertical

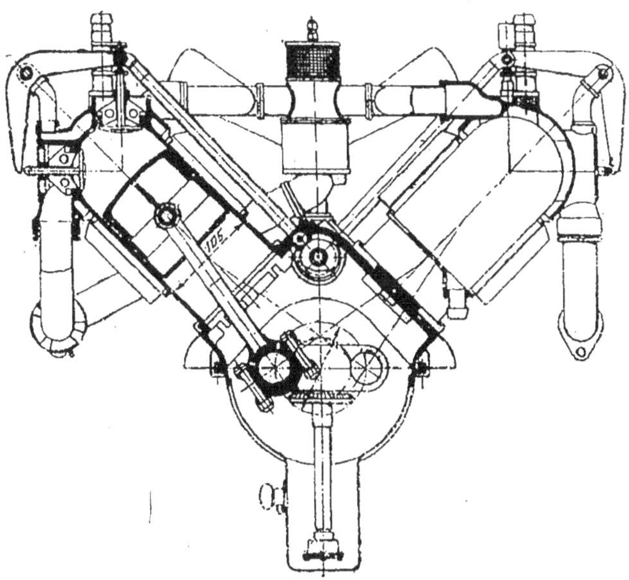

Moteur Rumpler (Élévation latérale).

de la pompe à huile, située au fond du carter en aluminium
qui sert de réservoir.

Les cylindres viennent de fonte avec la chambre des soupapes
et la partie supérieure des chemises d'eau. Le reste des chemises est formé d'une feuille de laiton, unique pour chaque
paire de cylindres et soudée à l'autogène. Pour l'établissement
du moteur, la soudure autogène est d'ailleurs plusieurs fois
utilisée, par exemple, pour les bielles et les leviers des soupapes, qui sont en tôle d'acier et creux par conséquent.

Le carburateur unique est au centre du moteur, avec des
parcours égaux pour chaque tuyauterie ; celles-ci sont, d'ailleurs, ainsi que le carburateur, maintenues chaudes par le voisinage des cylindres. La pompe à huile injecte le lubréfiant à
travers l'arbre, d'où il gicle par des orifices convenables.

MOTEURS SIDDELEY-WOLSELEY

Construit par Vickers Sons and Maxim Ltd, la célèbre Maison anglaise, ce moteur est du type à 8 cylindres en V.

Les cylindres, de 95 d'alésage et 128 de course sont montés

Moteur Siddeley-Wolseley.

sur un carter en aluminium et placés latéralement à 90° les uns des autres.

Les soupapes sont commandées par un arbre central à cames, au moyen de culbuteurs ; elles sont placées sous les culasses et à l'intérieur des deux rangées de cylindres.

Le carburateur est du type à flotteur et pulvérisateur.

Le graissage a lieu par pompe commandée par engrenages, et l'allumage, au moyen d'une magnéto haute tension, tournant à la vitesse de l'arbre vilebrequin.

Les cylindres, en fonte de fer, sont fondus par deux, avec leurs culasses.

Le refroidissement s'effectue par thermosiphon : les chemises

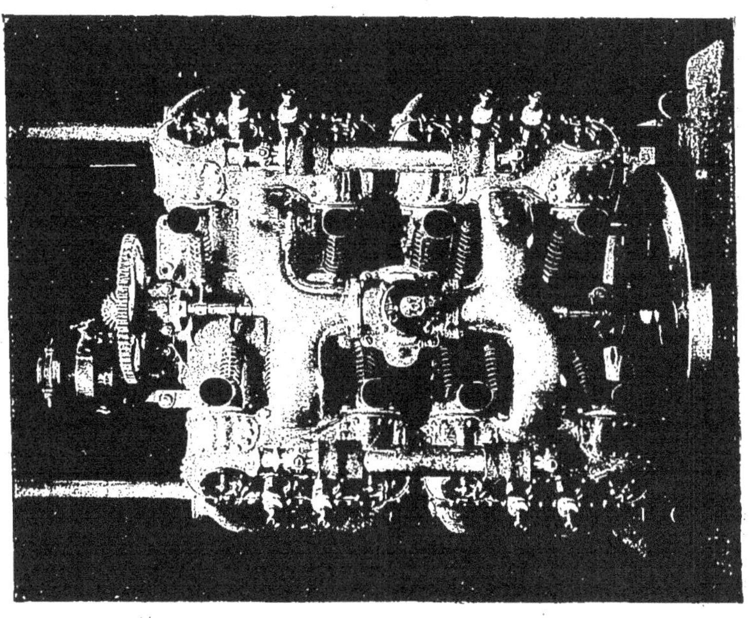

Moteur Siddeley-Wolseley (Vue par-dessus).

sont des feuilles d'aluminium, qui laissent de grandes chambres d'eau, tant autour des soupapes qu'autour des culasses.

L'arbre vilebrequin est maintenu par trois portées à billes ; les têtes de bielles sont en bronze phosphoreux avec métal anti-friction.

Le poids du moteur en ordre de marche, pour 5o HP à 135o tours, est de 165 kilogrammes.

MOTEURS UNNÉ-CANTON

Dans le moteur Unné-Canton, qui est du type en étoile, un carter en aluminium, en deux pièces, assemble les 7 cylindres de 120/140 millimètres en acier. L'arbre est porté par deux

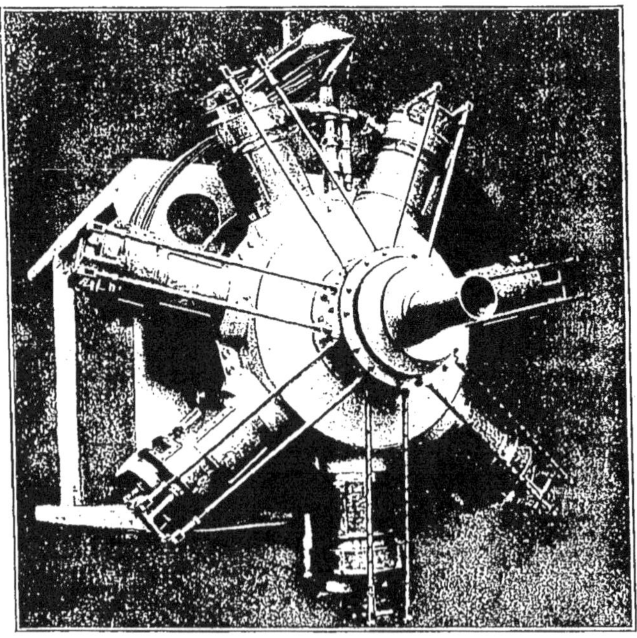

Moteur Unné-Canton.

roulements à billes, ainsi que la pièce qui reçoit les têtes de bielles. Les chemises d'eau, en cuivre rouge embouti, communiquent entre elles par un radiateur formé de tubes plats gaufrés.

Le modèle à 5 cylindres fait 50/60 chevaux, et le modèle à 7 cylindres 80/90 chevaux au régime de 1.200 tours.

MOTEURS VERDET

Comme le moteur Rossel-Peugeot, le moteur Verdet est inspiré directement du moteur Gnôme, dont il offre d'ailleurs tout l'aspect extérieur.

Il se sépare cependant des deux précédents par un certain nombre de particularités.

En premier lieu, il possède deux soupapes d'aspiration et deux soupapes d'échappement. On sait l'influence de ces dispositifs sur la circulation des gaz dans les cylindres et la puissance massique des moteurs. De plus, une came unique assure la commande des soupapes ; les bielles sont montées individuellement sur le vilebrequin et reçoivent ainsi des déplacements angulaires rigoureusement égaux. Enfin, les cylindres sont munis de fourreaux en fonte, afin de diminuer le graissage et d'améliorer le fonctionnement des segments des pistons.

Le modèle actuel est indiqué comme donnant 65 chevaux à 1.300 tours pour 108 millimètres d'alésage, 120 millimètres de course et un poids total de 85 kilos. C'est là un rendement très intéressant qui fera du moteur Verdet un concurrent très sérieux dans les concours de puissance massique.

MOTEURS VIALE

Le moteur Viale est du genre étoilé à trois ou cinq cylindres
à ailettes. Le premier type (105-130) donne normalement 32
chevaux et pèse 75 kilos ; le 5 cylindres (105-125) est indiqué
comme donnant 55/60 chevaux au même régime ; il pèse 85 kilos

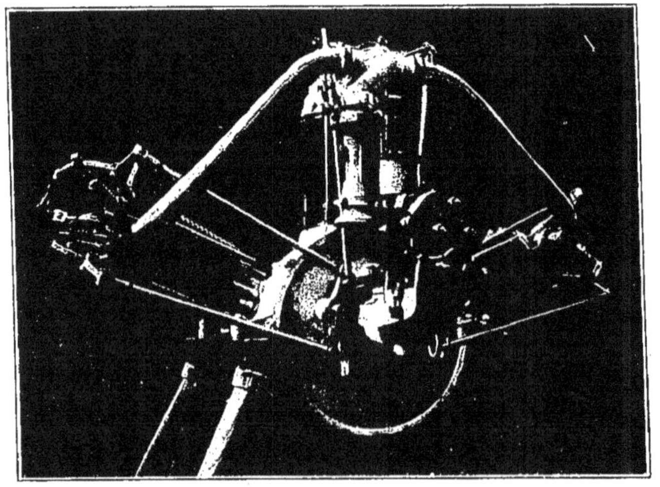

Moteur Viale 3 cylindres.

seulement. C'est donc dans ce dernier modèle que les principes
constructifs du moteur Viale ont affirmé le mieux leur efficacité.

L'originalité propre de ce moteur réside dans la présence de
deux soupapes d'échappement et dans une très large soupape
d'admission. Dans le 3 cylindres, les soupapes d'échappement
avaient 30 et 35 millimètres de diamètre et celle d'admission
55 millimètres. Dans le 5 cylindres récent, les diamètres respectifs sont 45 millimètres pour les deux clapets d'échappe-

ment et 75 millimètres pour celui d'admission. On sait le rôle important du diamètre des soupapes dans la marche régulière des moteurs à explosion, à régime rapide. L'évacuation complète des gaz brûlés, le refroidissement des clapets, l'alimentation des chambres d'explosion présentent des difficultés pratiques qui limitent la vitesse de rotation des moteurs et réduisent en général la puissance massique.

Dans le moteur Viale 60 chevaux, la distribution est obtenue par une came unique, tournant au 1/6 de la vitesse du

Assemblage des bielles dans le moteur Viale.

moteur; cette came actionne par poussoir les deux soupapes d'échappement et par tige et culbuteur la soupape d'admission, placée au sommet des cylindres. L'alimentation est assurée par une nourrice centrale, qui est d'une pièce avec le couvercle du carter et d'où partent cinq tubes aboutissant aux pipes d'aluminium qui recouvrent les soupapes d'admission.

Le carter est en aluminium, d'une seule pièce. Les cylindres sont tournés dans un bloc de métal et portent des ailettes de hauteur croissante de la base au sommet. Les pistons sont à trois segments ; les bielles tubulaires actionnent directement le palier du vilebrequin par une large portée garnie d'anti-friction.

Le moteur Viale tourne à un régime relativement élevé, 1.600 tours. Cependant, la vitesse linéaire des pistons n'atteint pas 7 mètres et la disposition en étoile, en rendant l'équilibrage plus rigoureux, atténue presque complètement les dangers d'usure ou de rupture qui sont la rançon ordinaire des grandes vitesses.

MOTEURS WEISZ

❦

Les moteurs Weisz, établis spécialement pour l'aviation, se signalent par un dispositif tout à fait original, qui est l'absence

Le moteur Weisz 50 HP.

du carter et la mobilité des cylindres autour des pistons qui restent fixes.

Dans son ensemble, un moteur Weisz est du type automobile à cylindres verticaux. Il est logé dans un bâti formé de deux cadres solidement réunis par des colonnes verticales. Le cadre supérieur porte les deux paliers de l'arbre, deux pattes d'attache et un tube de fixation sur le fuselage de l'appareil. —Au cadre inférieur sont boulonnés les pistons fixes, autour desquels coulissent les cylindres articulés avec l'arbre par des bielles. Ces cylindres portent des ailettes hélicoïdales qui, précisément en raison de cette forme, frettent à peu près aussi bien que des ailettes horizontales et refroidissent autant que feraient

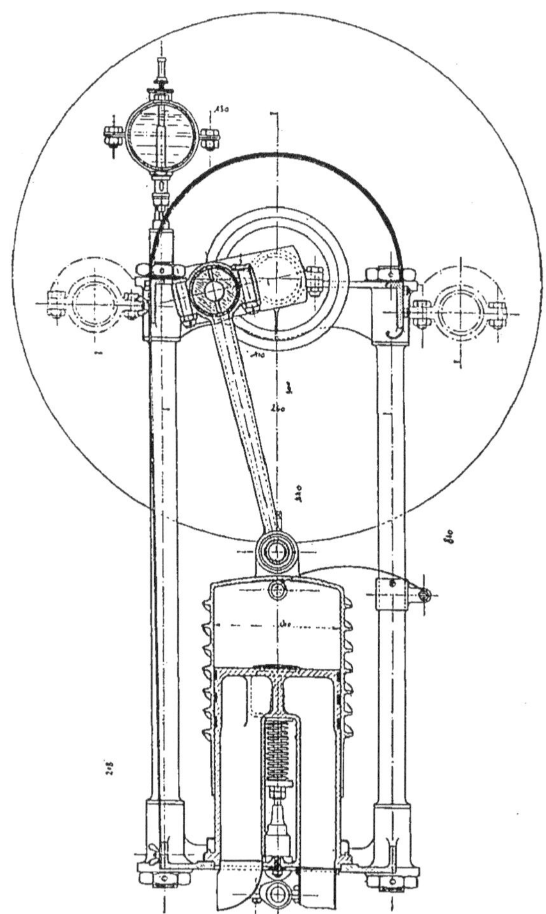

Moteur Weisz (Coupe transversale).

des ailettes verticales ; de plus, l'usinage en est facile. Les soupapes sont placées au sommet des pistons, lesquels sont divisés par une cloison en deux capacités réservées, l'une à l'admission, l'autre à l'échappement. Ainsi les pistons et les sièges des soupapes sont aisément refroidis.

Le moteur possède un volant monté sur un palier à billes, lequel repose sur un palier du cadre supérieur. Ce volant est

relié élastiquement par un toc avec l'arbre qui l'entraîne ;
l'hélice est montée sur le toc, avec ou sans démultiplication.

Un arbre à cames, fixé au cadre inférieur et actionné par un
renvoi par pignons hélicoïdaux, assure la distribution. Les
bougies, fixées sur les cylindres mobiles, sont réunies par des
conducteurs élastiques aux bornes disposées sur les colonnes
d'assemblage des deux cadres.

Le graissage des paliers a lieu directement par des raccords
spéciaux, venant d'un réservoir placé en charge et alimentant

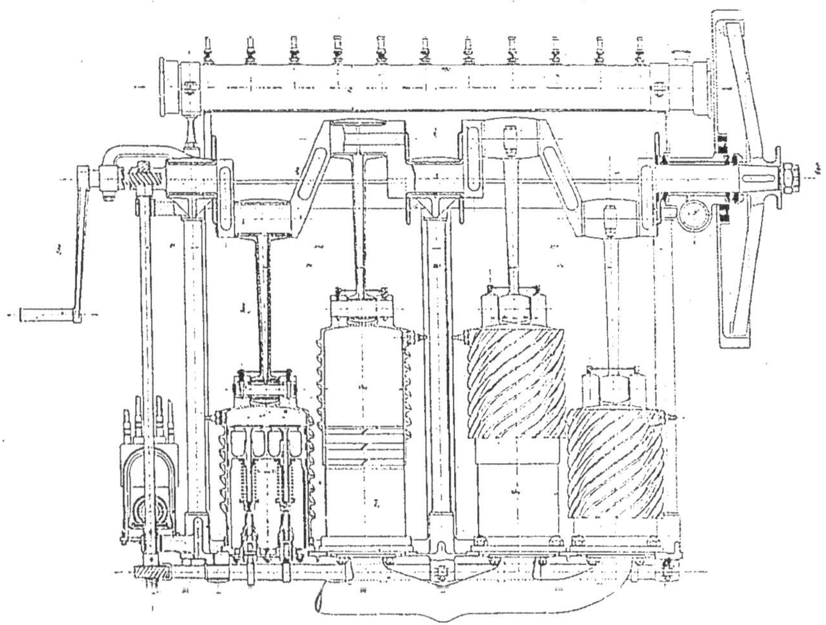

Le moteur Weisz (Coupe par l'axe).

des débits visibles et réglables. Quant aux cylindres, ils portent à leur base une rainure qui plonge dans la gouttière circulaire ménagée à la base des pistons et alimentée d'huile directement par la rampe de graissage.

L'idée qui a présidé à l'établissement des moteurs Weisz est
la suppression des organes inutiles dans les moteurs d'aéroplane. La rareté des poussières dans l'air à grande hauteur a
conduit ainsi à supprimer le carter. D'ailleurs, le mode même
de fonctionnement a simplifié aussi la question du refroidissement et l'on a réduit à peu de chose le dispositif de graissage.
Les moteurs Weisz sont ainsi allégés et réduits aux organes
indispensables. Le type actuel est établi pour une puissance
de 50 chevaux.

MOTEURS WRIGHT

Le moteur Wright, construit en France par la maison Bari-
quand et Marre de Paris, est un 4 cylindres du type ordinaire,
de 112 d'alésage et 100 de course. Il est à refroidissement par
l'eau et pèse 90 kilos pour une puissance de 25 à 30 chevaux.

Les soupapes d'admission sont automatiques. Il n'y a pas de

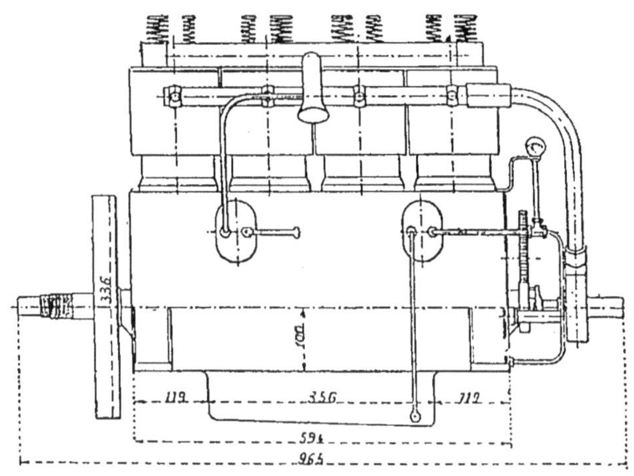

carburateur et l'alimentation en essence se fait par une pompe,
comme dans le moteur Antoinette.

Le moteur Wright, dont on a tenu secrets les détails de
construction, a subi quelques perfectionnements depuis son
introduction en France. Toutefois, on n'a pas pu en tirer beaucoup plus de 30 chevaux sans amener un échauffement très
notable.

Maintenu dans ses lignes normales, c'est-à-dire vers 25 chevaux, le moteur Wright a permis les premiers vols de longue
durée constatés en Europe (31 décembre 1908, 2 h. 20 par
W. Wright au camp d'Auvours).

LES TURBINES A GAZ

Quelque intérêt que présentent les nouveaux moteurs à explosion connus jusqu'à présent, le moteur rotatif par excellence que serait la turbine à gaz semble bien autrement séduisant. Schématiquement, une turbine à pétrole se compose d'un mécanisme analogue à celui des turbines à vapeur, c'est-à-dire d'une partie mobile comprenant les aubes recevant, à travers des ajutages fixes convenables (distributeurs), le jet de gaz provenant d'une chambre de combustion. A ces organes, il faut joindre un compresseur, qui élève le mélange carburé à la pression nécessaire. Cette combinaison est très attrayante, en principe, si l'on songe qu'un gaz se détendant entre les températures de 2.000° et 900° absolus possède une vitesse finale de 1.300 mètres à la seconde, ce qui pour une turbine de 1 mètre de diamètre correspond à une vitesse de rotation de 24.000 tours à la minute. Mais il y a le revers de la médaille.

On se heurte à une difficulté insurmontable, du fait que les gaz doivent être admis dans l'appareil à une température très élevée, capable de porter au rouge et même de fondre les aubes de la turbine, ou du moins de les oxyder rapidement en raison de la présence de l'oxygène. Il faudrait, ou bien trouver des métaux capables de résister à la force centrifuge de 1.800 à 2.000°, ou bien, si l'on entreprenait de refroidir la turbine à l'aide d'un courant d'eau froide, on rencontrerait un autre obstacle : l'eau emporterait, sous forme de chaleur, une grande partie de l'énergie mécanique que l'on devait utiliser.

Ces considérations pessimistes n'ont cependant pas découragé les inventeurs, et l'on peut signaler déjà plusieurs systèmes très différents de turbines à gaz. Les unes sont de simples moteurs à air chaud, les autres se rattachent plutôt aux moteurs à explosion. Nous allons décrire avec quelque détail quelques-uns de ces systèmes, et en particulier la turbine Stolze, puis la turbine Armengaud et Lemâle, qui, toutes deux, ont été sérieusement expérimentées.

Auparavant, quelques considérations théoriques, plus spécialement applicables aux turbines dites à combustion, sont utiles, afin de situer exactement le problème de la turbine à gaz et d'en mettre en relief les difficultés pratiques (1).

Rendement des turbines à gaz. — La résistance des métaux usuels diminue rapidement si la température augmente ; cependant, jusqu'à 600°, on peut compter avec l'acier au tungstène ou au vanadium (acier à outils) sur 90 kilos par millimètre carré et sur 5 à 10 o/o d'allongement. (Ceci est vrai, dans l'état présent ; on fera peut-être beaucoup mieux demain et le problème de la turbine à gaz en sera aussitôt entièrement renouvelé). Admettons une température de travail de 500° par exemple et une vitesse périphérique des roues variant de 250 à 400 mètres par seconde. Enfin, supposons que la pression d'amont soit de 2 kilos, valeur qui permet une combustion normale du pétrole et un rapport de 16 entre cette pression maxima P et la pression d'aval p :

$$\frac{P}{p} = 16$$

Il faudra, pour réaliser ces conditions, disposer d'un appareil fournissant l'air à 2 kilos à l'amont et aspirant les gaz d'échappement à l'aval, en y maintenant un vide de 0,125 d'atmosphère. Pour faciliter ce dernier résultat, on injectera vers la fin du parcours des gaz une certaine quantité d'eau froide qui condensera la vapeur produite par la combustion et refroidira l'azote et l'acide carbonique.

Telles sont les données pratiques moyennes qu'utilisent les contructeurs des turbines à gaz à combustion.

Quel rendement thermique peut-on attendre maintenant d'une machine conçue d'après ces principes ? Voici comment on peut s'en faire une idée approchée, dans le cas particulier où l'on refroidit le gaz par l'injection d'une certaine quantité d'eau.

L'énergie utilisée dans la turbine étant la détente d'une masse gazeuse, c'est en définitive, à la détente adiabatique qu'il faut se rapporter comme représentant le plus fidèlement les phénomènes. Si l'on suppose d'abord, avec M. Marcel Ar-

---

(1) Les chiffres qui suivent sont ceux qu'a envisagés M. Marcel Armengaud dans une étude très documentée sur *la Turbine à gaz* qui a paru dans la *Lumière Électrique* (n°⁵ 7 et 8, t. 5, 1909).

mengaud, une turbine à deux compartiments on a, entre les
trois pressions p_1, p_2, p_3, d'amont en aval, les relations :

$$\frac{p_1}{p_3} = \left(\frac{p_1}{p_2}\right)^2 = 16$$

Considérons alors les températures absolues T_1 et T_2 ; la détente de p_1 à p_2 est régie par la formule classique :

$$\frac{T_1}{T_2} = \left(\frac{p_1}{p_2}\right)^{1 - \frac{1}{\gamma}}$$

avec $\gamma = \dfrac{C}{c}$. Mais ici, vu les écarts considérables entre les températures réalisées, on ne peut pas considérer γ comme constant et l'on doit admettre que C et c, chaleurs spécifiques des
gaz à pression et à volumes constants, varient avec la température et sont de la forme :

$$C = C_0 + aT$$
$$c = c_0 + bT$$

Tout compte fait, dans le cas de la combustion du pétrole,
on peut admettre que l'on a :

$$\frac{p_1}{p_2} = \left(\frac{T_1}{T_2}\right)^5$$

Cette dernière formule donne tous les renseignements nécessaires au calcul du rendement.

En effet, on en déduit :

$$\frac{T_1}{T_2} = 1,32 \qquad \text{si} \qquad \frac{p_1}{p_2} = 4$$

d'où, avec $\qquad\qquad T_2 = 773^{\circ}$,

$$T_1 = 1015^{\circ} \text{ environ}$$

Par suite :

$$t_1 = 742^{\circ} \qquad \text{avec} \qquad t_2 = 500$$

On doit donc, avant de faire travailler les gaz, les amener à
la température de 742° centigrades.

La combustion du pétrole les fournit à 1.800° et c'est par l'injection d'eau qu'on les ramènera à la température d'utilisation. Dès lors, la chaleur utilisable par kilo de gaz sera :

$$Q = C \,[T_1 - T_2]$$

soit, ici :

$$Q = 0,38 \times 242$$
$$Q = 92 \text{ calories.}$$

La vitesse de sortie des gaz sera d'après la formule de Stodola :

$$V = 91,2 \times \sqrt{92} = 870 \text{ mètres.}$$

Les travaux de Banki indiquent que le rendement hydraulique d'une roue à deux étages de vitesse, pour :

$$\frac{n}{V} = \frac{200}{870} = 0,23$$

est égale à 60 o/o environ.

Il n'y aura donc que $92 \times 0,6$, soit 55 calories transformées en travail.

On peut faire maintenant le même calcul pour la deuxième détente t_2 à t_3 ; mais on admettra alors que les gaz seront un peu réchauffés par frottement et ne sortent pas à T_2, mais à $T'_2 = T_2 \times \Delta T$.

On trouve ainsi qu'il y a, avec une roue appropriée, environ 48,6 calories utilisées.

On a donc, en tout, par kilo de gaz, 104 calories transformables en travail.

Évaluons maintenant le travail dépensé pour la compression de l'air.

L'expérience a montré que, pour 1 kilo de gaz il devait y avoir :

$$282 \text{ grammes d'eau injectée}$$
$$680 \quad\text{—}\quad \text{d'air}$$
$$38 \quad\text{—}\quad \text{de pétrole}$$

La compression de 1 kilogramme d'air dans le rapport $\dfrac{p_1}{p_3} = 16$

coûte 57,5 calories. Si le compresseur (Rateau) a un rendement de 65 o/o, le travail réel sera de 60 calories pour les 680 grammes.

En définitive, le travail recueilli sera de 104 — 60 = 44 calories.

La puissance correspondante est de 0,07 HP et la consommation horaire de $\dfrac{0,38}{0,07}$ ou 540 grammes.

La conclusion de cette brève étude est que la turbine à combustion a un rendement thermique encore insuffisant. Ce rendement peut s'améliorer par la suite, par l'emploi de pressions d'amont et des températures plus élevées.

Au point de vue spécial des moteurs d'aviation, rien n'autorise à supposer que la turbine à pétrole, laquelle est alourdie d'un compresseur complexe et volumineux, puisse entrer de sitôt en lutte avec les moteurs à piston à longue course et à grande vitesse. Auparavant, il faut que des progrès très sérieux soient réalisés dans la métallurgie, la construction des compresseurs, etc.

Les turbo-compresseurs. — Nous venons de reconnaître toute l'importance de la compression préalable de l'air employé dans les turbines. Pour la turbine Stolze, le problème était assez facile ; mais, pour les turbines comprimant à 5 ou 6 atmosphères et tournant à 3.000 tours, il était presque insoluble, avant les travaux d'un spécialiste, M. Rateau. Celui-ci, après des travaux qui l'ont finalement conduit à se consacrer à l'aéro-dynamique, a imaginé les turbo-compresseurs, véritables turbines ou roues à aubes, qui, disposés en éléments successifs et accouplés sur l'arbre de la turbine elle-même, amènent l'air, par une compression en cascade, à la pression désirée. Les turbo-compresseurs fonctionnent donc au régime de la turbine, tandis que les compresseurs à piston ne dépassent pas 1.200 tours. Ainsi s'est trouvé résolu l'un des problèmes les plus délicats de la turbine à gaz.

Turbines à air chaud.

La turbine à gaz Stolze appartient au type des *turbines à air chaud*. Dès 1872, le Dr Stolze avait entrepris d'utiliser la turbine comme moteur à air chaud, mais ce n'est que tout dernièrement que les résultats obtenus furent assez satisfaisants pour permettre une exploitation industrielle rémunératrice. En effet, la Gasturbinen Gesellschaft Stolze vient de terminer à Berlin-Weissensee une machine d'expérience de 200 chevaux.

Le principe sur lequel repose la construction de ce moteur est le suivant :

Un certain volume d'air atmosphérique est comprimé à une pression modérée (1,5 atmosphère, par exemple), au-dessus de la pression atmosphérique, puis échauffé, de manière à lui faire prendre, à la même tension, un volume 2 ou 2,5 fois plus grand. A ce moment, l'air se détend en agissant sur les aubes

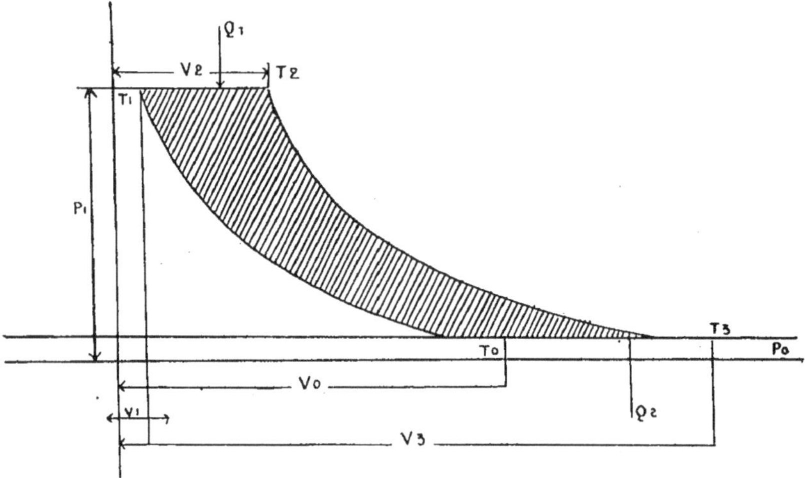

Cycle de la turbine Stolze.

de la turbine. L'accroissement de volume résultant de l'échauffement produit donc une certaine quantité de travail mécanique égale à l'excès du travail d'expansion sur la quantité de chaleur absorbée.

La réalisation mécanique de ces diverses conditions est des plus simples.

Pour obtenir la compression préalable, on se sert d'une turbine fonctionnant comme compresseur. Une certaine quantité d'air initiale V_0 est ainsi aspirée, à la pression atmosphérique P_0 et à la température T_0 en valeur absolue. Cette même quantité est ensuite comprimée à la pression P_1 en même temps que le volume décroît jusqu'à V_1 et que la température s'élève à T_1 ; dans la troisième phase, on fournit une certaine quantité de chaleur Q_1 : le volume s'accroît à pression constante jusqu'à V_2 en même temps que la température atteint T_2. A ce moment l'air chaud est utilisé dans le moteur thermique. Il se détend au volume V_3 et à la pression atmosphérique, tandis que sa température s'abaisse à T_3. Il s'échappe enfin en emportant une certaine quantité de chaleur Q_2, fonction de sa température finale. Elle est d'autant plus grande évidemment que T_3 est plus élevé.

La quantité d'énergie est donnée dans le diagramme suivant par la surface $T_1T_2T_3T_0$. Ce cycle est assez avantageux. Le rendement théorique calculé pour un échauffement peu intense de l'air — 400° environ — est supérieur à 30 pour 100.

Dans une variante imaginée postérieurement par M. Stolze, l'absorption de chaleur, au lieu de se produire à pression constante, comme on vient de le dire plus haut, peut être réglée de manière à devenir isothermique. On peut ainsi employer des températures relativement basses — ce que ne permettraient pas les transformations adiabatiques et les pressions élevées. Le rendement est de ce fait considérablement augmenté.

D'après ce qui précède, on voit que la turbine Stolze n'est pas, à proprement parler, une turbine à gaz, puisqu'il n'y a pas explosion de mélange gazeux comme dans les moteurs à gaz ; c'est une turbine à air chaud (Heissluft-turbine) ainsi que l'appelle son constructeur. Le travail mécanique est produit par la détente de l'air préalablement comprimé à une pression modérée, puis dilaté par réchauffement ; il s'ensuit que l'on évite ainsi les hautes températures, et le refroidissement devient inutile. On évite donc toute perte de chaleur, ce qui permet de réduire considérablement la quantité de combustible. Ajoutons de plus que la suppression des chocs dus aux explosions permet d'obtenir une marche beaucoup plus agréable et régulière : le courant d'air uniformément comprimé et chauffé traverse silencieusement la turbine tout en se détendant, sans produire de trépidations ou de secousses comme dans les moteurs à piston. Enfin, le graissage est des plus simplifiés : le seul dispositif qui subsiste est celui des paliers de l'arbre, situés à l'extérieur.

On sait que le rendement théorique de la machine à air chaud ordinaire est de beaucoup supérieur à celui de la machine à vapeur. Son coefficient économique a pu être élevé jusqu'à la valeur limite 1/2. L'expérience indiquera quel avenir est réservé à la nouvelle combinaison qui vient d'être décrite. Rappelons que l'air surchauffé présente, ainsi qu'on l'a dit, le grave inconvénient d'attaquer les métaux et de détériorer assez rapidement les organes. C'est là peut-être ce qui empêchera la turbine à air chaud de réussir dans la pratique, à moins que l'on ne découvre un dispositif particulier permettant de supprimer l'oxydation. Pourquoi n'emploierait-on pas l'artifice utilisé dans certaine machine proposée il y a quelques années : vapeur et air combinés ? L'emploi de l'eau entraîne évidemment bien des complications. On verra plus loin que MM. Armengaud et Lemâle ont eu recours à cette combinaison pour obtenir le refroidissement des aubes de la turbine, ou tout au moins pour empêcher leur échauffement exagéré.

Relativement à l'aviation, les turbines à air chaud du type Stolze ont jusqu'ici un grave inconvénient : leur faible puissance massique. Il n'est pas inutile cependant de les connaître dans leur principe. On peut difficilement pressentir, à l'heure présente, quelle sera dans quelques années l'orientation définitive de la mécanique aérienne et les efforts des constructeurs de turbines peuvent aboutir d'une façon imprévue à l'apparition d'un moteur sûr très supérieur à ceux que nous connaissons.

Turbines à explosion et à combustion.

La distinction de moteurs à combustion et à explosion semble un peu arbitraire. Dans l'un et l'autre cas, il ne s'agit que d'un gaz ou d'une vapeur combustible brûlant dans un gaz formé d'oxygène mélangé à des gaz inertes.

Cependant, on a réservé le nom de moteur à *explosion* à ceux où le combustible est comprimé d'abord dans un cylindre puis allumé, et celui de moteur à *combustion* aux moteurs où l'air est d'abord comprimé seul et où le combustible, introduit en fin de compression, brûle à mesure de son introduction.

En ce qui concerne les turbines à gaz, on a coutume d'établir généralement la même distinction qui facilite les classifications.

Le premier brevet décrivant un système bien défini de *turbine à combustion* semble être celui de M. de Laval (1893), l'inventeur bien connu de la turbine à gaz à axe flexible. En 1902, Zoelly, également inventeur d'une turbine à vapeur réputée, revendique dans un brevet le principe des turbines à combustion *avec compression*, sans indiquer toutefois aucun dispositif. Ce dispositif constitue, par contre, la base du brevet Stolze de 1899. Stolze, en effet, revendique l'emploi d'un compresseur formé lui-même d'une turbine ou d'un ventilateur multicellulaire. Pour le reste, il s'agit d'une tuyère à combustion, avec tuyère d'injection et disques mobiles.

En 1904, Meincke a proposé de produire la combustion à pression constante dans un espace ouvert permettant de réaliser ainsi une opération continue, l'expansion des gaz s'effectuant en convertissant leur pression en vitesse dans l'ajutage d'une turbine à gaz. On rentre ainsi dans le cas des turbines à vapeur à action du type de Laval. Grâce à cette méthode, l'expansion serait réalisée adiabatiquement. On obtient ainsi un cycle formé de deux isothermes et d'une adiabatique et, si l'on opère la compression préalable adiabatiquement — ce qui est possible, — il en résulte un cycle formé de deux isothermes et de 2 adiabatiques, analogue au cycle d'Ericson, dont le rendement est très satisfaisant. D'après M. Meincke, le rendement total du système pourrait atteindre 36.5 o/o, avec une consommation théorique de 1.750 calories par cheval.

Turbines à explosion.

Comme l'indique M. Sekutowicz, qui a fait une étude spéciale des turbines à gaz, il semble que les plus anciens brevets de *turbine à explosion* sont ceux de Peere, de Broklyn (1890), et Nordenfeld (Paris 1894). De très nombreuses recherches ont été faites dans cette voie. Dans la plupart des combinaisons proposées, on emploie une soupape d'aval pour fermer la chambre d'explosion pendant son remplissage de mélange frais.

Disons de suite que si, dans une turbine à explosion, on n'emploie pas de soupape d'aval, on ne peut admettre de bien fortes compressions initiales et l'on s'expose à des pertes importantes de mélange combustible.

Si, au contraire, on emploie une soupape, la présence du métal, en aval de la chambre de combustion, mais *avant la détente*, limite le maximum de température admissible dans une mesure telle que le rendement devient beaucoup trop faible. Enfin, le régime d'écoulement variable résultant d'une série d'explosions semble désastreux au point de vue du rendement hydraulique de la turbine, ainsi que cela résulte de l'étude du régime d'écoulement dans les tuyères.

Citons parmi les turbines à explosions projetées ou essayées: les turbines Van der Kerkhove et Suyers, Colemann (1900), Huet (1901), Sidon (1902), Courtin, Massion (1902), Dodement, Avenell, Gardner Sanderson, etc. etc.

Nous décrirons la turbine Gardner-Sanderson. — Elle est analogue aux turbines ordinaires. L'explosion se produit dans une chambre centrale, d'où les gaz s'échappent en frappant normalement sur les ailettes recourbées d'une roue-volant.

Ces gaz agissent d'une manière intermittente par leur force d'expansion et par leur détente.

L'enveloppe extérieure est formée de deux couvercles reliés au moyen de deux arêtes boulonnées. L'une des pièces est fixe ; elle repose sur le socle de la machine et s'étend sur tout le pourtour de la boîte. Elle sert de carter et de réfrigérant. L'eau arrive en *b*, parcourt les cavités représentées sur la figure et sort en *a*.

L'axe porte un volant assez lourd pour régulariser l'effet des impulsions intermittentes. Sur sa périphérie sont fixés des

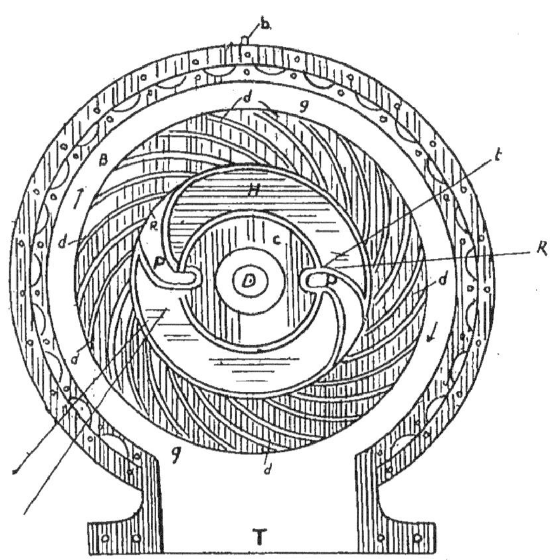

Turbine à gaz Garaner-Sanderson.

conduits courbes *d*, de section rectangulaire et ouverts à chaque extrémité. Ces conduits communiquent avec les chambres d'explosion P par les passages *e*, *e'* qui servent aussi de chambres de combustion.

L'admission du mélange détonant aux chambres d'explosion est régularisée par des valves oscillantes *h* (voir ci-contre). Ces valves sont munies d'un contact *k*, qui est relié avec une bobine d'induction alimentée par une pile ou un accumulateur. L'étincelle jaillit lorsque le contact *k* rencontre un second contact *i*, convenablement isolé et ferme ainsi le circuit.

Le contact *k* est en communication électrique avec le levier *l* que porte la valve *h*. Ces leviers sont soumis aux ressorts *s* qui tendent à tenir les valves fermées tant qu'ils ne butent pas contre les cames *n* portées par l'arbre D. Le tube de décharge

T reçoit les produits de la combustion qui se réunissent d'abord dans l'espace annulaire *g* au dehors et s'échappent ensuite par T.

Le mécanisme étant double sur chaque face de la turbine, on obtient quatre explosions par tour.

Le fonctionnement du moteur est le suivant :

On commence par ouvrir l'une des valves en agissant sur le levier correspondant — les deux ouvertures des valves corres-

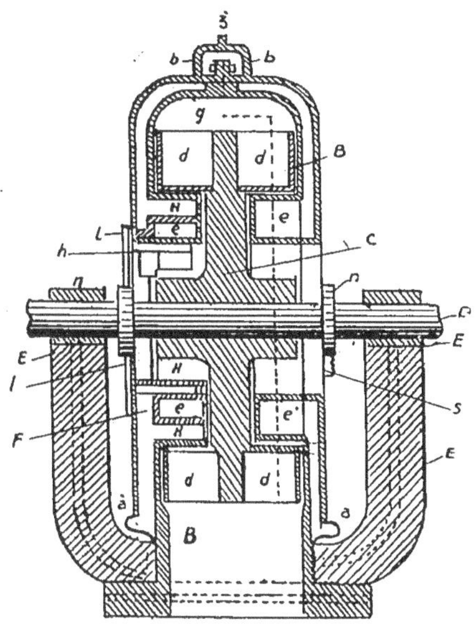

Turbine à gaz Gardner-Sanderson.

pondant alors à celles de la paroi de la chambre d'explosion : la plus grande livre passage à l'air, la plus petite, au gaz combustible. — On libère ensuite le levier qui, sollicité par le ressort *s*, reprend sa position initiale : les contacts *k* et *i* se rencontrent, l'étincelle jaillit et le mélange fait explosion. Les seules issues qui se présentent étant la chambre de combustion *e*, *e'*, les gaz s'engagent dans ces passages, puis dans les conduits *d* qu'ils font tourner.

La roue-volant, étant ainsi soumise à des impulsions répétées, conserve son mouvement, tandis que la même série d'opérations se reproduit automatiquement, grâce aux cames *n* fixées à l'arbre D, qui agissent sur les leviers *l*.

Dans le modèle que M. **R. Armengaud** a fait breveter

en 1907, la chambre de combustion B est entourée d'une chemise de circulation d'eau G.

Cette chambre est terminée en C par une tuyère servant

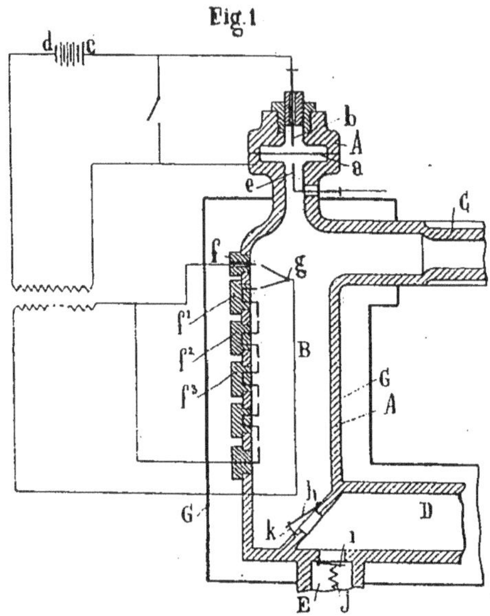

Chambre de combustion de la turbine René Armengaud.

d'orifice de sortie aux gaz brûlés qui vont agir sur les aubes d'une roue.

En *a* se trouve une membrane métallique susceptible, par sa déformation, de fermer un circuit primaire et de provoquer l'éclatement de l'étincelle d'allumage du mélange explosif entre *f* et *g*; D est le tube d'arrivée du gaz carburé, *h* le clapet d'admission, E un tube amenant de l'air.

Le fonctionnement est le suivant :

Le clapet E étant fermé, le mélange gazeux pénètre dans la chambre B ; une étincelle se produisant en *f*, la dilatation qui suit l'explosion et l'écoulement des gaz par la tuyère ont pour effet de créer une dépression produisant un nouvel appel d'air carburé. En quelques minutes, la tuyère C qui n'est pas refroidie par la circulation d'eau, est portée à la température du rouge. A ce moment, le courant de gaz expulsé par la tuyère a une grande intensité. Si l'on ouvre le clapet E, l'air extérieur, à la faveur de l'aspiration, entre de préférence par ce passage, parce qu'il rencontre alors moins de résistance que s'il passait par le carburateur. Arrivant vers la tuyère, qui est portée au rouge, il se dilate brusquement et exerce sur le mélange gazeux qui remplit la chambre B, une compression qui se traduit par un soulèvement du diaphragme a. Il en résulte une étincelle et une explosion. Les mêmes phénomènes se reproduisent et l'on obtient un écoulement du gaz par la tuyère.

On peut alors modifier les positions respectives des vis b et e et de la membrane a en vue de commander par contact électrique entre a et e l'obturation de la tuyère C au moment de la dépression.

Rappelons que le régime d'écoulement variable des gaz provenant d'une série d'explosions est désavantageux au point de vue de l'utilisation sur les aubes.

La turbine à gaz, brevets **R. Esnault-Pelterie**, a été combinée de manière à obtenir une vitesse d'écoulement pratiquement constante. Elle possède une chambre de combustion com-

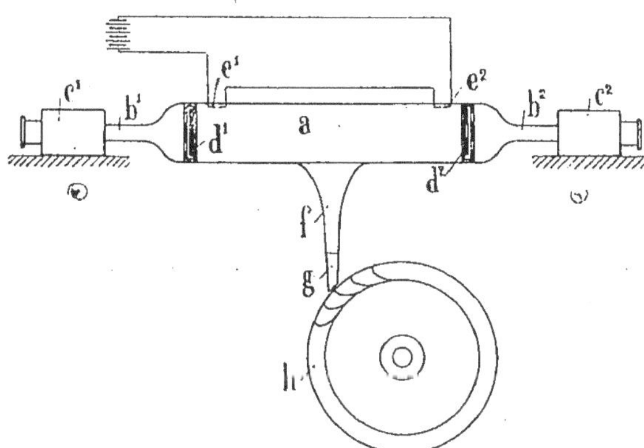

Chambre de combustion de la turbine Esnault-Pelterie.

posée, en principe, d'un cylindre portant à son extrémité deux rétrécissements aboutissant chacun à un carburateur. Dans ce cylindre, se trouvent deux clapets d_1 et d_2 d'un modèle spécial, ainsi que deux bougies e_1 et e_2. Une tuyère f y est adaptée.

Supposons qu'au moyen d'une pompe on fasse pénétrer dans la chambre une certaine quantité d'air carburé et qu'on fasse jaillir une étincelle du côté correspondant : il se produit une onde explosive, qui se propage dans l'air remplissant la chambre avec la vitesse du son. L'explosion produit sur cet air une compression momentanée, qui se traduit immédiatement par une dépression du côté où a eu lieu l'explosion. Cette dépression provoque l'admission d'une nouvelle quantité de mélange gazeux. Les admissions alternent donc avec les compressions et les explosions.

La fréquence de ces explosions dépend de la longueur de la chambre et est exprimée par la formule

$$n = \frac{v}{2\,l}$$

(n étant le nombre d'explosions par seconde, v la vitesse du son, l la longueur de la chambre).

Pour $l = 0^{m},34$ par exemple, $n =$ environ 500. Le système étant double, on obtient une succession de 1.000 explosions par seconde.

Lorsque l'état de régime est établi, il se produit dans la chambre de combustion le même phénomène que dans un tuyau sonore : il existe un maximum de vibrations au milieu (ventre) et un minimum à chacune de ses extrémités (nœud). Il en résulte un écoulement de fluide, à une vitesse pratiquement constante, dans le tuyau g.

Le dispositif peut être complété par l'adjonction d'un piston qui peut se mouvoir librement et former tiroir devant l'orifice de la tuyère. Il ne laisse s'écouler par celle-ci que les gaz brûlés provenant de l'extrémité du réservoir dans laquelle règne la plus haute pression.

L'admission du mélange gazeux aux deux extrémités de la chambre est assurée par deux ventilateurs.

Turbines à combustion à vapeur et à pétrole.

L'idée d'associer les mélanges gazeux à la vapeur d'eau n'est pas complètement neuve. Elle a été appliquée d'abord aux machines alternatives (bifluide), mais semble plus particulièrement propre aux turbines à gaz (voir plus haut).

L'injection peut se faire soit dans *la chambre de combustion*, soit au contraire en *aval de la tuyère de détente*.

Il peut sembler *à priori* étrange de s'attarder pour l'aviation à un dispositif utilisant la vapeur. Il faut observer toutefois que ce fluide intervient pour le refroidissement des parties exposées à une surchauffe exagérée. Le problème est donc analogue à celui qui se présente dans les moteurs alternatifs à explosion : la vapeur est substituée à l'eau, ce qui ne saurait entraîner — en théorie — une augmentation de poids excessive. De plus, la force élastique de cette même vapeur étant utilisée (alors que l'eau, elle, sert exclusivement au refroidissement), il y a de ce côté gain d'énergie. Enfin, la vapeur peut être condensée dans un appareil analogue au radiateur des moteurs à pétrole ordinaires.

On voit, en définitive, que le dispositif vapeur-pétrole qui

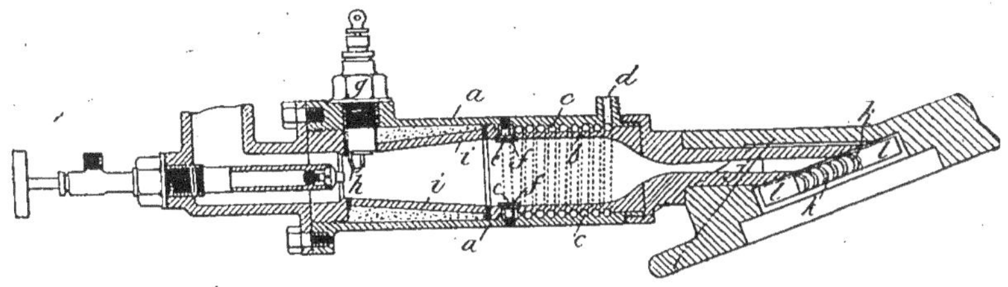

Chambre de combustion Lemâle.

a, enveloppe extérieure. — *b*, enveloppe intérieure. — *c*, rainure hélicoïdale. — *d*, arrivée d'eau sous pression. — *e*, entrée de la vapeur d'eau. — *e'*, eau en vapeur. — *f*, cône diffuseur. — *g*, bougie d'allumage. — *h*, protecteur en platine maintenu incandescent dans le jet de gaz. — *i*, gaine réfractaire. — *j*, tuyère. — *k*, aubes. — *l*, turbine.

semblait *à priori* absolument inapplicable aux aéroplanes présente à peu près les mêmes caractéristiques que les moteurs ordinaires à refroidissement par l'eau.

Dès 1903, M. Lemâle, inventeur d'une turbine à combustion, a imaginé un dispositif permettant l'injection de l'eau dans la chambre de combustion elle-même. C'est celui qui est représenté sur la figure.

La turbine à gaz de MM. **Armengaud** et **Lemâle** comprend, en principe, une chambre de combustion A, garnie intérieurement d'un revêtement de matière réfractaire BB. On peut également employer un refroidisseur à circulation d'eau C.

Le mélange gazeux actif est formé d'air et de vapeur de pétrole. A cet effet, l'air comprimé par un ventilateur à haute pression actionné par la turbine elle-même pénètre en D sous forme d'un courant continu, auquel vient se mêler intimement un jet de pétrole sous pression qui est fourni par l'ajutage F. Une bougie électrique convenable, placée en G, détermine l'inflammation du mélange, qui brûle en développant dans la chambre A une température élevée (environ 1800°). Les gaz s'échappent ensuite par la tuyère et viennent, partiellement refroidis par la détente, agir sur les aubes de la turbine T. Pour éviter que la température de cette dernière n'atteigne une limite dangereuse, on a disposé en M une seconde tuyère, à température plus basse, alimentée par de la vapeur produite avec l'eau du refroidisseur. Un récupérateur L, chauffé par les gaz d'échappement, permet d'obtenir le chauffage suffi-

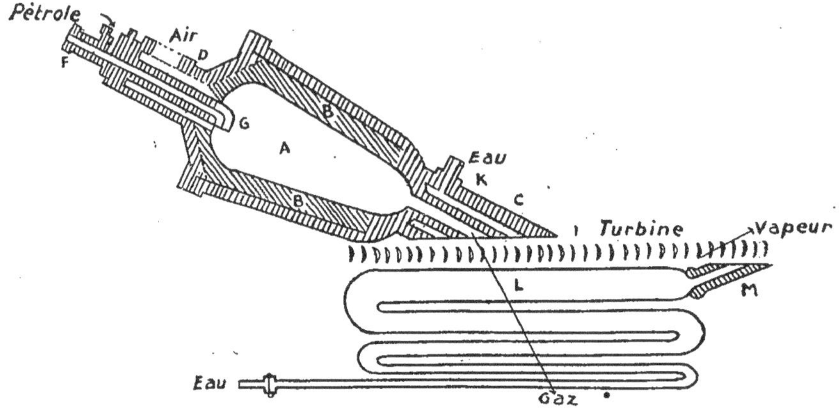

Turbine Armengaud et Lemâle.

sant. Grâce à cet artifice, un élément quelconque du disque

Turbine à pétrole 200 chevaux Armengaud et Lemâle.

n'est soumis qu'à la moyenne des températures des deux tuyères.

Une première turbine d'essai de 50 chevaux a été construite et expérimentée par MM. Armengaud et Lemâle à Saint-Denis. Les résultats ont été assez satisfaisants pour déterminer les inventeurs à entreprendre l'établissement d'un nouveau type définitif, de 300 chevaux. Une entente étant intervenue entre la Société des turbo-moteurs à combustion, qui exploite les brevets Armengaud et Lemâle, et M. Rateau, l'ingénieur auquel on doit la turbine à vapeur bien connue, le nouveau système sera muni de compresseurs-ventilateurs multicellulaires, à haute pression, du type Rateau. Grâce à l'adjonction de ce mécanisme auxiliaire, on améliore considérablement le rendement. D'après ce qui précède, on voit que la turbine à gaz est peut-être à la veille de faire son entrée dans l'industrie.

Le Propulseur à échappement.

Ainsi que nous l'avons déjà indiqué plus haut l'échappement semble pouvoir être utilisé de diverses manières. On a déjà proposé de s'en servir soit pour le refroidissement des cylindres — par appel d'air — soit pour la propulsion, soit pour les deux applications simultanées. Il est évident que dans ce cas, l'aéroplane conserve le mécanisme ordinaire : moteur et hélice. Or, on a proposé de supprimer ces deux organes et de les remplacer simplement par le propulseur à échappement de R. Lorin, dont la théorie est la suivante.

L'hélice convient comme propulseur aux grands efforts et vitesses modérées. A partir de 30 à 40 mètres, la vitesse de translation diminue son effort de traction. A partir de ces vitesses, il conviendrait d'avoir un propulseur donnant un effort de traction aussi indépendant que possible de la vitesse, et par suite une puissance utile croissante. L'auteur propose le moteur à échappement qui supprime la transmission mécanique. Le rendement thermique maximum du moteur ordinaire est de 0.20, le rendement de l'hélice est de 0.50 environ. L'utilisation de l'énergie primaire du combustible n'est donc que 0.50×0.20, soit 10 o/o environ. Il y aurait donc avantage à supprimer la transmission mécanique. Telle est la thèse de M. Lorin.

Le propulseur à échappement est composé d'une série de cylindres ordinaires à simple effet, mais l'échappement se fait par une soupape au fond du cylindre, lequel est prolongé par un ajustage divergent calculé pour produire une détente progressive des gaz. Ce système s'accommode de faibles compressions et, par suite, d'organes légers, l'échauffement est faible et rend inutile la circulation d'eau.

M. Lorin a calculé qu'en admettant une pression de 7 à 8 kilogrammes à l'explosion, on pouvait réaliser un propulseur donnant le même effort de traction qu'un moteur ordinaire et plus léger.

Aux vitesses faibles, l'effort de traction et le rendement thermique sont d'abord inférieurs à ceux donnés par l'hélice, mais à partir de 30 à 40 mètres par seconde, alors que l'hélice devient impuissante, le rendement et l'effort du moteur à échappement croissent constamment.

L'aéroplane auquel le propulseur à échappement serait appliqué devrait comporter : 1° de grandes vitesses (au moins 30 à 40 mètres par seconde) ; 2° le métal comme élément exclusif de construction ; 3° le lancement ou l'atterrissage direct, sans châssis de roulement. L'appareil comprendrait un long corps cylindrique en tôle d'acier, deux propulseurs symétriques à l'avant et à leur suite deux surfaces sustentatrices avec un organe stabilisateur à l'arrière. L'inclinaison variable des axes des propulseurs serait réglée par le pilote et lui permettrait l'enlèvement (axes verticaux), la direction et l'atterrissage. L'appareil viendrait pour atterrir, se ficher en terre par sa pointe ; l'amortissement de la chute s'obtiendrait pour le pilote à l'aide d'un vêtement élastique dépendant d'un frein.

Telles sont, en résumé, les idées qui ont guidé M. R. Lorin dans ses études. Jusqu'à présent, le propulseur à échappement est resté à l'état de conception théorique hardie.

Propulseur Coanda.

M. H. Coanda a exposé au Salon de l'Aéronautique (Paris, 1910) un propulseur formé par une turbine mue par un moteur ordinaire et aspirant l'air à l'avant du fuselage d'un appareil biplan pour le rejeter vers l'arrière. L'intérêt de ce système, qui comporte plusieurs détails intéressants (réchauffement de l'air aspiré par l'échappement du moteur, etc.), dépendra évidemment du rendement expérimental. Il est d'ailleurs applicable, théoriquement du moins, à la propulsion des automobiles.

TABLE DES MATIÈRES

POUR PARAITRE PROCHAINEMENT :

DES
Groupes Propulseurs
pour
Aéroplanes

par

F. R. PETIT

Ingénieur-électricien E. P. E. I.

Ouvrage illustré de 210 figures

LIBRAIRIE AÉRONAUTIQUE
40, rue de Seine
ci-devant : 32, rue Madame
PARIS

DES GROUPES PROPULSEURS
=== POUR AÉROPLANES ===

par F. R. PETIT

Une des parties les plus difficiles de la construction d'un aéroplane es l'établissement du groupe propulseur qui lui permettra de se sustenter dans l'air. Au point de vue technique, cette question ne peut offrir que de vagues données, absolument insuffisantes pour permettre des calculs rigoureux e précis. Ce n'est donc pas dans cette voie que nous nous sommes engagés nous avons préféré, guidés par les enseignements de l'expérience, nous main tenir dans les limites de la pratique rationnelle.

Nous avons donc suivi en ce livre les phases qui constituent l'établissemen des groupes propulseurs, c'est-à-dire la construction de l'hélice, la transmissio de la puissance à cet organe, le montage du moteur et des propulseurs su l'aéroplane.

En ce qui concerne les hélices aériennes, nous avons accordé une larg place à leur exécution. Certes, il est beau, en effet, de déterminer avec rigueu sur une épure les génératrices d'une surface d'hélice; mais cette précisio serait absolument illusoire si l'on n'avait à sa portée les moyens de sculpte ou modeler matériellement la pale prévue. C'est au-dessus de l'établi d l'ouvrier hélicier qu'il faut ensuite se fixer des repères. Et là, on se trouve e présence de difficultés d'exécution très grandes. On verra plus loin quel soi il est nécessaire d'apporter à cette tâche.

Nous avons donc supposé de la part du lecteur une connaissance suffisant de la question théorique des hélices aériennes, et nous avons simpleme cherché à montrer le côté pratique de leur établissement. Cependant, avant d classer quelques documents, et pour éviter toute confusion qui pourrait inte venir par suite de la diversité des idées émises à l'heure actuelle, nous avon rappelé très brièvement quelques remarques techniques dont l'applicatio est déjà possible.

Après avoir ainsi étudié les hélices, nous avons cru utile de décrire le moteurs d'aéroplanes les plus répandus actuellement; nous avons autant qu possible, laissé de côté les descriptions fastidieuses pour nous étendre a contraire sur les détails intéressants que l'on rencontre à chaque instant d que l'on veut les rechercher et dont l'ensemble montre l'ingéniosité déployé dans l'étude du moteur léger par ceux qui s'y sont consacrés.

Puis, suivant le cours des opérations, nous arrivons à l'étude des différen modes adoptés pour la transmission de la puissance du moteur aux hélic ou à l'hélice. Afin de conserver le caractère de généralité qui s'attache à c ouvrage, nous avons mentionné tous les types de transmissions qui sont su ceptibles d'être étudiés pour les aéroplanes, bien que n'ayant jamais é appliqués jusqu'à ce jour.

Il est, en effet, encore difficile à l'heure actuelle de préciser la forme d aéroplanes futurs, et nous n'avons pu nous résoudre à laisser de côté aucu des idées qui peuvent ou pourront plus tard être émises à ce sujet.

DES GROUPES PROPULSEURS POUR AÉROPLANES

TABLE DES MATIÈRES

Prix du volume en souscription : 6 francs

*

MOTEURS
LEMASSON

Six cylindres en éventail

POIDS : 50 HP : **100 kg.**   80 HP : **140 kg.**

ROGER LEMASSON
Ingénieur-Constructeur E.S.A. C.M.

BUREAUX ET ATELIERS DE CONSTRUCTION :

5, rue Carnot (près la porte Champerret)

LEVALLOIS-PERRET (Seine)   TÉLÉPHONE 558.75

SOCIÉTÉ DES MOTEURS

GNOME

49, Rue Laffitte == PARIS

TYPES ET TARIFS

Force	Nombre de Cylindres	Alésage	Course	Nombre de Tours	Poids	Prix
5o	7	110	120	1.200	76	13.000
7o	7	13o	120	1.200	85	16.000
100	14	110	120	1.200	110	24.000

Paris. — Imp. PAUL DUPONT (Thouzellier, Dr), 4, rue du Bouloi. — 1169.3.11

SOCIÉTÉ DES MOTEURS

GNOME

49, Rue Laffitte == PARIS

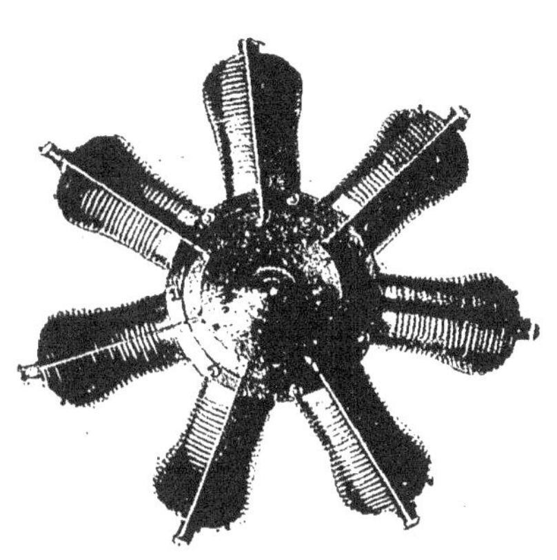

TYPES ET TARIFS

Force	Nombre de Cylindres	Alésage	Course	Nombre de Tours	Poids	Prix
5o	7	11o	12o	1.200	76	13.000
7o	7	13o	12o	1.200	85	16.000
100	14	11o	12o	1.200	11o	24.000

Paris. — Imp. PAUL DUPONT (Thouzellier, D^r), 4, rue du Bouloi. — 1169.3.11

9 782012 939295